Beat Wermelinger

Insekten im Wald

Vielfalt, Funktionen und Bedeutung

2., aktualisierte Auflage

Haupt

Für meine Frau Ursi
für ihre Geduld und Unterstützung

Beat Wermelinger

Insekten im Wald

Vielfalt, Funktionen und Bedeutung

2., aktualisierte Auflage

Haupt Verlag

Eidg. Forschungsanstalt WSL

Zum Autor:
Beat Wermelinger, Dr. sc. nat. ETH, Biologe, Adliswil. Langjähriger Leiter der Forschungsgruppe Waldentomologie an der Eidgenössischen Forschungsanstalt für Wald, Schnee und Landschaft (WSL), Birmensdorf. Forschungsschwerpunkte: Borkenkäfer und natürliche Feinde, Biodiversität, Sukzession nach Windwurf, Klimawandel und Neozoen. Dozent an der Eidgenössischen Technischen Hochschule ETH Zürich und beim Bund Schweizer Baumpflege.

Zitierung
Wermelinger, B., 2021: Insekten im Wald. Vielfalt, Funktionen und Bedeutung.
2., aktualisierte Auflage. Birmensdorf, Eidg. Forschungsanstalt WSL; Bern, Stuttgart, Wien, Haupt Verlag. 368 S.

Umschlagbilder vorne: Grosser Frostspanner *(Erannis defoliaria)*, Leiterbock *(Saperda scalaris)*, Gemeine Schnauzenschwebfliege *(Rhingia campestris)*
Umschlagbilder hinten: Brutbild Buchdrucker *(Ips typographus)*, Hirschkäfer *(Lucanus cervus)*, Nagelfleck *(Aglia tau)*, Raubfliege *(Choerades fuliginosa)*, Waldameise (*Formica* sp.)

Bildnachweis Seite 350

Gestaltung und Satz: Sandra Gurzeler, Eidg. Forschungsanstalt WSL, Birmensdorf

Dieses Buch erscheint 2021 auch auf Englisch unter dem Titel ‹Forest Insects in Europe: Diversity, Functions and Importance› (CRC Press, ISBN 978-0-367-45700-6)

1. Auflage 2017
2. Auflage 2021

Diese Publikation ist in der Deutschen Nationalbibliografie verzeichnet: http://dnb.dnb.de

Der Haupt Verlag wird vom Bundesamt für Kultur für die Jahre 2021–2024 unterstützt.

ISBN 978-3-258-08217-2

Gedruckt in Deutschland

www.haupt.ch

Inhalt

Zum Geleit

Dieses Buch erschliesst uns die faszinierende Welt der Waldinsekten. Es ist ein Fundus von Wissenswertem und Überraschendem und zeigt grundlegende, aber dennoch verblüffende Beziehungen in der Ökologie auf. Es erklärt die vielfältigen Funktionen von Waldinsekten sowie deren Bedeutung für das Ökosystem Wald und für die von uns nachgefragten vielfältigen Waldleistungen.

Beat Wermelinger ist ein Experte auf diesem Gebiet. Er leitet seit vielen Jahren die Forschungsgruppe «Waldentomologie» an der Eidgenössischen Forschungsanstalt für Wald, Schnee und Landschaft WSL, ist Lehrperson an verschiedenen Institutionen und passionierter Fotograf, bekannt für seine Fotos von Waldinsekten in ihrer natürlichen Umgebung. In diesem Buch öffnet er den Blick fürs Ganze und erläutert die Funktionen, Prozesse und grossen Zusammenhänge. Gleichzeitig offenbaren seine Fotos unerwartete Einblicke und Details, wodurch dieses Buch auch zu einer Reise in die verborgene Welt und Ästhetik der Waldinsekten wird.

Während unsere Sicht auf Waldinsekten und andere Kleinlebewesen oft geprägt ist durch negative Aspekte wie beispielsweise Zeckenstiche oder Borkenkäferschäden, zeigt dieses Buch in sachlicher und anschaulicher Weise auch ihre vielfältigen positiven Funktionen auf. Die oft sehr unscheinbaren Waldbewohner sind überaus wichtig für die Wälder, von der Keimung der Pflanzen bis über ihr Absterben hinaus. Sie bestäuben die Blüten von Pflanzen und transportieren und verbreiten deren gereifte Samen. Sie zerkleinern abgestorbene Blätter und Holz, aber auch tote Tiere, machen Nährstoffe verfügbar und erhalten so die Bodenfruchtbarkeit. Zusammen mit Pilzen und Bakterien sind sie somit die eigentlichen Motoren des Nährstoffkreislaufes. Insekten sind zudem eine wichtige Nahrungsgrundlage für viele Vögel, Reptilien oder Säugetiere. Bestimmte Arten regulieren Schadorganismen und tragen dadurch wesentlich zu intakten Ökosystemen bei.

Die Wirkung eines einzelnen Insekts ist in der Regel sehr begrenzt. Treten die Tiere jedoch gehäuft auf, können sie innert kurzer Zeit einen Baum kahl fressen. Kommt es gar zu Massenvermehrungen von Millionen von Individuen, dann vermögen sie ganze Landschaften zu verändern, wie zum Beispiel der Lärchenwickler, der alle neun Jahre die Nadeln von Lärchen vernichtet und ganze Talschaften, wie das Engadin oder das Goms, regelrecht verbraunen lässt. Ein anderes bekanntes Beispiel sind die Borkenkäfer, die bei einer Massenvermehrung die Bäume ganzer Waldgebiete zum Absterben bringen können. Dadurch verändert sich die Waldentwicklung grundlegend, und die jahrzehntelange Waldpflege wird innert weniger Wochen zunichte gemacht. Gleichzeitig beleuchtet dieses Buch die ökologische Bedeutung solcher Störungen. Es greift auch das zunehmend an Bedeutung gewinnende Thema der eingeschleppten, gebietsfremden Arten auf, und schliesst mit einem nicht minder aktuellen Kapitel über gefährdete, vom Aussterben bedrohte Waldinsekten und dessen Ursachen.

Die vorgestellten Arten und die vielfältigen Prozesse und Funktionen der Waldinsekten faszinieren jeden Natur- und Waldliebhaber. Das Buch unterstützt zudem Waldbesitzer und Förster bei der Ausgestaltung einer nachhaltigen und naturnahen Bewirtschaftung unserer Wälder. In diesem Sinne wünsche ich allen am Wald Interessierten viel Freude bei dieser spannenden Lektüre.

Andreas Rigling
Leiter Walddynamik, Direktionsmitglied WSL
Professor ETH Zürich

Vorwort

14 000 Insektenfotos und 25 Jahre berufliche Beschäftigung mit Waldinsekten waren die Basis und zugleich der Anlass für dieses Buch. Das Fotografieren von Insekten begann während meiner Diplomarbeit über den Erlenblattkäfer, und diese Beschäftigung entwickelte sich schnell zu einem intensiven und lustvollen Hobby. Anstatt mit gefangenen Tieren eine Sammlung anzulegen, fand ich es reizvoller, die riesige Vielfalt an Formen, Farben und Verhaltensweisen von Insekten in ihrer natürlichen Umgebung im Bild festzuhalten. So entstand mit der Zeit eine umfangreiche, detaillierte Bilddatenbank, in welche auch die bis 2004 als Dias gemachten Bilder in digitaler Form aufgenommen wurden. Der weitaus grösste Teil der Bilder in diesem Buch stammt somit aus «eigener Küche». Sie entstanden fast ausschliesslich in der Schweiz, die Auswahl ist aber für ganz Mitteleuropa repräsentativ.

Parallel zu den Bildern sammelte sich im Laufe meiner Forschungs- und Lehrtätigkeit auch einiges an Fachwissen an. Diese Kenntnisse liefern dem vorliegenden Buch die inhaltliche Struktur, in welche die Fotos eingebettet sind. Während der vergangenen zwei Jahrzehnte haben sich so meine Tätigkeit als Waldentomologe an der Eidgenössischen Forschungsanstalt WSL und mein Hobby Insektenfotografie bestens ergänzt und stimuliert.

Wenn Insekten in der westlichen Zivilisation überhaupt wahrgenommen werden, dann vorwiegend in negativem Sinne als Schädlinge oder lästige Plagegeister. Begriffe wie «Schädling» und «Nützling» sind jedoch rein menschbezogen und für die ökologischen Funktionen von Insekten bedeutungslos. Die vielfältigen Rollen, die Insekten und andere Wirbellose in nahezu jedem Ökosystem und damit auch in unseren Wäldern spielen, sind häufig wenig bekannt oder gehen gerne vergessen. In diesem Buch werden deshalb die unterschiedlichen ökologischen Funktionen von Insekten und einigen anderen Gliederfüssern aufgezeigt und mit reichhaltigem Bildmaterial illustriert. Viele dieser Funktionen haben auch in anderen terrestrischen Ökosystemen Gültigkeit. Einige Waldinsekten haben für den Menschen auch eine direkte ökonomische Bedeutung, indem sie wichtige Ökosystemleistungen oder die menschliche Wohlfahrt beeinträchtigen oder umgekehrt nützliche Produkte herstellen. Ihrer besonderen ökologischen Bedeutung wegen sind den Waldameisen, dem Lärchenwickler und den natürlichen Feinden von Borkenkäfern eigene (Unter-)Kapitel gewidmet.

Der Text ist bewusst für interessierte Laien geschrieben und vermeidet den Gebrauch allzu vieler Fachausdrücke. Wo trotzdem verwendet, werden diese sowohl im Text als auch in einem Glossar erläutert. Nach wissenschaftlichem Muster werden neben den deutschen auch die lateinischen Insektennamen erwähnt. Dabei richtet sich die Nomenklatur nach der Online-Datenbank Fauna Europaea (www.fauna-eu.org) mit Stand vom Dezember 2020. Das Buch ist selbstverständlich keine Zusammenstellung der im Wald lebenden Insekten und ist auch kein Bestimmungsbuch. Die hier erwähnten Arten, deren Auswahl nicht zuletzt durch das vorhandene Bildmaterial bestimmt wurde, sollen die behandelten Funktionen illustrieren und zudem auch von einer gewissen Ästhetik sein. Neben dem Vermitteln von Wissen ist nämlich ein weiteres wichtiges Ziel dieses Buches, die Schönheit und Raffinesse dieser meist ziemlich unbekannten und fremd anmutenden Tiergruppe vor Augen zu führen. Wenn das Buch also nicht nur die Bedeutung von Insekten aufzuzeigen vermag, sondern auch Staunen auslöst, hat es sein Ziel erreicht.

Beat Wermelinger
Adliswil, Januar 2017

Vorwort zur 2. Auflage

Nachdem die erste Auflage gut aufgenommen worden war und 2019 den Prix Moulines der Schweizerischen Entomologischen Gesellschaft erhielt, bot sich eine zweite Auflage an. Bei dieser Gelegenheit wurden auch einige Aktualisierungen vorgenommen, neue Literaturzitate und zahlreiche neue Bilder eingefügt und das Insektennamenregister mit einem Stichwortverzeichnis erweitert.

Adliswil, im Januar 2021

1 Vielfalt und Funktionen von Insekten

Die Insekten gehören zu den ältesten Landlebewesen der Erde. Schon vor rund 400 Millionen Jahren – noch vor den Gefässpflanzen und lange vor den Dinosauriern – existierten die ersten terrestrischen Insektenarten. Der Ursprung der Insekten wird auf 480 Millionen Jahre vor unserer Zeit geschätzt (Misof *et al.* 2014). Sie ernährten sich anfänglich von Sporen, Früchten und Samen, konnten aber schon bald auch grüne, ligninhaltige und sogar verholzte Teile von Bäumen verwerten. Versteinerungen und in Bernstein erhaltene Insekten zeigen, dass sich der Bauplan mit Aussenskelett, drei Paar Beinen, zwei Paar Flügeln, offenem Kreislauf und einem einfachen Tracheensystem für den Sauerstofftransport seit Hunderten von Millionen Jahren bewährt hat. Gewisse Arten hatten schon bald als erste Lebewesen überhaupt den Luftraum erobert, und es gab Rieseninsekten wie zum Beispiel Libellen mit über 70 Zentimeter Flügelspannweite. Dies war möglich, weil der Sauerstoffgehalt der Luft damals höher war als heute, was es diesen grossen Arten ermöglichte,

Die Vogelbeer-Blattwespe *(Pristiphora geniculata)* gehört zu den Hautflüglern, einer der artenreichsten Insektenordnungen. Wie bei vielen Blattwespen nehmen die Raupen bei einer Störung eine charakteristische Schreckstellung ein, um mögliche Feinde abzuschrecken. ›

trotz der simplen Tracheenatmung die Organe mit genügend Sauerstoff zu versorgen (Polet 2011).

1.1 Vielfalt der Arten und Lebensweisen

Insekten sind heute die dominierende Organismengruppe, nicht nur durch ihre Artenzahl, sondern auch wegen der Vielfalt ihrer ökologischen Funktionen. Bisher wurden weltweit rund eine Million Insektenarten beschrieben (Stork 2018). Dies entspricht etwa der Hälfte sämtlicher bekannter Organismen und über zwei Dritteln aller Tierarten. Oder wie es der britische Biologe Robert M. May etwas überspitzt formulierte: «Im Wesentlichen sind alle Organismen Insekten» (May 1988). Dies trifft umso mehr zu, wenn man die Zahl der möglicherweise tatsächlich existierenden Insektenarten berücksichtigt. Darüber gehen die Schätzungen weit auseinander, Barcoding-basierte Analysen weisen auf etwa 10 Millionen Arten hin (Hebert *et al.* 2016). Der grösste Teil aller Arten auf der Erde dürfte damit wohl noch gar nicht entdeckt sein. Innerhalb der Insekten stellen die Käfer mit fast 400 000 bekannten Spezies die artenreichste Gruppe dar.

Auch die Individuenzahl der Insekten ist imposant: Allein die Zahl aller Ameisen wird auf mindestens eine Million Mal höher als diejenige der Menschen geschätzt.

Begünstigt durch ihre geringe Grösse, ihre meist kurze Generationsdauer und ihr hohes Vermehrungspotenzial konnten sich die Insekten immer wieder schnell an veränderte Bedingungen anpassen oder katastrophale Ereignisse überstehen. Es gelang ihnen, praktisch sämtliche terrestrischen Lebensräume zu besiedeln: Wiesen, Wälder und Steppen, Wüsten, Gebirge, Gewässer und Gletscher bis hin zu heissen Quellen oder auch menschliche Behausungen und Siedlungen. Nur das Polareis, die höchsten Bergspitzen und die Meerestiefen blieben ihnen verwehrt. Ebenso vielfältig wie ihr Lebensraum ist auch ihre Nahrung: Gräser, Blätter, Nadeln und andere grüne Pflanzengewebe, Früchte, Pflanzensaft, Holz, Rinde, verrottendes Pflanzenmaterial, Wirbellose und Wirbeltiere, Kot, Kadaver, Haare, Pilze, Bakterien und sogar Leder, Papier und Wachs werden von Insekten genutzt. Es gibt kaum ein Substrat, das nicht von einer spezialisierten Insektenart verwertet würde.

Die vor rund 20 Millionen Jahren in der heutigen Dominikanischen Republik in Bernstein eingeschlossenen Kernkäfer (Platypodidae; oben) ähneln stark dem heutigen, einheimischen Eichenkernkäfer (*Platypus cylindrus;* unten). ⌄

Praktisch alle organischen Substrate dienen verschiedenen Insekten als Nahrung. Sogar auf dem Niveau einzelner Arten sind unterschiedlichste Ernährungsweisen möglich. So ernährt sich die vor allem auf Ahorn und Linde lebende Rotbeinige Baumwanze *(Pentatoma rufipes)* von Pflanzensaft, aber auch von lebenden und toten Insekten. ›

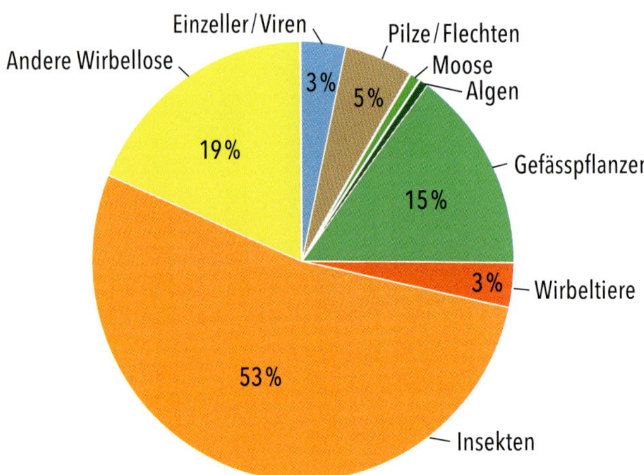

Anteile der Artenzahlen der bisher bekannten Organismen (Datengrundlage: Chapman 2009).

Der Schwerpunkt der in diesem Buch dargestellten Organismen liegt bei den Insekten. An manchen Stellen werden aber auch andere Gliederfüsser mit ähnlicher Lebensweise erwähnt. Die systematische Einteilung der Gliederfüsser hat sich im Verlaufe der Zeit durch neue Erkenntnisse verändert. In diesem Buch wird folgende Systematik verwendet:

Wirbellose (Invertebrata)	Tiere ohne Wirbelsäule; Beispiele: Gliederfüsser, Ringelwürmer, Weichtiere
Gliederfüsser (Arthropoda)	Wirbellose mit segmentiertem Körper, gegliederten Gliedmassen und Aussenskelett (Exoskelett); Beispiele: Insekten, Tausendfüsser, Krebstiere, Spinnentiere
Insekten (Insecta)	Sechsbeinige Gliederfüsser mit dreiteiligem Körper und Fühlern (Antennen) sowie äusseren Mundwerkzeugen; Beispiele: Käfer, Schmetterlinge, Libellen
Spinnentiere (Arachnida)	Achtbeinige Gliederfüsser mit zweiteiligem Körper; Beispiele: Webspinnen, Weberknechte, Skorpione, Pseudoskorpione, Milben (inklusive Zecken)

1.2 Lebensraum Wald

In Europa ist der Wald der ursprünglichste und ehemals am meisten verbreitete Lebensraumtyp. Nach der letzten Eiszeit war Mitteleuropa zu mindestens drei Vierteln bewaldet, vor allem mit Laubbäumen. Nur Moore, extreme Steilhänge, Küstengebiete und die oberhalb der klimatischen Waldgrenze liegenden Hochlagen waren waldfrei (Mantel 1990). Erst nach Beginn der Waldnutzung durch den Menschen entstanden grössere und dauerhaft waldfreie Flächen. Obwohl die meisten heutigen Wälder durch den Menschen beeinflusst und von der natürlichen Baumarten-Zusammensetzung und Bestandesstruktur mehr oder weniger stark abweichen, sind sie immer noch viel naturnäher als beispielsweise Agrarflächen. Das fast ausschliesslich aus einheimischen Pflanzenarten bestehende Waldökosystem ist stabiler, da es langfristige Zyklen hat und besser gegen Störungen gepuffert ist. Zudem werden in den Wäldern – je

^
Gebirgsnadelwälder weisen weniger Baum- und Straucharten auf als die Laubmischwälder der Tieflagen. Dies bedeutet meist auch eine artenärmere, dafür häufig spezialisierte Insektenfauna.

Lichte Laubmischwälder haben eine reichhaltige Insektenfauna.
v

nach Land – keine oder viel weniger umweltgefährdende Stoffe wie Pestizide und Dünger ausgebracht. Die Lebensbedingungen für Organismen in einem Wald sind deshalb relativ konstant, was aber nicht heisst, dass sich lokal nicht auch dramatische Veränderungen infolge von Störungen wie Stürmen oder Feuer einstellen können. Der Strukturreichtum an Habitaten und Mikroklimata, die ausgeprägte dritte Dimension in die Höhe, die relative Stabilität einerseits und ökologische Störungen anderseits haben dazu geführt, dass sich in Wäldern im Verlaufe der Jahrmillionen sehr artenreiche Lebensgemeinschaften ausbilden konnten, die in einem komplexen Beziehungsnetz zueinander stehen.

Ein Wald besteht bekanntlich nicht nur aus Bäumen. Diese stellen zwar die grösste Biomasse, ihre Artenzahl ist jedoch im Vergleich zu den anderen Organismen verschwindend klein. Verlässliche Angaben zur Anzahl Waldarten, speziell von Tierarten, sind schwierig zu finden. Das liegt einerseits daran, dass die Waldbiodiversität erst seit einigen Jahren die nötige Aufmerksamkeit erhalten hat. Anderseits ist nicht so einfach zu definieren, wann eine Art als Waldart bezeichnet werden kann. Gerade bei den Tieren leben viele Arten nur teilweise im Wald. Aus verschiedenen Quellen können für Mitteleuropa als grobe Schätzung folgende Artenzahlen abgeleitet werden: gegen 2000 Gefässpflanzen, etwa 2000 Flechten und Moose, 3000 bis 4000 Grosspilzarten und 300 bis 400 Wirbeltiere. Bei den Gefässpflanzen gibt es genauere Zahlen für Deutschland (rund 1200 Arten; Schmidt *et al.* 2011) und für die Schweiz (700 Arten; Brändli und Bollmann 2015). Bei den Tieren werden für die Schweiz 114 Wirbeltierarten (Säuger, Vögel, Amphibien und Reptilien) als mindestens temporäre Waldnutzer aufgeführt (BUWAL und WSL 2005). Im Vergleich dazu ist die Artenzahl der europäischen Waldinsekten ungleich grösser: Sie kann mit ungefähr 30 000 Arten veranschlagt werden (Wermelinger *et al.* 2013a). Auch im Wald zeigt sich also die Dominanz

Pflanzen- und strukturreiche Waldränder sind auch artenreich in Bezug auf Insekten. Hier treffen sich Arten des Offenlandes und des geschlossenen Waldes.

Der Nagelfleck *(Aglia tau)* ist ein typischer Vertreter von Buchenwäldern. Die Männchen (Bild) fliegen schon kurz nach dem Blattaustrieb auf der Suche nach Weibchen rastlos umher.

der Insekten. Trotz ihrer geringen Grösse können sie sogar gewichtsmässig auftrumpfen. Die Biomasse von Insekten in gemässigten Wäldern übersteigt diejenige der Wirbeltiere um das 30- bis 50-Fache (Schowalter 2013). Nur schon die Zweiflügler (Fliegen und Mücken), deren Larven sich mehrheitlich im Boden entwickeln, wiegen schätzungsweise 14 Kilogramm pro Hektar, und Schmetterlingsraupen können bei einer Massenvermehrung ein Gewicht von bis zu einer Tonne pro Hektar erreichen (Duvigneaud 1974). Mit Hunderten von Tonnen pro Hektar übertrumpft die Biomasse der Bäume diejenige der Insekten allerdings klar.

In der Schweiz sind insgesamt 45 890 Organismenarten bekannt (ohne Schleimpilze, niedere Algen und Protozoen; Cordillot und Klaus 2011). Davon gelten 32 000 als Waldarten (Bollmann *et al.* 2009). Etliche sind allerdings eher Waldrandarten, das heisst, sie leben im Übergangshabitat zwischen Wald und Offenland. Dieses sogenannte Ökoton ist äusserst vielfältig an Mikroklimata, Strukturen, Substraten und Nahrungsangeboten. Davon profitieren insbesondere viele xylobionte (holzbewohnende) Käfer, die für ihre Larvenentwicklung auf Holz angewiesen sind, gleichzeitig aber als adulte Tiere für die Eiproduktion Pollen von Blütenpflanzen als Nahrung brauchen.

Die Zahl der Insektenarten in einem Wald hängt von den klimatischen Bedingungen und von vielen biotischen Faktoren ab. In erster Linie spielt die Baumarten-Zusammensetzung

Die Raupe des Kiefernschwärmers *(Sphinx pinastri)* frisst ausschliesslich Kiefernnadeln und trägt ein entsprechendes Tarnkleid.

eine wichtige Rolle. Laubbäume beherbergen im Allgemeinen deutlich mehr Arten als Nadelgehölze. Besonders reich an Insekten sind Eichen und Weiden, bei den Nadelbäumen liegt die Waldkiefer an der Spitze (Kennedy und Southwood 1984). Eichen werden von etwa 5000 bis 6000 Arten besiedelt und Kiefern von 1500 bis 2000 Arten (Dajoz 1998). Nur wenige Arten besiedeln sowohl Nadel- als auch Laubbäume.

Ebenfalls wichtig ist der Lichteinfall ins Waldesinnere. In lichten Wäldern herrscht ein wärmeres Mikroklima, und die Bodenvegetation von Kräutern und Gräsern ist vielfältiger, was eine entsprechende Insektenfauna zur Folge hat. Wichtig ist auch die sogenannte Habitattradition, was den Umstand bezeichnet, dass ein Wald schon seit langer Zeit in einer bestimmten Zusammensetzung besteht und sich damit eine entsprechende Insektenfauna entwickeln und anpassen konnte.

1.3 Die wichtigsten Insektengruppen im Wald

Taxonomische Gruppen

Die meisten Vertreter der rund 30 einheimischen Insektenordnungen kommen auch im Wald vor. Am artenreichsten sind die Käfer mit nach Fauna Europaea (De Jong *et al.* 2014) rund 28 000 europäischen Arten (Schweiz: 6150 Arten; BAFU 2011). Käfer haben extrem unterschiedliche Lebensweisen. So stehen im Wald neben pflanzlicher Nahrung auch Moose, Pilze, Flechten sowie Kot und Aas auf dem Speiseplan verschiedener Käfer. Viele Arten ernähren sich räuberisch von anderen Insekten und weiteren Wirbellosen. Zu den Käfern gehören auch die bedeutendsten Schadinsekten in Nadelwäldern, nämlich die Borkenkäfer.

Viele Gruppen – auch die Borkenkäfer – sind wichtig beim Abbau von toter organischer Substanz, speziell von Holz. Hier sind sie von der Besiedlung von frisch abgestorbenen Bäumen bis zu Holzmulm mit spezialisierten Arten präsent.

Ebenso beeindruckend sind Artenzahl und Lebensweisen von Zweiflüglern (Europa: 25 000 Arten, Schweiz: 7100). Auch sie ernähren sich pflanzlich, räuberisch, parasitisch oder von toter Materie. Wichtige und augenfällige Funktionen in Waldökosystemen leisten Zweiflügler als Bestäuber verschiedenster Blütenpflanzen und als Besiedler und Abbauer von

‹ Diese zwei fast gleich aussehenden Prachtkäferarten sind nahe verwandt. Ihre Larven entwickeln sich aber auf völlig unterschiedlichen Baumarten: Diejenige des Goldgruben-Eichenprachtkäfers (*Chrysobothris affinis*; oben) lebt unter der Rinde verschiedener Laubbäume, während die Larve des Goldpunkt-Gebirgsprachtkäfers (*Chrysobothris chrysostigma*; unten) vor allem Fichtenrinde frisst.

^
Unter den vielen Käferarten im Wald ist das zu den Blattkäfern gehörende Maiglöckchenhähnchen *(Lilioceris merdigera)* ein auffälliger Farbtupfer im Blättermeer des Bärlauchs. Seine Larven fressen auf der Unterseite von Bärlauchblättern.

Die zu den Zweiflüglern gehörende Riesenschnake *(Tipula maxima)* ist mit einer Flügelspannweite bis fast sieben Zentimeter die grösste einheimische Schnakenart. Sie kommt an feuchten Stellen entlang von Bachläufen vor. Ihre Larven entwickeln sich im Boden von sumpfigen Ufern.
v

toter pflanzlicher und tierischer Substanz. Zudem parasitieren einige Zweiflügler wichtige phytophage (pflanzenfressende) Insekten. Ihre ökonomische Bedeutung als potenzielle Schädlinge hingegen ist gering.

Mit etwa 24 000 europäischen Arten (Schweiz: 6500) gehören auch die Hautflügler zu den artenreichsten Ordnungen. Unter ihnen sind im Wald vor allem die vielen parasitisch lebenden Schlupfwespen und die Ameisen wichtig. Sie spielen bei der Regulation von anderen Insektenpopulationen eine bedeutende Rolle. Zudem sind viele Wildbienen wichtige Bestäuber von Blütenpflanzen. Die sogenannten Afterraupen einiger Blattwespen können in Nadelholz-Kulturen auch schädlich werden, während bei den Holzwespen nur *Sirex noctilio* nach ihrer Verschleppung von Europa auf andere Kontinente wirtschaftlich bedeutende Schäden verursacht. Auffällig sind die oft markant gefärbten Gallen der Gallwespen, die für das Wachstum der Wirtspflanzen allerdings unbedeutend sind.

Die Larven (Raupen) von Schmetterlingen sind fast ausnahmslos Pflanzenfresser (Herbivoren). Vor allem zahlreiche Arten von Nachtfaltern halten sich im Wald auf. Ihre Raupen ernähren sich von Kräutern, Gräsern, Laub oder Nadeln. Zu den Nachtfaltern gehören auch einige klassische Forstschädlinge, die unter bestimmten Bedingungen zur Massenvermehrung übergehen und damit schädlich werden können. Dazu gehören die Trägspinner (Lymantriinae), die Frostspanner *(Erannis defoliaria, Operophtera brumata)*, der Eichenwickler *(Tortrix viridana)* oder die Forleule *(Panolis flammea)*. Die Zahl der Tagfalter im Wald ist eher bescheiden. Einige davon – wie der Gelbringfalter *(Lopinga achine)* – stehen allerdings auf der Roten Liste der gefährdeten Arten.

Auch kleinere Gruppen wie die Wanzen und Pflanzenläuse haben zahlreiche Vertreter im Wald und an Waldrändern. Sie besitzen einen Saugrüssel und ernähren sich meist von Pflanzensaft. Einige Wanzen leben räuberisch

Während ihre Larven Pflanzenfresser sind, lebt die adulte Blattwespe *Rhogogaster punctulata* räuberisch. Hier hat sie einen Taghaft *(Hemerobius humulinus)* erbeutet.

von anderen Insekten. Eine artenarme, aber wichtige Ordnung bilden die Springschwänze, die im Boden tote organische Substanz (Detritus) verwerten. Mit ihren riesigen Individuenzahlen sind sie für die Bildung von Waldboden äusserst wichtig.

Ernährungstypen

Insekten können nach ihrer Ernährungsweise in verschiedene Gilden eingeteilt werden. Es gibt blatt-, nadel-, kraut- oder grasfressende Arten, die sogenannten Entlauber (Phyllophage). Sie ernähren sich von grünen, lebenden Pflanzenteilen. Dazu gehören vor allem die Raupen von Schmetterlingen und Blattwespen, viele Heuschrecken und bestimmte Fliegen- und Käfergruppen. Ebenfalls von lebenden Pflanzen ernähren sich die Pflanzensaftsauger. Zu ihnen gehören die Pflanzenläuse, viele Wanzen, die Zikaden, Thripse und Spinnmilben. Unter xylophagen Arten ver-

^
Die Springschwänze sind winzige Tiere, deren Nahrung meist aus pflanzlichen Abfallstoffen besteht und die daher wichtige Humusbildner sind. Der zu den Springschwänzen gehörende Schneefloh *(Ceratophysella sigillata)* ernährt sich allerdings von Algen.

Von den Tagfaltern gelten nur wenige als Waldarten. Der C-Falter *(Polygonia c-album)* überwintert als Adulttier und ist im Frühling einer der ersten Schmetterlinge. Seine Raupen fressen unter anderem an Ulmen, Weiden und Haseln.
v

^

Schmetterlingsraupen gehören zu den typischen herbivoren Insekten im Wald. Durch ihren Frass an grünem Pflanzengewebe beschleunigen sie den Nährstoffumsatz.

steht man solche, die Rinde oder Holz fressen. Dazu gehören viele Käfer, zum Beispiel die Borken-, Pracht- und Bockkäfer. Xylophage gibt es auch bei den Hautflüglern (zum Beispiel die Holzwespen), bei den Zweiflüglern und sogar bei den Schmetterlingen (zum Beispiel der Weidenbohrer *[Cossus cossus]*). Spezialisierte Käfer und Zweiflügler ernähren sich als sogenannte Fungivore von Pilzgewebe. Zu den oben erwähnten Detritusfressern (auch Saprophage genannt) gehören nicht nur Mückenlarven und Springschwänze, sondern auch Aas besiedelnde Käfer oder Fliegen. Zwei weitere wichtige Gruppen stellen die räuberischen und parasitischen Arten dar: Während die Räuber taxonomisch äusserst heterogen sind (siehe Kapitel 8), gehören die parasitischen Arten vor allem zu den Hautflüglern (Schlupfwespen im weitesten Sinne), zu den Fliegen und zu den Milben. Geeignete Arten unter diesen natürlichen Feinden werden auch – vor allem in der Landwirtschaft – in der biologischen Bekämpfung von Schadorganismen eingesetzt.

Eine weitere Gruppierung kann zum Beispiel aufgrund der Lebensweise gemacht werden. So sind die Gallbildner dadurch charakterisiert, dass sie sich in speziellen Pflanzenwucherungen entwickeln, die durch Abgabe von pflanzenhormonartigen Stoffen der Gallbildner ausgelöst werden. Diese besondere Art der Phytophagie hat sich in unterschiedlichsten taxonomischen Einheiten entwickelt, so zum Beispiel bei den Gallwespen, Gallmücken, gewissen Blattwespen, Pflanzenläusen, Käfern und bei den Gallmilben. Hoch

^
Gallen der Grossen Buchenblattgallmücke *(Mikiola fagi)*. Diese Gallmückenart erzeugt auffällige Gallen ausschliesslich auf Buchenblättern. Die Larven entwickeln sich im Innern der Gallen und fressen vom laufend nachwachsenden Pflanzengewebe.

spezialisierte Gruppen sind die staatenbildenden Insekten mit einer Aufgabenaufteilung auf verschiedene Kasten. In Mitteleuropa beschränkt sich die soziale Lebensweise auf Bienen, Wespen und Ameisen, in Südeuropa kommen noch die Termiten dazu.

1.4 Ökologische Funktionen und wirtschaftliche Bedeutung

Infolge ihrer lang dauernden Evolution und ihrer Präsenz in fast allen Ökosystemen üben die Insekten verschiedenste wichtige ökologische Funktionen aus. Die folgenden Abschnitte bieten eine erste Übersicht über die vielfältigen Funktionen von Insekten im Lebensraum Wald einerseits und anderseits ihre wirtschaftliche Bedeutung für den Menschen. In den späteren Kapiteln werden diese Aspekte detailliert beschrieben.

Ökologische Funktionen

Organismen können aufgrund ihrer «funktionellen Eigenschaften» zu Gruppen mit ähnlichen ökologischen Rollen zusammengefasst werden. Die Einteilung kann unter anderem aufgrund der benötigten Ressourcen erfolgen, also zum Beispiel in Pflanzenfresser (Herbivoren), Bestäuber, Räuber und Abfallfresser (Detritivoren). Dabei kann eine Art je nach Stadium zu verschiedenen funktionellen Gruppen (= Gilden) gehören. Die Schmetterlinge beispielsweise sind als Raupen herbi-

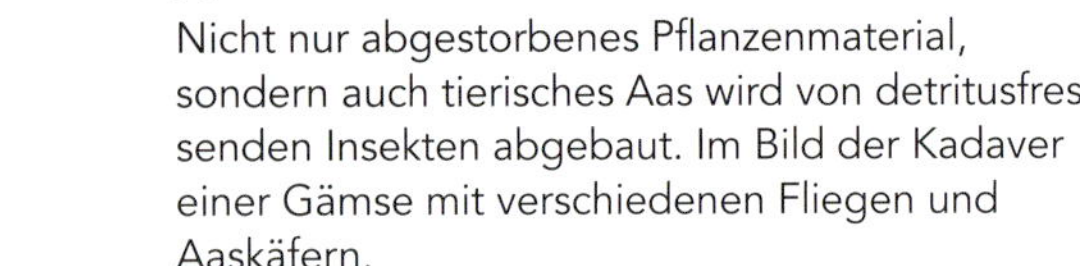

^
Nicht nur abgestorbenes Pflanzenmaterial, sondern auch tierisches Aas wird von detritusfressenden Insekten abgebaut. Im Bild der Kadaver einer Gämse mit verschiedenen Fliegen und Aaskäfern.

^
Zwei funktionelle Gruppen in einem Bild: Eine Wildbiene *(Andrena bicolor)* als wichtige Bestäuberin von Sträuchern und Kräutern ist der räuberischen Krabbenspinne *Ozyptila atomaria* zum Opfer gefallen.

Borkenkäfer können ganz unterschiedliche Bedeutung haben. Als Pionierbesiedler leiten sie bei abgestorbenen Bäumen den Abbauprozess ein. Sie können aber auch Pilzkrankheiten übertragen oder unter bestimmten Bedingungen gesunde Bäume befallen und dadurch die Häufigkeit von Baumarten beeinflussen. Im Bild die Frassspuren des Kleinen Ulmensplintkäfers *(Scolytus multistriatus)*.
v

vor, zählen als adulte Falter aber oft zu den Bestäubern.

Eine der bekanntesten Rollen spielen Insekten als Bestäuber von Blütenpflanzen. Vor allem Sträucher und Krautpflanzen sind auf die Bestäubung durch Insekten angewiesen (siehe Kapitel 2). Herbivore Insekten beschleunigen durch Fressen oder Saugen den Umsatz von pflanzlichen Energieträgern und Nährstoffen (Kapitel 3). Der Abbau des Holzes abgestorbener Bäume oder Baumteile wird durch holzfressende Insekten beschleunigt (Kapitel 4). Auch Kadaver und Ausscheidungen von Tieren werden durch spezialisierte Gruppen von Aas- und Detritusfressern abgebaut (Kapitel 5). Im Boden tragen Insekten, Milben, Asseln und Doppelfüsser zur Bodenbildung und Bodenfruchtbarkeit bei (Kapitel 6). Die Wirbellosen selber dienen anderen Organismen als Nahrung. Vor allem Wirbeltiere wie zum Beispiel Vögel, Fledermäuse oder Insektenfresser sowie zahlreiche Mikroorganismen leben direkt von Insekten und anderen Gliederfüssern (Kapitel 7). Insekten sind auch wichtige Regulatoren: Eine riesige Zahl räuberischer und parasitischer Arten halten als natürliche Feinde von potenziell schädlichen Herbivoren deren Populationsdichten auf einem «normalen», nachhaltigen Niveau (Kapitel 8 bis 10). Gewisse Pilze, wenig mobile Milben und andere Wirbellose sind auf flugfähige Insektenarten angewiesen, um sich in einem Habitat auszubreiten oder in neue Habitate zu gelangen (Kapitel 11). Der Befall von lebenden Bäumen ist nicht immer als Schaden einzustufen. Wenn Insekten kranke und geschwächte Bäume besiedeln und zum Absterben bringen, wird letztlich die Gesundheit («Vitalität») eines Waldes erhöht (Kapitel 12). Einzelne Arten sind nach einer Massenvermehrung in der Lage, ganze Landschaften zu verändern und neue Entwicklungen einzuleiten (Kapitel 13).

Wirtschaftliche Bedeutung

Nur wenige Insekten haben für den Menschen eine direkte wirtschaftliche Bedeutung. Einige Arten sind aus menschlicher Sicht Schädlinge, wenn sie für uns wichtige Produkte und Leistungen eines Waldes in grösserem Stil beeinträchtigen. Dies sind vor allem Borkenkäfer und Schmetterlingsraupen (Kapitel 14). Es werden aber nicht nur wichtige Ressourcen geschädigt, auch die Gesundheit des Menschen selber kann durch gewisse Insekten und Zecken beeinträchtigt werden (Kapitel 15). Umgekehrt liefern Insekten Produkte, die der

Borkenkäfer, speziell der Buchdrucker *(Ips typographus)*, gehören zu den wirtschaftlich bedeutendsten Schadorganismen im Wald. Eine Massenvermehrung dieses Käfers kann zu grossflächigem Absterben von Fichten führen, was für die Waldbesitzer einen materiellen und für die Anwohner und Waldbesucher einen ideellen Verlust bedeutet und die Schutzwirkung eines Waldes auf lange Zeit beeinträchtigt.

Mensch direkt als Nahrungsmittel (zum Beispiel Honig) oder Rohstoff für verschiedenste Anwendungen nutzt (zum Beispiel Seide, Wachs; Kapitel 16). In gesonderten Kapiteln wird die Bedeutung von neu eingeschleppten Insektenarten für den Wald (Kapitel 17) und von gefährdeten Arten für den Naturschutz (Kapitel 18) behandelt. Weitere kulturelle und idelle Werte von Waldinsekten bleiben in diesem Buch aber unberücksichtigt.

Funktionen von Insekten im Wald	Bedeutung von Waldinsekten für den Menschen
Wie in fast jedem Ökosystem haben Insekten und andere Arthropoden auch im Lebensraum Wald vielfältige Funktionen. Sie werden in den folgenden Kapiteln dieses Buches näher erläutert. Insekten spielen eine Rolle – als Bestäuber und Samenverbreiter bei Blütenpflanzen (Kap. 2) – beim Umsatz von Pflanzenmasse (Kap. 3) – beim Abbau von Holz (Kap. 4) – beim Abbau von tierischen Abfällen (Kap. 5) – bei der Bodenbildung und Bodenfruchtbarkeit (Kap. 6) – als Nahrung und Energiequelle für andere Organismen (Kap. 7) – als natürliche Feinde von potenziellen Schadorganismen (Kap. 8 bis 10) – als Transportmittel für andere Organismen (Kap. 11) – beim Erhalten der Waldvitalität (Kap. 12) – als «Ökosystem-Ingenieure» beim Gestalten von Landschaften (Kap. 13)	Einige wenige Arten können für den Menschen direkte wirtschaftliche oder gesundheitliche Bedeutung haben – als Verursacher von Schäden (Kap. 14) – durch Beeinträchtigung der menschlichen Gesundheit (Kap. 15) – als Hersteller von nützlichen Produkten (Kap. 16) – als neu eingeschleppte Organismen (Kap. 17) – mit spezieller Bedeutung im Naturschutz (Kap. 18)

Insekten und Pflanzenvermehrung

2

Im Verlaufe der Evolution haben sich vielfältige Beziehungen zwischen Pflanzen und Insekten entwickelt. Zu Beginn waren die Pflanzen in erster Linie Nahrung für die herbivoren Insekten. Vor rund 100 Millionen Jahren begannen verschiedene Pflanzen, die Häufigkeit und Vielfalt der Insekten zu ihren Gunsten zu nutzen. Insekten übernahmen bei vielen «modernen» Pflanzen den Transport des Pollens zwischen den Blüten und die Bestäubung der weiblichen Blütenorgane. Möglicherweise gab es eine Insektenbestäubung sogar schon vor 300 Millionen Jahren bei heute ausgestorbenen Nicht-Blütenpflanzen (Ollerton und Coulthard 2009). Manche Pflanzen spezialisierten sich im Laufe der Zeit auf einzelne Insektengruppen, um auch die sonst eher zufällige Verbreitung ihrer Samen effizienter zu gestalten.

Schwebfliegen gehören zu den häufigsten Bestäubern von Waldpflanzen. Die Behaarte Schwebfliege *(Syrphus torvus)* lebt bevorzugt in Wäldern. Sie fliegt schon früh im Jahr und ist deshalb eine häufige Besucherin des früh blühenden Spitzahorns. ›

2.1 Bestäubung von Blüten

Das Bestäuben von Blütenpflanzen stellt eine der wichtigsten Ökosystem-Leistungen der Insekten dar. Dies ist vor allem in der Landwirtschaft extrem wichtig, hängen doch zum Beispiel in Europa 84 Prozent aller Kulturpflanzen mindestens teilweise von der Bestäubung durch Insekten ab (Williams 1994). Die Bestäubung durch Bienen und Hummeln wird in Feld- und Obstkulturen sowie in Gewächshäusern auch auf kommerzieller Basis durchgeführt. Allerdings wird nur etwa die Hälfte der Bestäuberleistung von diesen Bienen erbracht. Für die zweite Hälfte sind andere Insekten verantwortlich, und diese sorgen erst noch für einen besseren Fruchtansatz (Rader *et al.* 2016). Im Wald werden 80 Prozent aller Bäume und Sträucher sowie die Gräser durch den Wind bestäubt (Anemophilie). Dies ist die ursprüngliche Art der Bestäubung und findet entsprechend vor allem bei den «primitiven» Nadelgehölzen mit meistens eingeschlechtigen Blüten statt. Aber auch häufige Laubbäume wie Esche, Buche, Eiche, Erle, Pappel, Ulme, teilweise Edelkastanie sowie – als einer der wenigen Sträucher – die Hasel lassen ihren Pollen vom Wind verbreiten. Damit nicht das Laub die Verbreitung behindert, blühen die meisten dieser Arten vor oder beim Laubaustrieb.

Da bei der Windbestäubung der Pollen nur zufällig auf die Blüten der richtigen Pflanzenart gelangt, sind einige Waldbaumarten im windarmen Waldesinnern und vor allem kleinwüchsige Arten an Waldrändern auf Insektenbestäubung spezialisiert (Zoophilie). Insekten besuchen gezielt Blüten und übertragen dabei den Pollen. Insektenbestäubte Bäume sind beispielsweise Ahorn, Kirsche, Weide, Linde und Vogelbeere, zudem Sträucher wie Schwarz-, Weiss- und Kreuzdorn oder Hartriegel. Die Krautpflanzen am Waldboden werden ebenfalls durch Insekten bestäubt. Im Verlaufe der Evolution gelang es diesen Pflanzen, die Insekten mit Farben, Düften und Nektar erfolgreich anzulocken und damit einen Vorteil gegenüber ihren Konkurrenten herauszuholen. Fast alle insektenbestäubten Pflanzen besitzen deshalb grosse Blüten mit leuchtenden Farben (vielfach Weiss oder Gelb) und wohlriechenden Duftstoffen. Zusätzlich investieren sie Assimilate (Photosynthese-Produkte) in die Produktion von Nektar als nahrhafter Kohlehydratquelle, welche die Blütenbesucher als «Betriebsenergie» nutzen können. Diese Beziehung zwischen Pflanzen und Insekten stellt eine Symbiose dar: Die Pflanze stellt den Bestäubern Nahrung in Form von Blütenstaub und Nektar zur Verfügung, und der Treffpunkt bei den Blüten erleichtert den Insekten, Partner zu finden. Als Gegenleistung

‹ Mit leuchtenden Blüten und Nektar locken die Sträucher und Krautpflanzen verschiedene Insekten für das Übertragen des Pollens an.

^
Die Hain-Schwebfliege *(Episyrphus balteatus)* ist eine der häufigsten und verbreitetsten Schwebfliegen und damit eine wichtige Blüten-Bestäuberin. Ihre Larven leben räuberisch von Blattläusen. Sie werden auch Winterschwebfliegen genannt, da die überwinternden Weibchen an milden Tagen aus ihren Verstecken hervorkommen.

transportieren die Insekten Pollen zu Blüten der gleichen Pflanzenart. Pollen ist ein sehr nahrhaftes Substrat aus Proteinen, angereichert mit Stärke, Fetten und Mineralien. Die Insektenweibchen benötigen dabei wegen der Produktion ihrer Eier mehr Pollen als die Männchen.

Die meisten Blütenbesucher wie Honigbienen, Käfer oder Fliegen sind eher Generalisten, das heisst, sie besuchen Blüten der verschiedensten Pflanzenarten und übertragen den Pollen dabei auch auf artfremde Blüten, wo dieser natürlich wirkungslos bleibt. Die Pollenfresser (z. B. Käfer) suchen Blüten wegen des Pollens als Nahrungsquelle auf. Die Nektarsauger (z. B. Fliegen und Nachtfalter) besuchen die Blüten des Nektars wegen. Die meisten übertragen Pollen dabei eher zufällig.

Im Verlaufe der Evolution passten aber viele Pflanzen den Bau ihrer Blüten an die besten Bestäuber an, indem sie den lohnenden Nektar nur solchen Insekten zur Verfügung stellten, die ihren Pollen auch effizient aufnehmen, transportieren und auf Blüten derselben Art übertragen. Dadurch muss die Pflanze weniger Pollen produzieren und folglich weniger Energie investieren. Dieser Selektionsdruck führte zur Ausbildung von spezialisierten Insektenarten mit längerem Rüssel, mit dem sie den tief in der Blüte verborgenen Nektar zu erreichen vermögen und dadurch im Vorteil gegenüber Arten mit kurzem Rüssel sind. Aus diesem Grund können manche Pflanzen nur noch von ganz bestimmten Wildbienen oder Nachtfaltern mit entsprechend langem Saugrüssel bestäubt werden.

^

Die Gemeine Keilfleck-Schwebfliege *(Eristalis pertinax)* ist eine der häufigsten Schwebfliegen und kommt im Wald und vielen anderen Habitaten vor. Ihre Larven entwickeln sich im Schlamm von Wassertümpeln, die adulten Fliegen besuchen die verschiedensten Blüten.

Den längsten Rüssel unter den Schwebfliegen besitzt die Gemeine Schnauzenschwebfliege *(Rhingia campestris)*. Damit kann sie auch den tief im Innern der Blüten liegenden Nektar erreichen. Der lange Rüssel wird in Ruhe in den Fortsatz an der Kopfkapsel eingeklappt.

v

^
Ein Wollschweber (*Bombylius* sp.) nascht am Pollen eines Buschwindröschens. Die Krautflora der Wälder und Waldränder wird von Insekten bestäubt.

Einige Orchideen lassen sich bestäuben, indem sie durch perfekte Imitation von Form, Farbe und Duft der Geschlechtspartner verschiedene Arten von Bienen und Hummeln zur vermeintlichen Begattung verführen. Dabei wird Pollen zwischen Orchideen und Bienen übertragen, ohne dass die Insekten mit Nektar belohnt werden. Ähnliches geschieht bei Pflanzen, die nach Kot oder Aas riechen und damit Fliegen und Käfer als Pollenüberträger anlocken.

Schwebfliegen

Die häufigsten Bestäuber im Wald sind die Schwebfliegen (Syrphidae), die vor allem von gelben Blüten angelockt werden. Diese Fliegen sind vorwiegend an besonnten und warmen Stellen in lichten Wäldern, an Wald- und Wegrändern oder in Lichtungen zu finden und leben von Nektar, Pollen und Honigtau. Beim Blütenbesuch übertragen sie passiv auch Pollen. Die Länge ihrer Saugrüssel befähigt sie dabei zur Nahrungsaufnahme in unterschiedlichen Blütentypen. Die Schnauzenschwebfliegen (*Rhingia* spp.) zum Beispiel können dank ihrer 12 Millimeter langen Rüssel auch Lippenblütler besuchen, deren Nektarien (nektarproduzierende Drüsen) anderen Fliegen nicht zugänglich sind. Einige Schwebfliegen haben lange, teilweise gegabelte oder gekräuselte Haare, in denen der Pollen gut hängen bleibt. Die meisten Pollenkörner werden mit den Beinen ausgekämmt und aufgenommen, ein Teil bleibt aber zurück und wird auf den Narben der nächsten Blüten abgestreift. Die Larven von Schwebfliegen hingegen haben ganz unterschiedliche Lebensweisen. Sie entwickeln sich in feuchten Baumhöhlen, in verrottendem

^
Wildbienen wie die Weiden-Sandbiene *(Andrena vaga)* sind mit ihrem pelzigen Körper gute Überträger von Pollen. Die Weiden-Sandbiene legt ihre Brutzellen in sandigen Böden an.

Material oder Kot, leben räuberisch von Blattläusen oder als Schmarotzer in Wespen- und Bienennestern (siehe Kapitel 8.1).

Bienen

Sehr wichtige Bestäuber sind (Wild-)Bienen und Hummeln, weil sie Nektar und Pollen nicht nur für sich selber benötigen, sondern auch für die Fütterung ihrer Brut. Eine einzelne Biene besucht und bestäubt während eines einzigen Tages rund 1000 Blüten (Pimentel 1975). Honigbienen *(Apis mellifera)* allein wären nicht in der Lage, sämtliche Blüten in unserer Kultur- und Naturlandschaft zu bestäuben. Deshalb ist die Vielfalt und Häufigkeit der 615 in der Schweiz einheimischen Wildbienenarten (Amiet und Krebs 2012) für die Pflanzenbestäubung von herausragender Bedeutung. Die meisten Wildbienen kommen im blüten- und strukturreichen Offenland vor, im Wald sind sie auf warme, besonnte Standorte wie Weg- und Waldränder mit reichem Blütenangebot beschränkt. In lichtarmen Hochwäldern fehlen sie weitgehend. Sowohl für die Aufnahme von Nektar als auch für die Ernte von Pollen entwickelten die Bienen spezielle Einrichtungen. Da die Nektarien in den Blüten bei den verschiedenen Pflanzenarten unterschiedlich tief in der Blüte verborgen sind, bildeten die Bienen auch unterschiedlich lange Saugrüssel aus. Bienenarten mit langen Rüsseln können tief liegenden Nek-

Die Rote Mauerbiene *(Osmia rufa)* kommt an Waldrändern und in Waldlichtungen vor, wo das Blütenangebot gross ist. Sie streift den Pollen mit ihrer gelben Bauchbürste von den Blüten und transportiert ihn darin zum Nest. Dieses besteht aus hintereinanderliegenden Brutzellen in Hohlräumen, zum Beispiel alten Käferfrassgängen im Holz. In jede Zelle legt die Biene ein Ei und versorgt es mit Pollen. >

^ Eine Erdhummel *(Bombus terrestris)* sammelt auf Blüten des Waldgeissbarts Pollen. Dieser wird an die Hinterbeine geklebt und so ins Nest transportiert.

tar erreichen und besuchen entsprechende Blüten, während die kurzrüssligen Bienen andere Pflanzenarten mit besser zugänglichem Nektar anfliegen. Die Rüssellänge reicht dabei von 1 Millimeter (Maskenbienen, *Hylaeus* spp.) bis über 2 Zentimeter (Hummeln, *Bombus* spp.). Die meisten Wildbienen und auch die Honigbiene besuchen Blüten vieler verschiedener Pflanzenarten, was man als polylektisch bezeichnet. Einige sogenannt oligolektische Wildbienenarten sind auf wenige Pflanzengattungen spezialisiert und damit an das Vorkommen dieser Pflanzen gebunden.

Der Pollen wird auf unterschiedlichste Weise gesammelt. Wildbienen sammeln je nach Art mit den Beinen, den Mundwerkzeugen, dem Kopf oder dem Hinterleib. Häufig

< Die domestizierten Honigbienen *(Apis mellifera)* sind auch in lichten Wäldern und an Waldrändern wichtige Bestäuber. Gut sichtbar sind der in die Ahornblüte vorgestreckte Rüssel, die pollenbepuderte Stirn und die sogenannten Höschen mit dem gesammelten Pollen an den Hinterbeinen.

sind die entsprechenden Stellen dicht behaart. Ähnlich wie bei den Schwebfliegen sind diese Haare zur effizienteren Pollenernte oft verdreht oder hakenförmig ausgebildet. Hummeln (*Bombus* spp.), Holzbienen (*Xylocopa* spp.) und andere Arten können durch Vibration ihrer Flügelmuskulatur die Staubbeutel erschüttern, sodass der Pollen auf ihren Körper fällt. Der Transport erfolgt bei primitiveren Arten im Kropf, bei höher entwickelten meist in einer Haarbürste an den Hinterbeinen oder am Bauch. Honigbienen nehmen den Pollen mit den Beinen und dem ganzen Körper auf und transportieren ihn mit Nektar angefeuchtet in den sogenannten Höschen an den Schienen der Hinterbeine in den Bienenstock.

Weitere Bestäuber

Neben Bienen, Schwebfliegen und weiteren Fliegen saugen auch Schmetterlinge Nektar, übertragen den Pollen aber eher zufällig. Vor allem Nachtfalter, zum Beispiel Schwärmer (Sphingidae) und Eulenfalter (Noctuidae), be-

^
Schwärmer gehören zu den schnellsten Fliegern unter den Insekten und können innerhalb kurzer Zeit viele Blüten aufsuchen. Der Ligusterschwärmer *(Sphinx ligustri)* saugt unter anderem an Blüten von Liguster und Heckenkirsche.

Bepudert mit violettem Blütenstaub, frisst sich dieses Pärchen des Roten Halsbocks *(Stictoleptura rubra)* durch die Blüten eines Zwergholunders.
v

Der Gebänderte Pinselkäfer *(Trichius fasciatus)* entwickelt sich als Larve im Totholz. Der stark behaarte adulte Käfer frisst und überträgt Pollen bei verschiedenen Blütenpflanzen.

stäuben im Wald Pflanzen. Die Schwärmer schweben wie Kolibris vor den Blüten und erreichen mit ihrem langen Saugrüssel auch tief in der Blüte liegenden Nektar. Den Eulenfaltern müssen die Blüten einen Landeplatz bieten, wo sie zum Saugen absitzen können. Auch unter den Käfern gibt es ausgesprochene Blütenbesucher. Sie gelten aber als eher primitive Bestäuber, welche Pollen und Blütenteile fressen und dabei zufällig auch Blütenstaub übertragen.

Der auffällige Kaisermantel *(Argynnis paphia)* ist einer der wenigen Tagfalter in Wäldern. An Waldrändern und in Kahlflächen mit üppiger Krautvegetation saugt er gerne am Wasserdost.

2.2 Verbreitung von Samen

Nach der Bestäubung der Blüten reifen die Früchte und Samen. Die Samen sollen über möglichst weite Distanzen verbreitet werden.

Der Hohlknollige Lerchensporn gedeiht in Laubwäldern, Gebüschen und Hecken. Bestäubt wird er von langrüssligen Bienen. Seine schotenförmigen Früchte enthalten mehrere schwarze Samen, welche ein weisses und für Ameisen äusserst nahrhaftes Elaiosom tragen.

^
Eine Arbeiterin der Kahlrückigen Waldameise *(Formica polyctena)* transportiert einen Lerchenspornsamen zum Nest. Der Samen wird unterwegs vom begehrten Elaiosom abgebissen und bleibt liegen.

Leichte Samen oder solche mit speziellen Flugeinrichtungen werden durch den Wind verfrachtet, wie zum Beispiel bei der Weide oder dem Ahorn. Schwerere Samen wie Eicheln, Nüsse und Beeren werden durch Vögel und Kleinsäuger verbreitet. Etliche krautige Waldpflanzen haben spezielle Einrichtungen entwickelt, um ihre Samen am windarmen Waldboden durch Insekten verbreiten zu lassen: Die ziemlich grossen Samen von Taubnessel, Veilchen, Schneeglöckchen oder Lerchensporn besitzen sogenannte Elaiosomen. Diese Anhängsel sind fett- und zuckerhaltig und für Ameisen sehr schmackhaft. Die Ameisen schleppen diese Samen zum Nest und beissen unterwegs den für sie wertlosen Samen ab, um nur das nahrhafte Elaiosom einzutragen. Die Samen bleiben dabei liegen oder werden auf Abfallplätzen der Ameisen deponiert und gelangen so an neue Orte. Die Samenverbreitung durch Ameisen wird Myrmekochorie genannt. Weitere Vorteile der Myrmekochorie sind, dass die Keimung der Samen durch die kleine Verletzung beim Abbeissen des Elaiosoms vereinfacht wird und die Überlebenschance des entstehenden Keimlings in der Nähe eines Ameisennests höher ist, weil sich dort weniger pflanzenfressende Insekten aufhalten. Die Wechselwirkung zwischen Pflanze und Ameise wird als Trophobiose (Symbiose auf Nahrungsbasis) bezeichnet: Die Ameisen erhalten eine nährstoffreiche Nahrung, die Pflanzen können sich erfolgreicher verbreiten.

2.3 Frass an Blüten und Früchten

Bei all den erwähnten positiven Funktionen von Insekten bei der Vermehrung der Pflanzen darf nicht unerwähnt bleiben, dass Blüten, Früchte und Samen von Pflanzen durch Insekten und Milben auch geschädigt werden können. Der oben erwähnte Verzehr von Pollen ist aber sozusagen von der Pflanze kalkuliert und wird durch die positive Wirkung des Pollentransports bei Weitem kompensiert. Verschiedene Milben und Insekten können aber an den Blütenteilen so stark fressen oder saugen, dass sie die Fruchtbildung einschränken. Die Saugtätigkeit der nur knapp 0,2 Millimeter grossen Eschengallmilbe *(Aceria fraxinivora)* an den Blüten der Esche führt zu einer Vergallung (Wucherung) der Blütenstände (sogenannten Eschenklunkern). Die Blüten können nicht mehr bestäubt werden und bilden keine Samen. Je nach Befallsstärke fällt ein mehr oder weniger grosser Anteil der Samenproduktion aus.

Einige Käferarten wie zum Beispiel die Glanzrüssler (*Phyllobius* spp., *Polydrusus* spp.) ernähren sich unter anderem von Blütenbestandteilen. Auch die Rosenkäfer (z. B. *Cetonia aurata*) fressen gerne die Fortpflanzungsorgane der weissen Doldenblüten von Holunder, Schneeball, Vogelbeere, Weissdorn und anderen Rosengewächsen. Einer der häufigsten Käfer in Sturm- oder Schlagflächen ist der Himbeerkäfer *(Byturus tomentosus)*. Er frisst im Frühling an den Blüten der Brom- und Himbeeren, und seine Larven entwickeln sich in deren Früchten. Sein Blütenbesuch trägt aber zur Bestäubung der Blüten bei. Auch nadel- und blattfressende Schmetterlingsraupen wie der Eichenwickler *(Tortrix viridana)* und der Kleine Frostspanner *(Operophtera brumata)* oder saugende Pflanzenläuse können die Blüten- oder Fruchtbildung einschränken.

Die kohlehydrat- und lipidreichen Samen und Früchte der Pflanzen dienen ebenfalls als Nahrung für verschiedene Insekten. Viele Schädlinge leben von gelagerten Samen (Getreide, Nüssen usw.) und vernichten weltweit rund fünf Prozent der Vorräte (Boxall 2001). Im Wald gibt es zwar ebenfalls viele samenfressende Insekten, sie gefährden die Fortpflanzung von Bäumen, Sträuchern und Krautpflanzen jedoch kaum. Eine grössere Bedeutung haben sie allenfalls bei der Saatgutgewinnung in Baumschulen oder bei sogenannten Nonwood-Produkten des Waldes wie Kastanien oder Nüssen. Viele Käfer, Schmetterlinge, Fliegen, Wanzen und Hautflügler fressen oder saugen an Samen, zerstören diese oder entziehen ihnen so viel Energie, dass sie schlecht oder gar nicht auskeimen. In den Zapfen von Nadelbäumen entwickeln sich die Larven verschiedener Arten von Wicklern (Tortricidae), Zünslern (Pyralidae), Gallmücken (Cecidomyiidae), Blumenfliegen (Anthomyiidae),

^
Adulte Tiere des Kupfer-Rosenkäfers *(Protaetia cuprea)* fressen Pollen und ganze Teile von verschiedenen Blüten. Ihre Larven entwickeln sich in Ameisenhaufen.

Erzwespen (*Megastigmus* spp.) und Nagekäfern (Anobiidae). Der Samenverlust durch diese Samenfresser kann bei der Lärche über 80 Prozent betragen (Roques *et al.* 1984).

Käfer

Spezialisierte Rüsselkäfer befallen die Früchte von Eiche, Edelkastanie oder Hasel. Die Käfer besitzen einen charakteristischen, zu einem langen Rüssel ausgezogenen Kopf, an dessen Ende die Mundwerkzeuge sitzen. Mit ihnen nagt das Weibchen ein Loch in die Eichel, Kastanie oder Nuss und legt mit ihrem ebenso langen Ovipositor (Eiablageorgan) meistens ein einziges Ei hinein. Daraus schlüpft die Larve, die sich in der Frucht entwickelt

An diesem Eschenzweig sind alle Blüten durch den Befall der Eschengallmilbe *(Aceria fraxinivora)* vergallt und damit nutzlos geworden.

Der Himbeerkäfer *(Byturus tomentosus)* frisst an den Staubblättern von Himbeerblüten, ohne deren Fortpflanzung merklich zu beeinträchtigen. Seine Larven jedoch entwickeln sich in den Beeren und schädigen diese.

^
Ein Grüner Scheinbockkäfer *(Oedemera nobilis)* mit seinen für die Männchen typischen, gewaltigen Hinterschenkeln frisst an den Staubgefässen eines Hundsrosenstrauchs.

Viele Bockkäferarten fressen während ihres Reifungsfrasses Blütenteile und Pollen von Pflanzen in Waldlichtungen und an Waldrändern, während ihre Larven sich in toten Holzstücken im Wald entwickeln.
v

und sie keimunfähig (und für den Menschen ungeniessbar) macht. Nachdem die Frucht zu Boden gefallen ist, verlässt die Larve die Frucht und verpuppt sich bis zu 60 Zentimeter tief im Boden. Um für Jahre mit schlechter Fruchtproduktion gewappnet zu sein, schalten diese Arten eine sogenannte fakultative Diapause (Ruhestadium) ein. Beim Kastanienrüssler *(Curculio elephas)* zum Beispiel durchläuft etwa ein Drittel bis die Hälfte einer Population ein solches Ruhestadium (Dajoz 1998). Das bedeutet, dass die Käfer statt im nächsten erst im übernächsten Jahr schlüpfen. Falls im nächsten Jahr fast keine Kastanien produziert werden und damit die Population der Kastanienrüssler drastisch abnimmt, gibt es noch die im Boden ruhende Restpopulation, die im darauffolgenden Jahr wieder von den wahrscheinlich besseren Bedingungen profitieren kann. In einer rumänischen Untersuchung betrug der Befall von Eicheln durch den Gewöhnlichen Eichelbohrer *(Curculio glandium)*, einer verwandten Rüsselkäferart, regelmässig über 25 Prozent (Scutareanu und Roques 1993).

Wanzen

Viele Wanzen saugen gerne an den nährstoffreichen Samen verschiedenster Nadel- und Laubbäume sowie von Sträuchern. Einige Wanzenarten sind auf bestimmte Baumar-

‹ Der Kastanienrüssler *(Curculio elephas)* entwickelt sich als beinlose Larve in Kastanien («wurmstichige» Marroni) oder Eicheln (a). Danach verpuppt sich die Larve tief im Boden (b). Im nächsten Jahr frisst der geschlüpfte Käfer (c) mit seinem langen Rüssel ein Loch in eine wachsende Frucht und legt ein Ei hinein. In Kastanien können sich auch Raupen von Nachtfaltern entwickeln (d): Das grössere Loch stammt von einer Larve des Kastanienrüsslers, das kleinere wahrscheinlich von einer Raupe eines Kastanienwicklers, also eines Falters.

^
Die Fichtenzapfenwanze *(Gastrodes abietum)* besitzt für die Gattung charakteristisch verdickte, mit einem Zahn versehene Vorderschenkel. Alle Entwicklungsstadien saugen an Samen von Fichtenzapfen, die Larven auch an den Nadeln.

Sowohl Larven als auch Adulttiere der Birkenwanze *(Kleidocerys resedae)* saugen an den Samen der Fruchtstände von Birken und Erlen.
v

^

Lederwanzen *(Coreus marginatus)* saugen an Trieben, Blättern und Früchten verschiedenster Pflanzen, gerne auch an Himbeeren. Gut sichtbar ist hier der unten vom Kopf ausgehende Saugrüssel, der tief in die Beeren eingeführt werden kann.

Eine Larve (erkenntlich an den noch unvollständig ausgebildeten Flügeln) der Grünen Baumwanze *(Palomena viridissima)* saugt an den Früchten einer Vogelbeere.

v

ten spezialisiert. So saugt die Fichtenzapfenwanze *(Gastrodes abietum)* an Fichtensamen und die Birkenwanze *(Kleidocerys resedae)* an den Kätzchen (Blütenständen) von Birken und Erlen. Die aus Nordamerika stammende und erst seit 2002 in der Schweiz auftretende Amerikanische Kiefernwanze *(Leptoglossus occidentalis)* ist vorwiegend an Kiefern zu finden. Sie sticht mit ihrem Rüssel durch die Zapfenschuppen und saugt an den sich entwickelnden Samen. In ihrer Heimat kann sie an Douglasien bis 40 Prozent Samenausfall verursachen (Ciesla 2011). Ganz unspezifisch von Samen und Früchten verschiedener Krautpflanzen, Stauden und Sträucher ernähren sich die Grüne Baumwanze *(Palomena viridissima)*, die Lederwanze *(Coreus marginatus)* und viele weitere Arten.

Schmetterlinge

Bei den Schmetterlingen gibt es ebenfalls Arten, die Früchte und Samen befallen. Der Apfelwickler *(Cydia pomonella)* hat im Obstbau sogar eine grosse Bedeutung als Schädling. Arten aus derselben Gattung entwickeln sich auch in Samen von Waldbäumen, beispielsweise der Fichte, Lärche, Weisstanne, Edelkastanie, Eiche und Buche. Nicht alle Larven in Esskastanien stammen also vom oben erwähnten Kastanienrüssler: Die schlankeren und mit Brust- und Bauchfüssen versehenen Larven gehören zum Frühen oder Späten Kastanienwickler (*Pammene fasciana* und *Cydia splendana*). Zwischen 10 und 50 Prozent der Kastanien in Tessiner Wäldern werden jeweils von diesen beiden Schmetterlingsraupen be-

Die Larven des Fichtenzapfenzünslers *(Dioryctria abietella)* fressen unter einem Kot-Harz-Gemisch. Ein noch grüner Fichtenzapfen zeigt die typischen Befallssymptome.

fallen (Müller 1957). Zusammen mit dem oben erwähnten Kastanienrüssler können weit über die Hälfte aller Kastanien betroffen sein. Die wichtigste Art aus der Familie der Zünsler (Pyralidae), der Fichtenzapfenzünsler *(Dioryctria abietella)*, befällt die Zapfen verschiedener Nadelbäume wie Fichte, Tanne oder Zeder. Seine Larven fressen sich durch den befallenen Zapfen, zerstören sämtliche Samen und stossen dabei grosse Mengen Bohrmehl, Kot und Harz aus.

Wie an anderen Organen können Insekten auch Gallen an Früchten verursachen und damit die Ausbildung der Samen behindern. Eine der auffälligsten Wucherungen findet man an Eicheln. Sie sind das Werk der Knopperngallwespe *(Andricus quercuscalicis)*, die in Mitteleuropa erst durch das in letzter Zeit häufigere Anpflanzen ihres zweiten Wirts, der Zerreiche *(Quercus cerris)*, den gesamten Zyklus durchlaufen kann. Die sich bisexuell fortpflanzende Generation entwickelt sich in kleinen, unauffälligen Gallen an den weiblichen Blütenkätzchen der Zerreiche. Daraus geht die sich parthenogenetisch fortpflanzende Generation hervor (Nachkommen entstehen aus unbefruchteten Eiern), die während ihrer Entwicklung Gallen an den Eicheln vor allem der Stieleiche *(Quercus robur)* verursacht. An einer Eichel können mehrere Gallen auftreten, jede enthält aber nur eine einzige Larve.

‹ Eine der auffälligsten Gallen an Stieleichen entsteht bei der Entwicklung der parthenogenetischen Generation der Knopperngallwespe *(Andricus quercuscalicis)*. Die Wespe legt ein Ei an die wachsende Eichel, worauf sich durch den Frass der Larve eine artspezifische, zuerst grüne oder rötliche, später braune Galle bildet (a). Die aufgeschnittene Galle zeigt im Innern die Larve (b), die sich noch im Herbst in der zu Boden gefallenen Galle zur Puppe häutet (c). Im frühen Frühling schlüpft dann die Wespe (d), welche die bisexuelle Generation an Zerreichen begründet.

Umsatz grüner Pflanzenbiomasse

3

Im ökologischen Stofffluss stellen die grünen Pflanzen die Produzenten dar. Sie speichern umgewandelte Sonnenenergie, Wasser, Kohlenstoff und anorganische Mineralsalze in Form von chemischen Produkten. Diese Energieträger und Nährstoffe sind die Nahrungsgrundlage für die zahlreichen Primärkonsumenten (Konsumenten erster Ordnung). Mit der im Laufe der Jahrmillionen zunehmenden Vielfalt der Pflanzen nahm auch diejenige der herbivoren Insektengruppen zu: Eine riesige Zahl von Blatt-, Nadel- und Pollenfressern, Nektarsaugern, Minierern, Gallbildnern sowie Phloem- und Zellsaftsaugern ernährt sich von grünem pflanzlichem Gewebe oder Pflanzensaft. Aber auch verholzte, stützende Pflanzenteile werden von rinden-, holz- und wurzel-

Die Afterraupen der Rotgelben Kiefern-Buschhornblattwespe *(Neodiprion sertifer)* fressen ausschliesslich Kiefernnadeln. Das in den Harzkanälen enthaltene Harz speichern sie in speziellen Taschen am Vorderdarm. Zur Verteidigung wird es hervorgewürgt und auf den Angreifer geschmiert. Der auf den Boden gelangende Kot enthält wenig Harz und kann von den Mikroorganismen schnell abgebaut werden. >

fressenden Insekten besiedelt und abgebaut (siehe Kapitel 4). Die herbivoren Insekten sind somit die primären Regulatoren der Energie- und Nährstoffflüsse zwischen den Produzenten und den weiteren Nahrungsnetzen.

Die Verfügbarkeit von Nährstoffen und Wasser ist oft limitierend für das Pflanzenwachstum. Während eine Pflanze die Wasserversorgung kaum beeinflussen kann, hat sie gewisse Möglichkeiten, die in ihrem Gewebe gebundenen und damit teilweise blockierten Nährstoffe via Boden wieder für ihr Wachstum verfügbar zu machen. Laubwerfende Bäume transferieren im Herbst mit den abfallenden Blättern oder Nadeln einen Teil der gebundenen Nährstoffe zum Boden, wo sie von Mikroorganismen mineralisiert und der Pflanze in anorganischer Form wieder verfügbar gemacht werden. Allerdings geht dieser Abbau je nach Blattinhaltsstoffen sehr langsam vor sich. Deshalb kann es unter gewissen Umständen für einen Baum förderlich sein, wenn ein Teil seines Blattwerks durch Insekten gefressen wird und die Blattinhaltsstoffe so schneller wieder in den Kreislauf gelangen. Dies trifft vor allem für viele Laubbäume zu, die sogar nach einem vollständigen Kahlfrass im selben Jahr nochmals austreiben und die verlorene Blattmasse ersetzen können. Findet ein solcher Befall aber in mehreren aufeinanderfolgenden Jahren statt oder sind nicht-laubwerfende Nadelbäume betroffen, können gewisse Insekten für den Menschen zu Schädlingen werden (vergleiche Kapitel 14). Die folgenden Beispiele illustrieren, dass pflanzenfressende Insekten nicht immer eine Schwächung oder gar das Absterben eines Baumes bedeuten, sondern dass sich die Pflanzen im Verlaufe der Evolution auf einen gewissen Verlust von Blattfläche und Assimilaten eingestellt haben und daraus sogar Vorteile für ihre Nährstoffversorgung ziehen.

3.1 Frass durch Raupen

Im Wald sind es neben den grossen Wiederkäuern vor allem Insekten, die sich von grüner Pflanzenmasse ernähren. Fast alle Schmetterlingsraupen, Pflanzenläuse, Wanzen, Zikaden und Heuschrecken und etwa ein Drittel aller Käfer leben von pflanzlichem Substrat. Dies bedeutet für die Pflanzen zwar einen Verlust von Blattmasse und Assimilaten, doch haben Bäume eine erstaunliche Kapazität, diese Verluste aus den Reserven zu kompensieren. Normalerweise werden in einem Wald regelmässig 3 bis 8 Prozent der jährlichen Blattmasse von Insekten konsumiert. Bis zu einem Drittel der jedes Jahr produzierten Blattmasse kann von Entlaubern vernichtet werden, ohne dass die Gesamtproduktion einer Pflanze beeinträchtigt wird (Mattson und Addy 1975). Etliche Beispiele zeigen, dass der Konsum von Pflanzenmasse durch Insekten sogar die Effizienz einer Pflanze erhöhen, den Nährstoffumsatz beschleunigen und die Nährstoffversorgung der Bäume verbessern kann. Blattfrass erhöht auch die Lichtdurchlässigkeit der Krone, fördert die Auswaschung von Nährstoffen aus den angebissenen Blättern in den Boden und verringert die Konkurrenz von Bäumen.

Die Blätter vieler Baumarten (zum Beispiel Eiche oder Edelkastanie) enthalten viel Tannine und andere Gerbstoffe, die während des Blattwachstums und der Blattalterung zunehmen. Bei den Nadelbäumen enthalten die Nadeln grosse Mengen schützender Harze. All dies macht das Laub nach dem Blattfall für Mikroorganismen nur schwer abbaubar. Im Kot der Insekten hingegen sind viele Pflan-

Zu den bevorzugten Baumarten der Schwammspinnerraupen *(Lymantria dispar)* gehören Rotbuche, Eiche und Edelkastanie. Die Raupen verdauen viele komplexe und schwer abbaubare Blattinhaltsstoffe, sodass die ausgeschiedenen Kotkrümel (unten rechts) von den Bakterien einfacher mineralisiert werden können. ›

zenbestandteile bereits stark verdaut, sodass der vollständige Abbau am Boden, den vor allem Bakterien bewerkstelligen, einfacher und schneller erfolgen kann. Der Stickstoff-, Phosphor- und Kaliumgehalt im Kot und ebenso in den toten Insekten, die am Ende ihres Lebens zu Boden fallen, beträgt ein Mehrfaches desjenigen des Pflanzengewebes. Im pflanzlichen Gewebe beträgt der Stickstoffgehalt im Allgemeinen zwischen 1 und 5 Prozent, in tierischem Gewebe jedoch 7 bis 14 Prozent (Mattson 1980). Dies ist auch der Grund, weshalb Insekten für ihr Wachstum so grosse Mengen Pflanzenmaterial verzehren müssen.

Kot hat eine grössere Oberfläche pro Volumen als intakte Blätter. Er kann deshalb von mehr Mikroorganismen besiedelt und schneller abgebaut werden. Ausserdem fallen beim verschwenderischen Frass gewisser Schmetterlingsraupen viele abgebissene Blattteile zu Boden, die an den Frassrändern ebenfalls gut von Bakterien besiedelt werden können. Die Frasstätigkeit von Insekten führt also dazu, dass die im Pflanzengewebe enthaltenen Energieträger und Nährstoffe schnell und in beträchtlicher Menge in den Boden gelangen und infolge der dadurch gesteigerten Bodenaktivität rasch wieder für das Pflanzenwachstum zur Verfügung stehen.

Schmetterlingsraupen

Zu den bekanntesten Entlaubern gehören die Schmetterlingsraupen, vorwiegend Trägspinner (Lymantriinae) und Spanner (Geometridae). Gewisse Arten können den Nährstoffhaushalt eines Waldes deutlich beeinflussen. Beim für seine Massenausbrüche bekannten Schwammspinner (*Lymantria dispar;* siehe Kapitel 14.1) wurde dies quantifiziert (Szujecki 1987): Während einer Massenvermehrung stammt bis zu einem Drittel des jährlich zum Waldboden fallenden organischen Materials von dessen Raupen, also ihrem Kot, ihren Exuvien (Häutungsresten) und ihren Leichen. Dies entspricht etwa 2,7 Tonnen pro Hektar. Zwischen den Ausbrüchen geht dieser Anteil auf annähernd null zurück, und der normale jährliche Eintrag von neun Tonnen organischen Materials ist pflanzlichen Ursprungs. Während eines Ausbruchs des Zahnspinners *Phryganidia californica* in einem Eichenbestand in Kalifornien verdoppelte sich der Fluss von Stickstoff und Phosphor von der Baumkrone zum Boden. Etwa die Hälfte davon gelangte als Kot und tote Raupenbiomasse dorthin (Hollinger 1986). Weitere Schmetterlingsraupen mit dem Potenzial für grossflächigen Frass an Laubbäumen sind die Frostspanner *(Operophtera brumata, Erannis defoliaria)* oder der Eichenwickler *(Tortrix viridana).*

‹ Durch den verschwenderischen Frass der Schwammspinnerraupen (sogenannter Luxusfrass) fallen viele abgebissene Blattteile zu Boden. Sie werden infolge ihrer grösseren relativen Oberfläche und offenen Frassränder schnell von Mikroorganismen besiedelt und abgebaut.

Eine vollständige Entlaubung durch blattfressende Raupen während der Vegetationsperiode verändert das Mikroklima in einem Bestand grundlegend. Die einfallende Sonne erwärmt den Waldboden und beschleunigt den Abbau organischer Substanz, was die Verfügbarkeit von Nährstoffen für die Pflanzen erhöht. Im Bild ein durch Schwammspinnerraupen entlaubter Bestand von Edelkastanien mitten im Sommer (1. Juli 1993) bei Bellinzona (TI).

Auch die Lärche, die als nadelwerfende Nadelbaumart aus ihren Reserven ein neues Nadelkleid produzieren kann, profitiert nach einem Befall beispielsweise durch die Nonne *(Lymantria monacha)* oder den Lärchenwickler (*Zeiraphera griseana;* siehe Kapitel 13.3) von den besseren Nährstoffverhältnissen im Boden.

Ausbrüche von blatt- und nadelfressenden Raupen führen oft vorübergehend zu einer völligen Entlaubung ganzer Waldbestände. Dies bedeutet eine höhere Sonneneinstrahlung und damit auch höhere Bodentempe-

Im Darm von Raupen werden viele teils giftige Inhaltsstoffe abgebaut. Die grüne Farbe der Kotballen des Wolfsmilchschwärmers *(Hyles euphorbiae)* zeigt aber, dass das stickstoffreiche Chlorophyll noch intakt ist und erst durch Bodenbakterien abgebaut wird. Der im Enddarm geformte Kot hat eine stark strukturierte Form mit einer grossen Oberfläche, was eine grossflächige Besiedlung durch Mikroorganismen erlaubt.

raturen. Deshalb nimmt die Bodenaktivität zu, und es wird mehr organische Substanz umgesetzt, was das Nährstoffangebot für die Pflanzen zusätzlich erhöht. Werden normalerweise im Spätherbst viele Inhaltsstoffe aus den Blättern resorbiert, bevor diese nährstoffarm zu Boden fallen, erfolgt bei Insektenbefall der Eintrag von Nährstoffen über Kot und Frassresten meist in der ersten Hälfte der Vegetationsperiode, also dann, wenn die Bodenaktivität hoch ist. Diese Nährstoffe stehen noch im selben Jahr für einen Zweitaustrieb von Blättern zur Verfügung. Vielfach resultiert daraus in den Jahren nach einem Ausbruch ein überdurchschnittliches Pflanzenwachstum. So beispielsweise nach einem Ausbruch des Bürstenspinners *Orgyia pseudotsugata* auf Douglasie in British Columbia (Alfaro und Shepherd 1991): Während das Jahrringwachstum in den ersten zwei Jahren zurückging, war der Zuwachs der Bäume nach fünf Jahren deutlich höher als bei nicht befallenen Bäumen.

Blattwespenraupen

Die Larven gewisser Blattwespen (Afterraupen) sind ebenfalls für Massenvermehrungen bekannt. Es sind aber vorwiegend Arten auf Nadelbäumen, und diese Bäume können mit Ausnahme der Lärche nach einem Befall nicht oder nur sehr beschränkt nochmals austreiben. An Laubgehölzen können Blattwespen jedoch denselben «Düngeeffekt» haben wie die Schmetterlingsraupen.

‹ Ein eindrückliches Beispiel für den schnellen Umsatz von Pflanzenmasse sind die Massenvermehrungen der Nonne *(Lymantria monacha)*. Ausgedehnter Frass ihrer Raupen an Fichten bedeutet eine starke Schwächung oder gar das Absterben der Bäume. Erfolgt der Ausbruch aber in einem Bestand von Lärchen – einer nadelwerfenden Baumart –, profitieren die Bäume beim Wiederaustrieb im Sommer von einem starken Nährstoffschub durch den zentimeterdick am Boden aufliegenden Raupenkot.

^
Eine Kolonie der Breitfüssigen Birkenblattwespe *(Craesus septentrionalis)* hat an einem Haselzweig Blatt um Blatt vertilgt. Im zu Boden fallenden Kot angereicherte Nährstoffe stehen dem geschädigten Strauch schnell wieder zur Verfügung.

Die nacktschneckenähnlichen, beinlosen Afterraupen der Eichenblattwespe *(Caliroa cinxia)* fressen gesellig auf der Unterseite von Eichenblättern. Sie raspeln dabei das Blattgewebe ab, und ihre gemeinsame Frassspur wird mit zunehmender Grösse der Raupen immer breiter, bis vom Blatt am Schluss nur noch die obere Epidermis und die Blattnerven übrig bleiben. Die Gerbstoffe der Eichenblätter werden im Darm der Tiere abgebaut, und die Bodenbakterien können den stickstoffreichen Kot schnell verarbeiten. >

3.2 Weitere Pflanzenfresser

Käfer

Von den Käfern kann am ehesten der Maikäfer *(Melolontha melolontha)* im Nährstoffkreislauf grüner Pflanzen eine Rolle spielen. Nach einer dreijährigen Entwicklung als Engerlinge im Boden von Wiesen und Feldern schlüpfen die fertigen Käfer aus dem Boden und machen einen Reifungsfrass am Laub von Bäumen. Bei hohen Populationsdichten können sie an nahen Waldrändern einen vollständigen Kahlfrass verursachen. Gefürchtet waren sie aber wegen der Schäden ihrer Engerlinge in Feldkulturen. Im 15. Jahrhundert wurde der Käfer aus diesem Grund in verschiedenen Kantonen der Schweiz mit dem Kirchenbann belegt und exkommuniziert!

Maikäfer *(Melolontha melolontha)* fressen bei ihrem Reifungsfrass an allen möglichen Laubbaum- und Straucharten. Bevorzugt werden aber Eiche, Buche oder wie hier der Walnussbaum.

Der Gartenlaubkäfer *(Phyllopertha horticola)* kann bei starkem Auftreten zu auffälligem Frass an Weiden, Farn, Himbeeren und anderen Sträuchern führen. Mengenmässig ist dieser Nährstoffumsatz nur für Einzelpflanzen von Bedeutung.

Auch verschiedene Blattkäfer (Chrysomelidae) fressen manchmal in Massen an Erlen, Weiden und anderen Laubbäumen. Wird ein bestimmter Grad der Entlaubung überschritten, treiben die Bäume nochmals aus.

Heuschrecken

Eher anekdotisch sind die seltenen Ausbrüche der Tessiner Gebirgsschrecke *(Miramella formosanta)* an den Nordwesthängen des Luganersees. Die feuchten und kühlen Hänge mit Laubmischwäldern bieten dieser Heuschrecke sporadisch ideale Bedingungen für Populationsexplosionen. In Jahren mit normalen Populationsdichten fressen die Tiere vor allem in der Kraut- und Strauchschicht. Bei einer Massenvermehrung steigen sie zum Fressen auch in die Baumkronen, was zu einer grossflächigen, aber jeweils nur einmaligen Entlaubung dieser Wälder führt. Obwohl der Befall das Wachstum der Bäume im Befallsjahr reduziert (Asshoff *et al.* 1999), erholen sie sich schnell wieder: Die durch das kurzfristig fehlende Laub erhöhte Sonneneinstrahlung begünstigt die schnelle Mineralisierung der Nährstoffe, die im zu Boden fallenden Kot und in den Insektenleichen gespeichert sind. Ähnliche Massenvermehrungen kennt man auch von anderen *Miramella*-Arten.

Da die stärkste Entlaubung durch diese Heuschrecken im Gegensatz zu derjenigen bei einem Raupenfrass erst im Hochsommer stattfindet, ist der Nutzen eines Neuaustriebs eher ungewiss. Er ist energieaufwendig, und die Blätter stehen nur noch relativ kurze Zeit für Photosynthese zur Verfügung. Zudem be-

An biblische Heuschreckenplagen gemahnten 1964, 1988 und 1992 die Massenvermehrungen der Tessiner Gebirgsschrecke *(Miramella formosanta)*. Im Hochsommer waren die Laubwälder an den Nordwesthängen des Luganersees durch den Blattfrass dieser Heuschreckenart stark verlichtet. ›

steht die Gefahr, dass Frühfröste die noch nicht völlig ausgereiften Blätter vorzeitig absterben lassen.

Springschwänze

Ein weiteres ungewöhnliches Phänomen kann bei gewissen Springschwänzen beobachtet werden. Die meisten Springschwanzarten ernähren sich im Boden von abgestorbenem Pflanzenmaterial (siehe Kapitel 6). Im Gegensatz dazu ernährt sich der knapp anderthalb Millimeter grosse Springschwanz *Ceratophysella sigillata* von lebenden Algen. Seine Aktivitätszeit liegt im Winterhalbjahr, weshalb diese Tiere auch Schneeflöhe genannt werden. Nach ihrem «Sommerschlaf» im Sommer und Herbst im Boden feuchter Wälder begeben sich die Tiere zu Tausenden zur Erdoberfläche und suchen von Algen bewachsene Stämme und Totholzstücke auf. In Massen erklimmen sie diese bis zu einer Höhe von mehreren Metern und weiden die dort wachsenden Algenbeläge ab. Sie benutzen ihr ausgeprägtes Sprungvermögen zum Überwinden von Ritzen und Spalten zwischen den Rindenschuppen. Bläschen an Fühlern und Hinterleib bewirken, dass sie nach einem Sprung an der Rinde haften bleiben und nicht abstürzen. Auf ihrer Wanderung von einem Stamm zum nächsten bilden sie grauviolette Teppiche mit Hunderttausenden bis Millionen von Tieren. Speziell auf einer Schneeunterlage sind sie dann gut zu entdecken. Diese Aktivität auf der Erdoberfläche erstreckt sich aber nur über kurze Zeit – vor allem im Dezember, Februar und März, wenn die Temperatur idealerweise zwischen 0 und 5 Grad Celsius beträgt (Zettel und Zettel 2008). Anschliessend erfolgt die Fortpflanzung, und die Jungtiere erscheinen nochmals Anfang Sommer. Erstaunlicherweise werden diese winzigen Urinsekten (die streng genommen nicht mehr zu den Insekten gezählt werden) zwei Jahre alt und pflanzen sich in beiden Jahren fort. Ihr Alter kann man gut an der Farbe erkennen: Einjährige Tiere sind violett, zweijährige grau.

Der mengenmässige Nährstoffumsatz durch den Eintrag von Kot und Leichen der Schneeflöhe in den Boden ist zwar gering und lokal. Das Phänomen illustriert aber, dass sich der Umsatz von grüner Pflanzenmasse durch Insekten nicht nur auf das Laub von Bäumen beschränkt, sondern auch Krautpflanzen und sogar Algen betrifft.

Ein lokales Phänomen sind die Massenansammlungen von *Ceratophysella sigillata*. Diese zu den Springschwänzen gehörenden sogenannten Schneeflöhe sind im Winter aktiv und weiden an Baumstrünken und Stämmen die dort wachsenden Algenbeläge ab. Damit gelangt diese grüne Biomasse als Kot wieder in den Boden.

Der Springschwanz *C. sigillata* lebt von Algen, deren Frostschutzsubstanzen er aufnimmt und im Körper einlagert. Der grauviolette Belag auf dem Baumstrunk und am Boden (unten) besteht aus Hunderttausenden winziger Springschwänze.

3.3 Pflanzensaftsauger

Auch saugende Insekten wie Pflanzenläuse und Zikaden können den Energiehaushalt und den Nährstoffumsatz eines Baumes oder gar eines Bestandes beeinflussen. Obwohl ein Teil ihres flüssigen Kots (der sogenannte Honigtau) im Blattwerk kleben bleibt oder von Ameisen geerntet wird, gelangen bei einer starken Besiedlung beträchtliche Mengen von Honigtau auf den Boden. Eine Untersuchung des Energiebudgets von Lindenzierläusen *(Eucallipterus tiliae)* auf Linden zeigte, dass 90 Prozent der von den Läusen aufgenommenen Energie in Form von Honigtau wieder ausgeschieden wird (Llewellyn 1972). Am Boden kann dieser zwar stickstoffarme, aber sehr kohlehydratreiche Energieträger (vergleiche Kapitel 7.4) die Vermehrung und Aktivität vor allem von stickstofffixierenden Bodenmikroorganismen anregen. Dies führt im Boden zu einem höheren Stickstoffangebot, was gerade auf nährstoffarmen Böden für das Pflanzenwachstum von grosser Bedeutung ist (Owen 1980).

^
Auf einem Blatt unterhalb einer Kolonie der Wolligen Geissblattlaus *(Prociphilus xylostei)* haben sich Honigtautröpfchen angesammelt.

Eine Kolonie von mit Wachswolle bepuderten Eschenzweigläusen *(Prociphilus bumeliae)*. Gut sichtbar sind die Honigtautröpfchen, die von den saugenden Tieren ausgeschieden werden und den Bodenbakterien als Energiequelle dienen.
v

^
In den Sommermonaten können auf einer Linde Millionen von Lindenzierläusen *(Eucallipterus tiliae)* leben. Ihr Honigtau fördert die stickstofffixierenden Bakterien im Boden.

Abbau von Holz

4

Holz und Rinde sind im Vergleich zu grüner Pflanzenmasse arm an Nährstoffen und für Konsumenten schwieriger zu verwerten. Holz besteht im Wesentlichen aus Zellulose, Hemizellulose und Lignin; der Bast enthält zusätzlich Pektin. Diese Bestandteile werden vor allem von Pilzen und Bakterien abgebaut. Nur wenige Insekten können Zellulose verdauen, zum Beispiel einige Schaben, Termiten, Holzwespen (Siricidae), Nagekäfer (Anobiidae) oder Bockkäfer (Cerambycidae). Dies geschieht oft mithilfe symbiotischer Pilze und Bakterien im Darm, die ihren Wirten zusätzlich Vitamine und Sterine (z. B. Cholesterin) liefern können. Der für die Larvenentwicklung benötigte Stickstoff stammt nur teilweise vom Holz. Die meisten Holzinsekten haben im Darm Bakterien, die Stickstoff aus der Luft fixieren können (Ulyshen 2015). Am Abbau eines Baumes sind viele Insekten beteiligt. Arten, die in irgendeiner Phase ihres Lebens auf lebendes oder totes Holz oder auf darin lebende andere Organismen angewiesen sind, bezeichnet man als «xylobionte» Insekten. Dies sind neben den eigentlichen Xy-

Ein Zimmermannsbock *(Acanthocinus aedilis)* schlüpft aus einem toten Kiefernstamm. Seine Larve frisst und verpuppt sich unter der Rinde. Frassreste und Kot von Destruenten können einfach besiedelt und abgebaut werden. Die Ausbohrlöcher und Frassgänge bieten holzabbauenden Pilzen Zugang zum Holzinnern. >

^
Damit sich die im Holzinnern entwickelten Käfer durch Holz und Rinde ins Freie nagen können, brauchen sie kräftige Mundwerkzeuge. Bestens damit ausgerüstet ist der bis zu drei Zentimeter lange Grosse Pappelbock *(Saperda carcharias).*

lophagen («Holzfressern») auch räuberische und parasitische Arten und solche, die sich von Holzpilzen ernähren. Die Xylophagen zerkleinern Rinde und Holz und machen dieses Substrat so für die Destruenten zugänglich. Nach der Industrialisierung war Totholz bis Mitte des 20. Jahrhunderts kaum mehr im Wald vorhanden, weshalb noch heute viele totholzbewohnende Insekten selten und gefährdet sind (siehe Kapitel 18.2).

Zu Lebzeiten eines Baumes verhindert die Rinde durch eingelagerte Harze und Gerbstoffe, dass er von Pilzen und anderen Krankheitserregern befallen wird. Diese Inhaltsstoffe erschweren den Pilzen auch nach dem Tod des Baumes den Zugang zum Holzkörper. Erst nach der Besiedlung durch Insekten entstehen Gänge und Löcher in Rinde und Holz, durch welche die Pilzsporen eindringen und das Holz besiedeln können. Gegen Ende des Abbauprozesses ist dann vor allem die Zersetzungstätigkeit von Pilzen und Bakterien wichtig, obwohl auch dann noch Insekten und andere Wirbellose am Abbau beteiligt sind. Die Überführung eines abgestorbenen Baumes in Rohhumus dauert je nach Baumart und Exposition des Stammes Jahrzehnte bis Jahrhunderte. Ohne die Beteiligung von Insekten würde dieser Prozess rund doppelt so lange dauern (Dajoz 1998).

Im Holzsubstrat entwickeln sich nicht nur die eigentlichen Xylophagen, sondern auch deren natürliche Feinde, sich von Abfallstoffen ernährende Destruenten und von holzabbauenden Pilzen lebende Spezialisten. Während des Abbauprozesses von totem Holz gibt es eine bestimmte Abfolge dieser Artengemeinschaften, die unter anderem von der Baumart, dem Abbaugrad, der Dimension des Holzes, seinem Feuchtigkeitsgehalt oder dem Besonnungsgrad abhängen. Im Allgemeinen ist bei Nadelholz die Artenvielfalt eher zu Beginn der Holzzersetzung am höchsten, bei Laubholz in den späteren Abbaustadien (Stokland *et al.* 2012).

Beim Abbau eines toten Baumes vom intakten Holzkörper bis zum Humus werden verschiedene Stufen durchlaufen. Einer kurzen Besiedlungsphase nach dem Absterben folgt eine lang dauernde Zersetzungsphase von Rinde und Holz, bis in der Humifizierungsphase die zerkleinerte organische Substanz im Boden mineralisiert wird. Die während des Abbaus entstehenden, vielfältigen Mikrohabitate werden von einer charakteristischen Insektenfauna besiedelt (Möller 2009). In diesem Kapitel wird die generelle Bedeutung von Insekten beim Abbau von Holz zu Humus dargelegt, während ihre Rolle bei der eigentlichen Bodenbildung in Kapitel 6 behandelt wird.

4.1 Besiedler lebender Bäume

Einige wenige Insekten sind in der Lage, offensichtlich vitale Bäume zu befallen und in der Folge sogar abzutöten. Andere rindenbrütende Insekten wie verschiedene Borken-

Der Zweigefleckte Eichenprachtkäfer (*Agrilus biguttatus*; oben) besiedelt normalerweise frisch abgestorbene Eichen. Unter bestimmten Bedingungen kann er aber auch lebende Bäume befallen und dadurch zum Schädling werden. Ein anderer Eichenspezialist, der seltene Ungarische Prachtkäfer (*Anthaxia hungarica;* unten), entwickelt sich hingegen nur in bereits abgestorbenen Eichenästen.

Der als gefährdet geltende Grosse Eichenbock *(Cerambyx cerdo)* ist ein Eichenspezialist. Er ist einer der wenigen Käfer, die Zellulose verdauen können. Meistens entwickelt er sich in uralten, anbrüchigen, aber noch lebenden Bäumen, an denen die Gänge der riesigen Larven nach dem Abfallen der Rinde gut sichtbar sind. Oft dienen solche Habitatbäume über Jahrzehnte hinweg zahlreichen Käfergenerationen als Lebensraum.

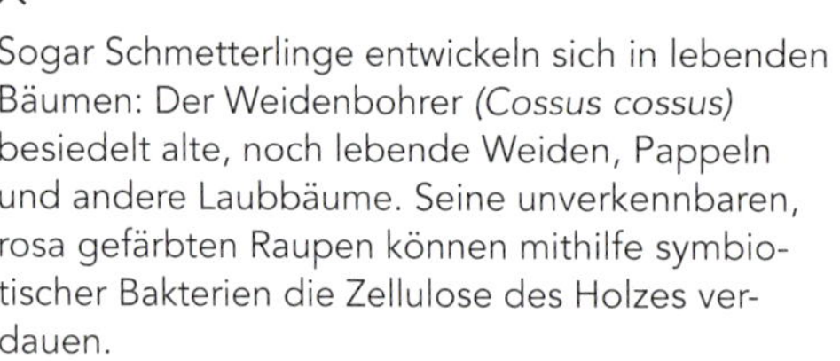

^

Sogar Schmetterlinge entwickeln sich in lebenden Bäumen: Der Weidenbohrer *(Cossus cossus)* besiedelt alte, noch lebende Weiden, Pappeln und andere Laubbäume. Seine unverkennbaren, rosa gefärbten Raupen können mithilfe symbiotischer Bakterien die Zellulose des Holzes verdauen. >

käfer (Scolytinae) und einige Pracht- (Buprestidae) und Bockkäfer besiedeln geschwächte, aber noch lebende Bäume und leiten deren Absterben ein oder beschleunigen es. Neben dem in Mitteleuropa berühmtesten Borkenkäfer, dem Buchdrucker *(Ips typographus)* auf Fichte (siehe Kapitel 14.3), leben zum Beispiel der Sechszähnige Kiefernborkenkäfer *(Ips acuminatus)* oder die beiden Waldgärtnerarten (*Tomicus minor* und *T. piniperda*) auf Kiefer und der Krummzähnige Tannenborkenkäfer *(Pityokteines curvidens)* auf Weisstanne. Bei den Prachtkäfern besiedeln beispielsweise der Blaue Kiefernprachtkäfer *(Phaenops cyanea)* lebende Kiefern oder gewisse *Agrilus*-Arten *(A. viridis, A. biguttatus)* noch lebende Laubbäume. Der grosse Pappelbock *(Saperda carcharias)* entwickelt sich in

< Bei kühlem Regenwetter wartet ein Moschusbock *(Aromia moschata)* auf wärmere Bedingungen (oben). Er besiedelt lebende Weiden selbst mitten in Siedlungsräumen. Beim Larvenfrass und beim Ausbohren der Käfer entstehen grosse Mengen von Bohrmehl (unten).

Pappeln oder Weiden. Befallen solche Käfer wertvolle Einzelbäume oder ganze Bestände, werden sie für den Menschen zum Schädling. Auch einige Schmetterlinge entwickeln sich in Rinde und Holz von lebenden Bäumen, so zum Beispiel der Weidenbohrer *(Cossus cossus)*, das Blausieb *(Zeuzera pyrina)* oder der Hornissen-Glasflügler *(Sesia apiformis)*. Auch bestimmte Ameisen wie die Schwarze Rossameise *(Camponotus herculeanus)* legen ihre Nester gelegentlich in Stämmen noch lebender Fichten an.

4.2 Erstbesiedler abgestorbener Bäume

Für den Holzabbau wichtiger als die Insekten an lebenden Bäumen sind die Erstbesiedler frisch abgestorbener Bäume oder Baumteile. Wie schon erwähnt, besitzen die meisten Insekten keine Cellulasen (Enzyme für den Abbau von Zellulose), weshalb die Erstbesiedler vor allem im energiereichen, stärkehaltigen Bast leben. Während dieser Besiedlungsphase sind Feinreisig und Zweige der abgestorbenen Bäume noch vorhanden, die Rinde ist noch intakt, der Bast weich und nährstoffreich und das Splintholz hart und mit Wasser gefüllt. Der kohlehydratreiche, einfach von Insekten und Pilzen zu verwertende Bast wird schnell abgebaut. Bei einer Untersuchung an totem Eichenholz verlor der Bast in den ersten zwei Jahren 80 Prozent seiner ursprünglichen Masse (Schowalter 1992). Diese Pionierphase dauert nur etwa ein bis zwei Jahre, danach sind Rinde und Holz für Erstbesiedler zu trocken. Um dieses kurzlebige Substrat schnell auffinden zu können, sind Pionierinsekten deshalb mobile Arten, die auf chemische Duftstoffe ihrer Wirtsbäume reagieren.

Wenn keine geschwächten lebenden Bäume vorhanden sind, ist frisches Totholz auch das Substrat für die oben erwähnten Borken- und Prachtkäfer. Speziell der ausgedehnte Frass der Larven von Borkenkäfern und der anschliessende Reifungsfrass der adulten Jungtiere führen dazu, dass sich die Baumrinde löst und zu Boden fällt. Die nährstoffreiche Rinde wird am feuchten Boden schnell abgebaut, und die Nährstoffe werden freigesetzt. Der Holzkörper ist nun nicht mehr durch die Rinde geschützt und kann von holzabbauenden Pilzen einfacher besiedelt werden.

Pionierinsekten müssen die teilweise noch intakte physikalische und chemische Abwehr der frisch abgestorbenen Bäume überwinden können. Speziell bei Nadelbäumen sind Borkenkäfer die wichtigsten Erstbesiedler, da sie durch die Harzeinlagerungen in Rinde und Holz nicht am Brüten gehindert werden. Pionierinsekten sind häufig baumartenspezifisch: Sie können zwar im Gegensatz zu den meisten anderen die Abwehr bestimmter Baumarten überwinden, sind aber im Gegenzug auch auf diese Wirtsbäume angewiesen. Eine Ausnahme macht der Schwarze Nutzholzborkenkäfer *(Xylosandrus germanus)*, der Mitte des

Der eingeschleppte Schwarze Nutzholzborkenkäfer *(Xylosandrus germanus)* ist im Mittelland eine der häufigsten Borkenkäferarten geworden und kann sich in fast jeder Baumart entwickeln. Beim Einbohren schieben die Weibchen charakteristische kleine Bohrmehlstangen aus dem Einbohrloch hinaus, die bis zum nächsten Regen oder stärkeren Wind gut sichtbar bleiben. Wie andere Pionierinsekten im Splintholz führen die Käfer ebenfalls einen Pilz ins Holz ein, von dem sich die Larven ernähren und der das Holz weiter abbaut.

a
b
c
d
e
f

20. Jahrhunderts nach Europa eingeschleppt wurde und frische Stämme verschiedenster Nadel- und Laubbäume besiedelt.

Damit nicht nur die Rinde, sondern auch frisches, nährstoffarmes Holz besiedelt werden kann, injizieren einige Insektenarten bei der Eiablage auch Pilzsporen ins Holz. Diese keimen anschliessend aus, und das Myzel dieser sogenannten Ambrosiapilze dient den Larven als Nahrung. Eine solche Symbiose zwischen Insekt und Pilz ist bei einigen Borkenkäfern, Werftkäfern (Lymexylidae) und Holzwespen zu finden (vergleiche Kapitel 11.2).

Verschiedene Pracht-, Bock-, Rüssel- (Curculionidae) und Werftkäfer sowie die Holzwespen sind ebenfalls Pionierinsekten. Ein Paradebeispiel ist der Schwarze Kiefernprachtkäfer *(Melanophila acuminata)*, der unmittelbar nach einem Waldbrand die teilweise noch glühenden Stämme besiedelt und dessen Larven sich nur im Bast von durch Feuer abgestorbenen Bäumen entwickeln können. Die Käfer nehmen Rauchgase über mehrere Kilometer mit chemischen Sinnesrezeptoren in den Fühlern wahr. Zudem besitzen sie empfindliche Sensoren in Grubenorganen auf der Bauchseite, wo die elektromagnetische Infrarot-Strahlung eines Brandes durch wärmebedingte Volumenänderung in einen mechanischen Sinnesreiz umgewandelt wird (Schmitz und Bleckmann 1998).

Unter den vielen laub- und nadelholzbesiedelnden *Anthaxia*-Arten gehört der Vierpunkt-Kiefernprachtkäfer *(Anthaxia quad-*

Viele Borkenkäfer sind klassische Erstbesiedler abgestorbener Bäume. In Verbindung mit der Baumart lässt sich bei etlichen Frassbildern eindeutig auf die Borkenkäferart schliessen: (a) Grosser Lärchenborkenkäfer *(Ips cembrae)* an Lärche, (b) Kleiner Waldgärtner *(Tomicus minor)* an Kiefer, (c) Doppeläugiger Fichtenbastkäfer *(Polygraphus poligraphus)* an Fichte, (d) Kupferstecher *(Pityogenes chalcographus)* an Fichte, (e) Kleiner Schwarzer Eschenbastkäfer *(Hylesinus toranio)* an Esche, (f) Grosser Birkensplintkäfer *(Scolytus ratzeburgii)* an Birke. Die grossen Gänge stammen jeweils vom Muttertier, die abzweigenden dünneren von den sich entwickelnden Larven.

^
Während die Larven rindenbrütender Borkenkäfer im Verlauf ihrer Entwicklung lange Gänge fressen (siehe Bilder links), reichen den holzbrütenden Borkenkäfern (sogenannten Ambrosiakäfern) kurze Stollen. Dort ernähren sich ihre Larven von Pilzrasen, deren Sporen die Muttertiere bei der Eiablage ins Holz eingebracht haben. Der Linierte Nutzholzborkenkäfer *(Trypodendron lineatum)* erzeugt in Nadelbäumen einen typischen Leitergang, bestehend aus dem entlang der Jahrringe verlaufenden Muttergang (im Bild horizontal) und den abzweigenden, kurzen Larvengängen (vertikal).

Die Larve eines Fichtenbocks *(Tetropium castaneum)* hat einen typischen Hakengang im Holz angefertigt. Viele Bockkäfer der Besiedlungsphase fressen zuerst unter der Rinde und gehen zur Verpuppung ins Holzinnere. In den verlassenen Gängen können sich anschliessend holzabbauende Pilze ansiedeln.
v

Der Buchenwerftkäfer *(Hylecoetus dermestoides)* ist ein weiterer typischer Erstbesiedler von frisch abgestorbenen Nadel- und Laubbäumen. Seine charakteristischen Larven hinterlassen tiefe Bohrgänge. Diese werden von einem symbiotischen Pilz besiedelt, der von den Käferlarven abgeweidet wird. Die Larven stossen während ihrer Frasstätigkeit grosse Mengen von hellem Bohrmehl aus.

ripunctata) zu den häufigsten Pionieren auf frischtoten Ästen und Stämmen von Fichte, Tanne und Lärche. Bei den Bockkäfern sind der Fichtenbock *(Tetropium castaneum)* oder die grossen *Monochamus*-Arten typische Erstbesiedler. Ihre Larven gehen zur Verpuppung einige Zentimeter tief ins Holz. Sie stossen grobe, auf der Rindenoberfläche gut sichtbare Holzspäne aus, die dadurch für den Abbau durch Pilze zugänglich werden.

Von der eigentlichen Holzmasse verwerten Borken- und Bockkäfer im ersten Jahr der Besiedlung zwar weniger als ein Prozent (Zhong und Schowalter 1989). Sie eröffnen aber durch ihre Frassgänge und Ausbohrlöcher Eintrittspforten für holzabbauende Pilze und verbessern die für den weiteren Holzabbau nötige Sauerstoffversorgung im Innern.

Neben den Käfern sind auch die Holzwespen typische Erstbesiedler frisch abgestor-

Der Vierpunkt-Kiefernprachtkäfer *(Anthaxia quadripunctata)* ist einer der häufigsten Prachtkäfer auf frischem Nadelholz. Seine Larven (links) von kochlöffelartiger Form hinterlassen eine für viele Prachtkäfer typische Frassspur: Das wolkig angeordnete, abwechselnd hell und dunkel gefärbte Bohrmehl stammt vom Frass der Larve im Grenzbereich von Rinde und Holz.

^
Der Achtpunktige Kiefernprachtkäfer *(Buprestis octoguttata)* besiedelt vor allem frisch abgestorbene Kiefern und Fichten in wärmeren Gebieten.

Rekordhalter in Bezug auf die Fühlerlänge bei Bockkäfern sind die Männchen der Zimmermannsböcke *(Acanthocinus aedilis)*. Die Fühler werden über acht Zentimeter lang und erreichen damit bis zu fünffache Körperlänge. Zimmermannsböcke entwickeln sich unter der Rinde von noch frischem Kiefernholz.
v

Die Gattung *Monochamus* – oben ein Adulttier des Schneiderbocks *(Monochamus sartor)*, unten eine Larve des Bäckerbocks *(Monochamus galloprovincialis)* – umfasst grosse, typische Bockkäferarten mit langen Fühlern. Ihre Larven fressen mit ihren kräftigen Kiefern zuerst in der Rinde und anschliessend im Holz von Nadelbäumen. Die Ausbohrlöcher dieser Käfer sind rund, im Gegensatz zu den ovalen der meisten anderen Bockkäfer.

bener Bäume. Die Weibchen dieser grossen Pflanzenwespen besitzen einen langen Ovipositor, mit dem sie ihre Eier bis zu einem Zentimeter tief im Splintholz ablegen. Drei der in Europa vorkommenden Gattungen leben in Nadelholz, die vierte in Laubholz. Die Entwicklung der Larven bis zur fertigen Holz-

Die vor allem in Gebirgswäldern vorkommende Riesenholzwespe *(Urocerus gigas)* ist eine typische Erstbesiedlerin frisch abgestorbener Nadelbäume. Sie sucht für die Eiablage zuerst mit ihrem Legestachel eine geeignete Stelle, um ihn dann unter grosser Kraftanstrengung langsam ins Holz zu treiben. Während des Herausziehens des Stachels werden etwa fünf Eier im Holz deponiert und mit einem symbiotischen Pilz beimpft, der den Larven als Nahrung dient und die Zersetzung des Holzes einleitet.

a

b

c

d

^
Verschiedene Nagekäfer entwickeln sich im noch festen, aber bereits von der Rinde entblössten Holz. Auf der Oberfläche sind nur die Ein- und Ausbohrlöcher sichtbar (am linken Bildrand). Unmittelbar darunter ist das Holz durch die Larven völlig zerfressen.

wespe dauert im Durchschnitt drei Jahre. Wie die Ambrosiakäfer bringen die Holzwespen gezielt Pilzsporen mit, die im Holz auskeimen und die Nahrungsgrundlage für die Larven entscheidend verbessern (siehe Kapitel 11.2).

4.3 Insekten der Zersetzungsphase

Der Abbau eines Baumes umfasst sehr unterschiedliche Stadien und dauert je nach Baumart, Position des Stammes (stehend oder liegend), Dimension, Bodenkontakt und Besonnung Jahrzehnte bis Jahrhunderte. Zu Beginn der Zersetzungsphase können noch

^
Zwei Larven der Riesenholzwespe fressen sich am Ende ihrer dreijährigen Entwicklung im Holz wieder Richtung Rinde. Die Verpuppung erfolgt rund einen Zentimeter unterhalb der Oberfläche, die fertige Wespe frisst sich anschliessend ins Freie.

Der Blaue Scheibenbock *(Callidium violaceum)* ist ein typisches Insekt im trockenen Nadelholz. Der ausgedehnte Frass seiner Larven unter der trockenen Rinde löst diese vom Holz. Zur Verpuppung dringen die Larven ins Holz ein. Scheibenböcke schlüpfen oft auch aus Brennholz, das im Winter in warme Räume verbracht wird. Für verarbeitetes Holz sind sie aber ungefährlich.
v

^
Der Grosse Ahornbock *(Ropalopus clavipes)* entwickelt sich in verschiedenen abgestorbenen, trockenen Laubhölzern. Seine Larven produzieren beim Frass in der Grenzschicht zwischen Rinde und Splintholz ein feines Bohrmehl und gehen zur Verpuppung ins Splintholz.

Der Schmalfühlerige Widderbock (*Clytus lama;* Bild) ist oft auf gelagertem, noch berindetem Nadelholz zu finden, während sich der fast identische, zur selben Gattung gehörende Echte Widderbock *(Clytus arietis)* in trockenen Ästen von Laubholz entwickelt.
v

trockene Rindenreste vorhanden sein, umgestürzte Bäume liegen noch auf den Ästen auf und haben wenig Bodenkontakt, das Holz ist hart und trocken und enthält noch leicht abbaubare Assimilate. Im Verlaufe der Zersetzung fallen die Äste weg, die umgefallenen Stämme liegen bald ganz am Boden auf, und die Feuchtigkeit dringt vom Boden her ins Holz. Zuerst das Splintholz und schliess-

Die aus Holzspänen gefertigten Puppenwiegen unter der Rinde von toten Nadelbäumen sind ein untrügliches Zeichen dafür, dass sich hier Larven des Kleinen Zangenbocks *(Rhagium inquisitor)* entwickelt haben. Nach dem Schlüpfen aus der Puppe verbleibt der fertige Käfer bis zum Frühling in seiner Wiege. Eine ähnliche Lebensweise haben andere *Rhagium*-Arten in Laubbäumen.

lich auch das Kernholz werden weich und schwammig. In einem liegenden Baumstamm können gleichzeitig ganz verschiedene Zersetzungsstufen mit einer unterschiedlichen Fauna vorhanden sein. Während des langen Zersetzungsprozesses besiedelt eine breite und sehr heterogene Palette von Gliederfüssern das Substrat Totholz.

Gut besonntes, schnell ausgetrocknetes und noch hartes Holz von Eichen und anderen Laubbäumen enthält nach wie vor leicht abbaubare Kohlehydrate, die von den Larven des Karminroten Kapuzinerkäfers *(Bostrichus capucinus)* verwertet werden können.

Käfer

Vor allem die Käfer sind in der Zersetzungsphase zahlreich vertreten. Man schätzt, dass von allen Waldkäferarten etwa 30 Prozent xylobiont sind (Speight 1989). Im noch trockenen, harten Totholz finden sich Trockenholzinsekten wie Nage- und Splintkäfer (Lyctidae), die das Holz zu feinem, leicht abbaubarem Mehl verarbeiten. Die Bockkäfer sind eine der artenreichsten xylobionten Gruppen. Die Weibchen legen ihre Eier meist in Rinden- oder Holzrisse, wo die jungen Larven schlüpfen und sich in das Substrat einbohren. Viele Arten des frühen Holzabbaus fressen zuerst in der Rinde und nagen sich zur Verpuppung ins Holz, während Arten der späteren Abbaustadien sich von Beginn an im Holz entwickeln. Zu den Arten des frühen Holzabbaus gehören zum Beispiel die Scheibenböcke (*Callidium* spp., *Phymatodes testaceus*), die Widderböcke (*Clytus* spp.) oder der Kleine Zangenbock *(Rhagium inquisitor)*, dessen Puppenwiegen aus Holzspänen auch nach dem Abfallen der Rinde noch eine Zeit lang sichtbar bleiben.

Mit fortschreitendem, pilzbedingtem Abbau der komplexen Holzbestandteile in verdaubare Zucker können sich immer mehr Käfer- und andere Insektenarten im Holz entwickeln. Ihre Kotausscheidungungen werden schnell von Mikroorganismen besiedelt und abgebaut. Im langsam weicher werdenden, morschen Holz entwickeln sich nach wie vor viele Bockkäferarten und zerkleinern das Substrat weiter. Typische Arten in Nadelholz dieses Stadiums sind der Schulterbock *(Oxymirus*

Der Schulterbock *(Oxymirus cursor)* lebt in feuchten Fichtenwäldern, wo sich seine Larven in morschen Baumstrünken und Stämmen entwickeln.

^
Unter der Rinde abgestorbener Laubbäume entwickeln sich die Larven des schön gemusterten Leiterbocks *(Saperda scalaris)*.

Der häufige Rote Halsbock *(Stictoleptura rubra)* zeigt einen sogenannten Sexualdimorphismus: Während das Weibchen braunrot gefärbt ist, hat das Männchen gelbbraune Flügeldecken. Die Larven entwickeln sich in weissfaul verpilzten Stämmen, Strünken und Wurzeln von Fichten und Kiefern.
v

Der Gefleckte Schmalbock *(Rutpela maculata)* ist einer der häufigsten Bockkäfer. Seine Larven durchlaufen eine mehrjährige Entwicklung in feuchtem, morschem Laubholz.

Von Bockkäferlarven durchlöcherter Stamm. Die Gänge ermöglichen anderen Organismen den Eintritt ins Holz.

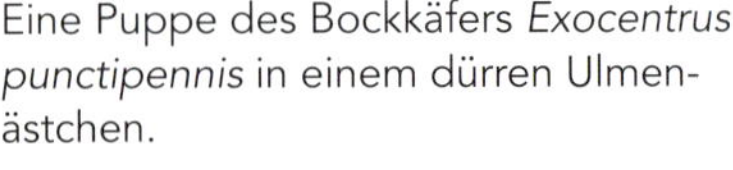
Eine Puppe des Bockkäfers *Exocentrus punctipennis* in einem dürren Ulmenästchen.

^
Die Larven des Gefleckten Blütenhalsbocks *(Pachytodes cerambyciformis)* entwickeln sich in verpilzten Wurzeln von Laub- und Nadelbäumen.

Der Alpenbock *(Rosalia alpina)* ist einer der schönsten Bockkäfer und in ganz Europa geschützt. Die seltene Art braucht für die dreijährige Entwicklung schwach verpilzte, besonnte Buchenstämme.
v

^

80 Die Larven des markant gefärbten Vierbindigen Schmalbocks *(Leptura quadrifasciata)* leben in verpilztem Holz verschiedener Laubbaumarten. Das Bild illustriert, dass viele Bockkäfer im Adultstadium auf Blüten angewiesen sind, deren Pollen sie für ihre Geschlechtsreifung benötigen.

Die zwei- bis dreijährige Entwicklung der Larven des unverkennbar gefärbten Zweibindigen Zangenbocks *(Rhagium bifasciatum)* erfolgt in morschem Holz von Laub- oder Nadelbäumen.

v

^
Der Grosse Breitrüssler *(Platyrhinus resinosus)* entwickelt sich wie die anderen Arten dieser Familie in verpilztem, noch hartem Holz verschiedener Laubbäume.

cursor) und der Blutrote Halsbock *(Anastrangalia sanguinolenta)*. Im verpilzten weissfaulen Holz von Laubbäumen leben der Gefleckte Schmalbock *(Rutpela maculata)* oder der Vierbindige Schmalbock *(Leptura quadrifasciata)*. Zwar bevorzugen 52 Prozent aller xylobionten Käfer Laubholz und 23 Prozent Nadelholz (Stokland *et al.* 2012), je weiter aber der Holzabbau fortschreitet, desto weniger spielt die Baumart eine Rolle. Jetzt werden der Feuchtigkeitsgehalt des Holzes und die begleitende Pilzflora entscheidend. So kann sich zum Beispiel der Zweibindige Zangenbock *(Rhagium bifasciatum)* und der häufige Kleine Schmalbock *(Stenurella melanura)* im morschen Holz fast aller Baumarten entwickeln. Die meisten Xylophagen leben in den oberirdischen Baumteilen. Eine Ausnahme ist beispielsweise der Sägebock *(Prionus coriarius)*, dessen Larven ihre dreijährige Entwick-

Die Schröter besitzen engerlingsartige Larven. Im Bild die Larve eines Balkenschröters *(Dorcus parallelipipedus)* in bereits stark vermulmtem Holz. Dass die Larven rund vier Jahre für ihre Entwicklung brauchen, zeigt, dass Holz in diesem Abbaustadium bereits arm an Energieträgern und Nährstoffen ist.
v

Das Männchen des seltenen, rund 15 Millimeter grossen Kopfhornschröters *(Sinodendron cylindricum)* besitzt am Kopf ein auffälliges Horn.

lung unterirdisch in den verpilzten Wurzeln von Laubbäumen vollziehen.

Neben den Bockkäfern gibt es noch weitere xylobionte Käfergruppen. Die Breitrüssler (Anthribidae) leben in verpilztem, aber noch festem Holz von Laubbäumen. Verpilztes und morsches, aber noch kompaktes Holz ist auch der Lebensraum für Schröter (Lucanidae) und viele Schnellkäfer (Elateridae). Bekannt ist der Hirschkäfer *(Lucanus cervus)*, dessen Larven sich über fünf bis acht Jahre unterirdisch von abgestorbenen, dicken Wurzeln oder grossen, satt am Boden aufliegenden Holzstücken ernähren. Bevorzugt wird dabei das Holz von

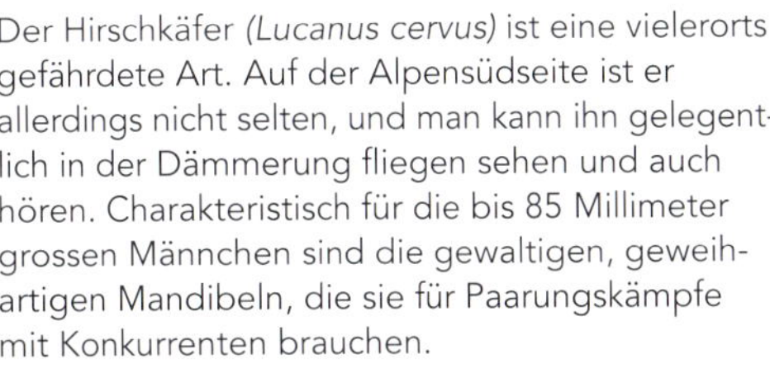

Der Hirschkäfer *(Lucanus cervus)* ist eine vielerorts gefährdete Art. Auf der Alpensüdseite ist er allerdings nicht selten, und man kann ihn gelegentlich in der Dämmerung fliegen sehen und auch hören. Charakteristisch für die bis 85 Millimeter grossen Männchen sind die gewaltigen, geweihartigen Mandibeln, die sie für Paarungskämpfe mit Konkurrenten brauchen.

Der Stolperkäfer *(Valgus hemipterus)* gehört zur Familie der Rosenkäfer. Seine Larven entwickeln sich in morschem, aber noch kompaktem Holz von Laubbäumen.

Die Larven des Schwarzblauen Düsterkäfers *(Melandrya caraboides)* leben in zerfallendem Holz von Eichen, Buchen, Birken und weiteren Laubbäumen.

Eichen. Die anderen Schröter wie zum Beispiel der Kopfhornschröter *(Sinodendron cylindricum)* und der Balkenschröter *(Dorcus parallelipipedus)* entwickeln sich oberirdisch in weissfaulen Hölzern von toten Laubbäumen.

In der letzten Stufe der Zersetzung zerfällt das Holz in ein krümeliges, amorphes Substrat, welches als Mulm bezeichnet wird. Mulm ist auch in Höhlen alter, noch lebender Bäume zu finden. Die Rosenkäfer (Cetoniidae) sind typische Besiedler dieses Substrats. Sie sind vor allem durch den Gold-Rosenkäfer *(Cetonia aurata)* bekannt, der sich alternativ in Komposthaufen oder sogar in Blumenkistchen entwickeln kann. Neben dem ebenfalls häufigen Pinselkäfer *(Trichius fasciatus)* gibt es

Die Entwicklung der Larven des Blutroten Schnellkäfers *(Ampedus sanguineus)* in morschem Holz von Laub- und Nadelbäumen dauert mehrere Jahre. Die Schnellkäferlarven – umgangssprachlich auch als Drahtwürmer bezeichnet – leben sowohl von verpilztem Holz als auch räuberisch von Insektenlarven.

einige seltene Rosenkäferarten *(Protaetia*-Arten). Von den engerlingsartigen Larven gewisser Rosenkäfer und Schröter weiss man, dass sie mit der Nahrung Bakterien aufnehmen, welche im Darm der Larven die Zellulose abbauen. Auch der urig anmutende Nashornkäfer *(Oryctes nasicornis)* braucht Mulmsubstrat für seine mehrjährige Entwicklung, kann aber ähnlich dem Gold-Rosenkäfer auf Ersatzsubstrate wie gärende Holzschnitzel- oder Komposthaufen ausweichen.

^

Die Larven des zu den Rosenkäfern gehörenden Pinselkäfers *(Trichius fasciatus)* braucht für seine Entwicklung stark vermorschtes Holz. Der adulte Käfer ist als Blütenbesucher oft auch in Gärten anzutreffen.

⌄

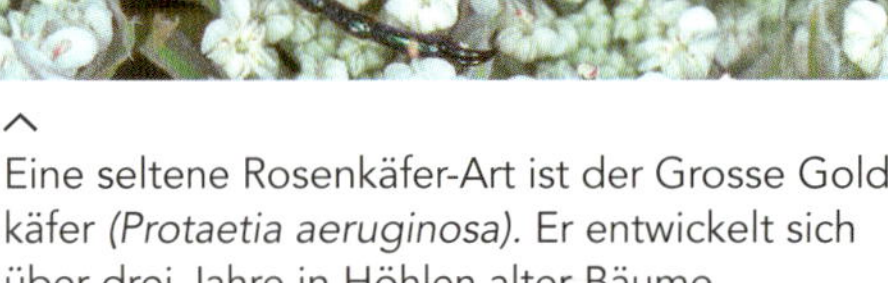

Eine seltene Rosenkäfer-Art ist der Grosse Goldkäfer *(Protaetia aeruginosa)*. Er entwickelt sich über drei Jahre in Höhlen alter Bäume.

Die Larven aller Rosenkäfer sehen engerlingsartig aus. Diese Larve des Gold-Rosenkäfers *(Cetonia aurata)* entwickelte sich in einem mulmgefüllten Astloch einer Eiche. Diese Rosenkäferart nutzt jedoch auch Ersatzhabitate wie Komposthaufen oder Blumentröge.

Das Männchen des Nashornkäfers *(Oryctes nasicornis)* trägt im Gegensatz zum Weibchen ein markant grosses Horn auf dem Kopf. Die Larven dieser Art werden bis zu eindrücklichen zwölf Zentimeter lang.

Weitere Insekten der Zersetzungsphase

Neben Käfern ernähren sich auch viele Haut- und Zweiflügler von Rinde, Holz oder Abfallprodukten anderer Holzbewohner. Bei den Hautflüglern sind es vor allem Ameisen wie die grossen Rossameisen (*Camponotus* spp.) oder – in späteren Abbaustadien – die Holzameisen (*Lasius* spp.), die ihre Nester unter der Rinde, in alten Käfergängen und im Holz bauen und dabei das Holz zu pulverförmigem Mehl und zu Mulm verarbeiten. Die Nester der Rossameisen können dabei im Stamm bis zehn Meter über dem Erdboden reichen, dazu kommt noch das Erdnest im Boden. Rossameisen ernähren sich aber vor allem von Honigtau und Insekten.

Während die meisten Wildbienen für das Anlegen ihrer Bruten auf bestehende Löcher und Gänge angewiesen sind (siehe Kapitel 4.4), nagen einige Arten ihre Gänge selber ins Holz. So frisst die hummelähnliche, blauschwarz glänzende Grosse Holzbiene *(Xylocopa violacea)* ihre Brutröhren in noch hartes Totholz, legt in jede Zelle ein Ei und verproviantiert es mit einer Pollen-Honigpaste. Die einzelnen Zellen trennt sie mit Wänden aus Holzspänen und Speichel ab.

Auch Zweiflügler finden sich zahlreich im Holz. Die wichtigsten Familien sind die Schnaken (Tipulidae), welche wie einige Käfer für die Zellulose-Verdauung Bakterien einsetzen, und die Schwebfliegen (Syrphidae). Die Larven der auffällig gefärbten Kammschnakenarten (*Ctenophora* spp.) leben in feuchtem, verpilztem Holz. Bei den Schwebfliegen entwickeln sich beispielsweise die *Brachyopa*-Arten unter der Rinde von toten Ästen und Stämmen, während die Larve der häufigen Totenkopf-Schwebfliege *(Myathropa florea)* in kleinen, temporären Wasserstellen (sogenannten Dendrotelmen) in Baumhöhlen, Astlöchern oder modernden Verzwieselungen

^ Die grossen Rossameisen (*Camponotus* spp.) kommen in warmen Mischwäldern vor und legen ihre Nester meist in abgestorbenen Stämmen an. Dabei zerfressen sie grosse Teile des Holzes.

In bereits morschen Stämmen legt die Glänzendschwarze Holzameise *(Lasius fuliginosus)* ihre Nester an und stösst dabei grosse Mengen von Holzmehl aus. Dieses kann schnell von Mikroorganismen besiedelt und abgebaut werden. ˅

Die Grosse Holzbiene *(Xylocopa violacea)* nagt ihre Brutgänge in noch festes Holz. In jeder Zelle enwickelt sich eine Larve, und nach vollendeter Entwicklung schlüpft eine Biene nach der andern aus. Die Bienen fressen Pollen und Nektar von Blüten.

(Baumgabelungen) lebt. Weitere holzbewohnende Zweiflüglerarten finden sich bei den Haar- (Bibionidae), Trauer- (Sciaridae) oder Gallmücken (Cecidomyiidae).

Am Ende des Zersetzungsprozesses ist das Holz vermodert und in kleine Teile zerfallen. Die Umrisse haben sich aufgelöst, das Substrat ist krümelig und weich. Das feste, strukturierte Holz ist zu formlosen Bodenbestandteilen geworden, die nun von einer reichen Bodenfauna und Mikroflora noch vollständig zersetzt und mineralisiert werden (siehe Kapitel 6).

Die Kammschnake *Ctenophora festiva* entwickelt sich wie andere Kammschnaken in nassem Holzmulm. Die Männchen besitzen gekämmte Fühler.

4.4 Sekundärbesiedler von Frassgängen im Holz

Die durch Frass entstandenen Löcher und Gänge im Holz werden von weiteren Insekten für ihre Entwicklung genutzt. Verschiedene Wildbienen, die selber nicht in der Lage sind, solche Hohlräume zu nagen, sind auf die Pionierinsekten angewiesen. In den Gängen vor allem von Käfern legen sie Brutzellen an, die sie mit pflanzlichem Proviant (Nektar, Pollen, Blattstücken) versehen und anschliessend mit je einem Ei belegen.

Masken- (*Hylaeus* spp.) und Blattschneiderbienen (*Megachile* spp.) benützen verschiedene Löcher und Spalten in Holz, Pflanzenstängeln, Fels oder Erde. Die Blattschneiderbienen kleiden ihre Brutzellen mit aus Blättern herausgetrennten Blattstücken aus und trennen damit auch die Brutzellen voneinander ab. Eine ähnliche Biologie weisen verschiedene Vertreter der Echten Grabwespen (Crabronidae) auf. Gewisse Arten wie zum Beispiel *Trypoxylon figulus* verwenden

^
Eng mit den Schnaken verwandt ist die Stelzmücke *Austrolimnophila ochracea* (Limoniidae) (oben die Puppe, unten das geschlüpfte Vollinsekt).

Die Larven der selten gefundenen Schwebfliege *Chalcosyrphus valgus* leben in feuchtem Moderholz.
⌄

Eine Hummel-Moderholzschwebfliege *(Temnostoma bombylans)*, deren Larven sich in vermoderndem Holz entwickeln.
⌄

Die Totenkopf-Schwebfliege *(Myathropa florea)* mit der typischen Zeichnung auf ihrer Brustoberseite ist eine der häufigsten Schwebfliegenarten. Sie legt ihre Eier in faulige Wasserstellen in Baumhöhlen oder -gabelungen.

Die markant gefärbte Gestreifte Baumsaft-Schwebfliege *(Brachyopa vittata)* entwickelt sich in Käfergängen im Holz und unter der Rinde von abgestorbenen Nadelhölzern.

bestehende Käfergänge, andere wie *Ectemnius* spp. nagen die Gänge selber ins Holz oder in Pflanzenstängel. Die Larven werden nicht wie bei den Bienen mit Nektar und Pollen, sondern mit gelähmten Insekten als Beutetieren versorgt. Daneben nutzen noch weitere Insekten, Spinnen und Milben Hohlräume im Holz. Durch die Frasstätigkeit der geschlüpften Larven und die gute Abbaubarkeit von Kot, Häutungs- und Proviantresten schreitet der Zerfallsprozess des Holzes weiter voran.

Unter der Rinde einer toten Buche entwickelt sich ein Gelege von Trauermücken (*Cratyna* sp.). Die Maden ernähren sich von Abfallstoffen und Pilzgewebe.

Mit Lehm abgetrennte Zellen mit Puppen der Töpfergrabwespe *(Trypoxylon figulus)*. Diese Art nistet in bestehenden Hohlräumen in Holz, Stängeln oder auch verlassenen Erdnestern von Wespen. In jede Zelle wird ein Ei abgelegt und mit mehreren gelähmten Spinnen versorgt.

Die Rote Mauerbiene *(Osmia rufa)* nistet in ganz unterschiedlichen Hohlräumen. Hier mauert sie eine fertig mit Eiern belegte Brutröhre in einer Holznisthilfe zu. Sie verwendet dafür einen Mörtel aus Erde, Lehm und Speichel.

Die Blattschneiderbiene *Megachile willughbiella* beim Transport eines Blattstücks. Sie kleidet damit ihre Brutzellen aus, die sie zum Beispiel in Käferlöchern im Holz anlegt.

^
Rindenwanzen wie *Aradus versicolor* sind flach abgeplattet und saugen unter der Rinde an Pilzmyzel.

4.5 Besiedler von Baumpilzen

Wie bereits erwähnt, leben viele Käfer- und andere Insektenarten von verpilztem Holz. Der Übergang von Holz- zu Pilzfressern ist damit fliessend. Etliche Arten, beispielsweise die Rindenwanzen (Aradidae), leben vom Pilzmyzel, das sich unter der Rinde toter Bäume ausbreitet. Einige spezialisierte Insekten entwickeln sich als Larven hingegen in den Fruchtkörpern von Baumpilzen. Häufig dienen die Pilzsporen als Nahrung für adulte Käfer, deren Larven sich anderswo entwickeln. Da diese Pilze ans Holz gebunden sind, werden auch die pilzbesiedelnden Insekten als xylobiont bezeichnet. Die Pilze sind in der Lage, Zellulose und Lignin, aber auch Harze und Giftstoffe abzubauen, sodass das Pilzgeflecht für viele Insekten besser verdaubar wird als das ursprüngliche Holz und eine reichhaltige Nahrungsquelle darstellt. Für das Artenspektrum der Insekten spielt es eine grosse Rolle, welche Pilzarten das Holz besiedeln. Die Käferfauna von braunfaulem Holz ist völlig verschieden von derjenigen in weissfaulem Holz. Als Braunfäule wird ein Pilzbefall bezeichnet, der vor allem die helle Zellulose abbaut und dem Holz eine braune, würfelige Struktur verleiht. Bei der Weissfäule hingegen wird (auch) das dunkle Lignin abgebaut und das Holz erscheint weiss und faserig.

Bei den Baumpilzen sind insbesondere der Braunfäule verursachende Schwefelporling sowie die Weissfäulepilze Zunderschwamm und Tramete wertvolle Substrate für die Pilzspezialisten unter den Käfern. In den Schwefelporlingen entwickeln sich unter anderem Arten von Schnell- und Schwarzkäfern (Tenebrionidae) wie der Gelbbindige Schwarzkäfer

In den Fruchtkörpern des Schwefelporlings entwickelt sich eine besonders reichhaltige Insektenfauna. >

Der Baumschwammkäfer *Mycetophagus quadripustulatus* entwickelt sich in Schwefelporlingen.

Die Larven des Gelbbindigen Schwarzkäfers *(Diaperis boleti)* leben in Fruchtkörpern von Schwefel- und Birkenporlingen.

(Diaperis boleti). Typische Besiedler des Zunderschwamms sind bestimmte Pochkäferarten oder Schwammkäfer (Ciidae). Schwammkäferarten sind auch zahlreich in Trameten oder im Rotrandigen Baumschwamm zu finden. Letzterer ist im Allgemeinen jedoch sehr artenarm. Neben der Art der Pilze spielen deren Konsistenz, Zersetzungsgrad sowie klimatische Faktoren ebenfalls eine Rolle (Möller 2009). Weitere pilzfressende Käferarten gibt es bei den Kurzflüglern (Staphylinidae), Baumschwammkäfern (Mycetophagidae), Stäublingskäfern (Endomychidae) und weiteren Familien. Neben den Käfern gibt es weitere fungivore (pilzfressende) Insektenarten, zum Beispiel bei den Pilz- (Mycetophilidae) und Gallmücken oder den Schnaken. Ein aussergewöhnliches Phänomen zeigt die Zitzengallenfliege *(Agathomyia wankowiczii):* Sie

Der Zunderschwamm beherbergt eine grosse Zahl von Insektenarten. Ein Teil davon hängt ausschliesslich von dieser Pilzart ab.

Der nur zwei Millimeter grosse Schwammkäfer *Rhopalodontus perforatus* lebt als Spezialist in Zunderschwämmen, die an absterbenden oder toten Buchen wachsen.

Ein Vertreter der Stäublingskäfer ist der Kreuzbinden-Pilzkäfer *(Mycetina cruciata)*. Seine Larven entwickeln sich in verpilztem Holz, die Käfer sind auch auf Pilzfruchtkörpern zu finden.

Eine spezielle Lebensweise hat die Zitzengallenfliege *(Agathomyia wankowiczi)*. Sie induziert am Lackporling turmartige Gallen, worin sich ihre Larven entwickeln.

verursacht nach unten ragende, turmartige Gallen am Lackporling, wo sich die Fliegenlarven entwickeln.

4.6 Natürliche Feinde von Totholzbesiedlern

Die xylophagen Totholzinsekten bilden die Nahrungsgrundlage für eine höhere trophische Ebene von Konsumenten, nämlich ihre natürlichen Feinde. Dazu zählen räuberische, parasitoide und parasitische Arten (siehe Kapitel 8). Über ihre Nahrungstiere sind sie ebenfalls auf Totholz angewiesen und werden deshalb auch zu den xylobionten Arten gezählt. Unter ihnen sind hoch spezialisierte Arten, die ihre unter der Rinde oder im Holz verborgenen und schwer zugänglichen Beute- und Wirtstiere aufspüren können. Die natürlichen Feinde der xylophagen Insekten tragen nicht direkt zum Holzabbau bei, ihr Kot und ihre Häutungsreste sowie die Überreste der Beutetiere können jedoch schnell von Bakterien besiedelt und abgebaut werden. So werden die ursprünglichen Holzbestandteile teilweise über mehrere trophische Ebenen wieder in den Nährstoffkreislauf zurückgeführt.

Zu diesen Räubern gehören hauptsächlich verschiedene Käferarten. Einige Laufkäfer (Carabidae) sind vor allem unter der Rinde aktiv, wo sie den Larven von Borken-, Pracht- und Bockkäfern nachstellen. Die Larven von Feuerkäfern (Pyrochroidae) ernähren sich von Bock- und anderen Käferlarven, aber auch von verpilztem Holz und unter der Baumrinde vorhandenen Abfallstoffen, und auch gewisse

Die Larven des Scharlachroten Netzkäfers *(Dictyoptera aurora)* fressen verschiedenste Insektenlarven in morschem, verpilztem Holz von Laub- und Nadelbäumen.

^
Der Zweifleckige Zipfelkäfer *(Malachius bipustulatus)* entwickelt sich als Larve unter der Rinde, im Holz oder auch in Holzpilzen. Dort ernährt sie sich von anderen xylobionten Larven. Die charakteristisch gefärbten Adultkäfer fressen neben Insekten auch Blütenpollen.

Während das Adulttier des Scharlachroten Feuerkäfers *(Pyrochroa coccinea)* von Honigtau und Baumsäften lebt, frisst seine Larve unter anderem Bockkäferlarven.
v

Schnellkäfer wie die Gattung *Ampedus* haben eine gemischte Ernährungsweise. Neben den erwähnten gibt es noch viele weitere xylobionte Räuber aus verschiedenen Käferfamilien, sowohl im Holzsubstrat als auch auch in Baumpilzen. Diejenigen Gruppen, die speziell als natürliche Feinde von Borkenkäfern gelten, werden in Kapitel 9 beschrieben.

Auch bei den Zweiflüglern gibt es räuberische, xylobionte Arten. Vor allem die Larven von Langbein- (Dolichopodidae) und Lanzettfliegen (Lonchaeidae) leben räuberisch unter der Rinde. Auch viele Raubfliegen (Asilidae) entwickeln sich in verpilztem Holz und ernähren sich dort von anderen Insektenlarven.

In oder unmittelbar unter der Rinde lebende xylophage Larven können von verschiedenen Schlupfwespenarten parasitiert werden, die ihre Wirte entweder durch die

Paarung der stark behaarten Gelben Raubfliege *(Laphria flava)*. Danach legt das Weibchen seine Eier in Bohrlöcher und -gänge im Totholz, wo sich ihre Larven von anderen Insekten ernähren.

Rinde hindurch mit einem Ei belegen oder bei Borkenkäferbruten zur Eiablage durch die Einbohrlöcher in die Brutsysteme eindringen (siehe Kapitel 9.3). Um tiefer im Holz gelegene Larven von Holzwespen oder Bockkäfern zu erreichen, müssen parasitische Wespen einen entsprechend langen Eiablagestachel haben. Einen der längsten besitzt die Riesenschlupfwespe *(Rhyssa persuasoria)*, die damit auch tief im Nadelholz fressende Holzwespenlarven zu erreichen vermag. Auch andere Arten aus der Familie der Echten Schlupfwespen (Ichneumonidae) haben sich auf Holzinsekten spezialisiert (siehe Kapitel 8.3).

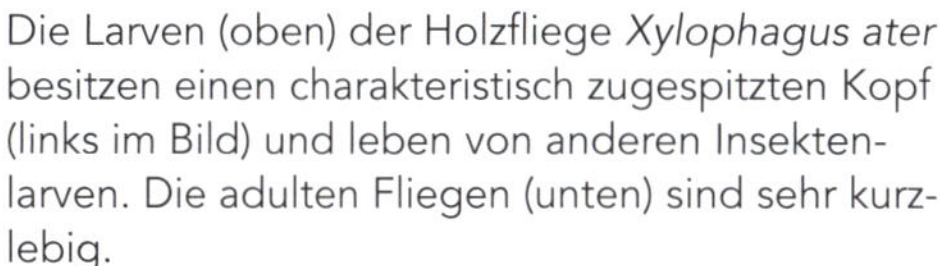

Die Larven (oben) der Holzfliege *Xylophagus ater* besitzen einen charakteristisch zugespitzten Kopf (links im Bild) und leben von anderen Insektenlarven. Die adulten Fliegen (unten) sind sehr kurzlebig.

^

Die Goldwespe *Chrysis ignita* legt ihre Eier in einem unbewachten Moment in die Brutzellen von Wildbienen oder Wespen, die ihrerseits für ihre Eiablage zum Beispiel verlassene Bohrlöcher von Käfern verwenden. Die Goldwespenlarven ernähren sich dann von den Larven der Wirtstiere und deren Futtervorrat.

Schlupfwespen (hier *Dolichomitus mesocentrus*) mit einem langen Eiablagestachel (dem Hinterleib entlang bis zur Holzoberfläche verlaufender Stift) vermögen auch tief im Holz lebende Käferlarven zu erreichen und zu parasitieren.

v

Verwertung tierischer Abfallprodukte

5

Sowohl pflanzen- als auch fleischfressende Tiere produzieren organischen Abfall in Form von Ausscheidungen oder Abfallprodukten, und nach ihrem Tod enden sie als Kadaver. Bei der Rückführung dieser organischen Substanzen in den Stoffkreislauf sind Insekten massgeblich beteiligt. Sie verzehren und zerkleinern das kompakte Gewebe, scheiden die Inhaltsstoffe in Form von leicht abbaubarem Kot wieder aus, und ihre Frassgänge erleichtern anderen Wirbellosen und Mikroorganismen den Zugang zum Substrat.

Der Kadaver einer Gämse ist prall gefüllt mit Fliegenmaden (unten), die sich im verwesenden Gewebe entwickeln. Auch Aaskäfer wie der orange gemusterte Schwarzfühlerige Totengräber (*Nicrophorus vespilloides,* oben) sind typische Aasfresser. >

5.1 Besiedlung von Aas

Sterben Wirbeltiere infolge Krankheit, Unfall, Hunger oder Alter, stehen ihre Kadaver einer grossen Zahl sogenannter Nekrophagen (Aasfresser) als wertvolle Nahrungsquelle und Brutstätte zur Verfügung. Diese setzen die im Aas gespeicherte Energie in eigenes Wachstum um und leiten die Nährstoffe im Stoffkreislauf als Kot weiter. Neben aasfressenden Wirbeltieren sind an diesem Prozess vor allem Insekten beteiligt.

Die Besiedlung und der Abbau von Kadavern durch Insekten erfolgen oft extrem schnell. In einem Versuch mit toten Ferkeln in einem Mischwald frassen Insekten innerhalb von sechs Tagen 90 Prozent der Kadavermasse weg (Payne 1965). Wurden die Insekten hingegen ausgeschlossen, blieben die Kadaver über Monate erhalten und mumifizierten langsam. Während des Abbaus von Kadavern wechseln sich verschiedene Insektenarten ab. Ihr Spektrum wird auch durch die Art des Kadavers bestimmt (Watson und Carlton 2003).

Fliegen

Zu den bekanntesten und häufigsten Aasfressern zählen die Schmeissfliegen (Calliphoridae). Sie gehören zu den ersten Besiedlern eines verendeten Tieres und werden teilweise innert Minuten von Geruchsstoffen eines Kadavers angelockt, die beim bakteriellen Abbau von Proteinen entstehen. Bereits nach ein paar Tagen wimmelt der Kadaver von Fliegenlarven. Typische Vertreter von Schmeissfliegen sind die Gattungen *Lucilia* und *Calliphora*. Die adulten Fliegen lecken von den entstehenden

Die bläulich schimmernde Blaue Fleischfliege *(Calliphora vicina)* gehört zu den ersten und häufigsten Besiedlern von Kadavern. Ihre Larven ernähren sich vom verwesenden Fleisch.

Eine Blaue Fleischfliege *(Calliphora vicina)* auf einem toten Iltis.

Die Totenfliege *(Cynomya mortuorum)* lebt an Waldrändern und auf Wiesen. Sie besiedelt vor allem Kadaver von Kleinsäugern, aber auch von Fischen.

Adulte Fliegen und ihre Larven (Muscidae) an offenem Kadavergewebe.

Säften und beginnen sofort mit der Eiablage. Ihre Eier legen sie auf der Oberfläche oder in Wunden ab. Die geschlüpften Larven – bei den Fliegen spricht man von Maden – fressen vom sich zersetzenden Gewebe. Da viele Arten in erster Linie nekrotisches Gewebe verwerten, wurden früher – und in letzter Zeit erneut – einzelne Arten zur Wundsäuberung in der Humanmedizin eingesetzt (siehe Kapitel 15.4). Verschiedene Fliegenarten werden zu unterschiedlichen Zeitpunkten von den jeweils entstehenden Geruchsstoffen eines Kadavers angelockt, sodass Fliegenmaden auch bei der kriminalistischen Aufklärung eines Todesfalls als Indikator für Zeitpunkt und Ort des Todeseintritts verwendet werden. Fliegenmaden können einen Kadaver innert kürzester Zeit vollständig besiedeln und verwerten. Nur durch Bakterien würde er nur sehr langsam abgebaut und begänne zu mumifizieren, oder er würde durch die bakteriellen Gifte für andere Organismen ungeniessbar.

Weitere wichtige nekrophage Fliegenarten gibt es bei den Fleischfliegen (Sarcophagidae), Käsefliegen (Piophilidae), Schwingfliegen (Sepsidae) oder den Echten Fliegen (Muscidae). Viele von ihnen entwickeln sich nicht nur in Aas, sondern auch in Kot.

Käfer

Nach den Fliegen finden sich Käfer an einem Aas ein. Sie kommen einige Tage später zum Kadaver, ebenfalls angelockt vom Verwesungsgeruch der Tierleichen. Obwohl nicht alle Aaskäfer (Silphidae) von toten Tieren leben, sind sie doch typische Aasbesiedler mit

^
Der Schwarzfühlerige Totengräber *(Nicrophorus vespilloides)* ernährt sich von verwesendem Fleisch, aber auch von Larven anderer Aasbesiedler. Für das Brutgeschäft werden Kadaver kleinerer Wirbeltiere vergraben, an denen sich die Totengräberlarven entwickeln. Die Muttertiere betreiben dabei eine ausgeprägte Brutpflege. Der Käfer auf dem Bild trägt phoretische Milben mit sich.

einigen häufigen und auffälligen Arten. Die Totengräber (*Nicrophorus* spp.) ernähren sich von faulendem Gewebe, aber auch von den sich darin entwickelnden Fliegen- oder Käferlarven. Bei der Fortpflanzung zeigen die Totengräber eine bei solitären Insekten sehr seltene Brutpflege: Dasjenige Pärchen, das sich im Konkurrenzkampf gegen andere Totengräber durchgesetzt hat, vergräbt mit den kräftigen Beinen den Kadaver – eine Maus, einen Maulwurf, Vogel oder ein anderes kleines Wirbeltier – im Boden. Dabei wird der Kadaver von Haaren und Federn befreit und zu einer Kugel geformt. Danach legt das Weibchen in einem Seitengang in der Erde seine Eier ab und bereitet das Aas als Nah-

Sowohl Adulttiere als auch Larven der Rothalsigen Silphe *(Oiceoptoma thoracicum)* leben vorwiegend von toten Wirbeltieren und Insekten. >

rung für die bald schlüpfenden Larven vor. Es frisst Trichter in die Fleischkugel und erbricht wiederholt Verdauungssaft hinein. Sind die Larven geschlüpft, scharen sie sich um die Mutter und lassen sich zu Beginn mit hervorgewürgtem Nahrungsbrei füttern. Später fressen sie selbstständig am sich zersetzenden Aas. Die Mutter verteidigt die Brut während dieser Zeit auch gegen allfällige Räuber. Ein weiterer häufiger Aaskäfer ist die Rothalsige Silphe *(Oiceoptoma thoracicum)*. Diese Art frisst nicht nur Aas, sondern auch Kot oder Pilze. Die Gattung *Silpha* ist ebenfalls eine wichtige Gruppe der Aaskäfer, die sich von toten Tieren ernährt.

Auch in anderen Käferfamilien finden sich Arten, die sich in Aas entwickeln, so zum Beispiel *Necrobia* spp. bei den Buntkäfern (Cleridae), *Creophilus* spp. bei den Kurzflüglern oder *Dermestes* spp. bei den Speckkäfern (Dermestidae). Letztere ernähren sich auch von anderen tierischen Abfallprodukten (siehe Kapitel 5.3).

Weitere Aasverwerter

Wespen decken den Proteinbedarf ihrer Königin und der Brut üblicherweise mit lebenden Insekten (siehe Kapitel 8), nutzen aber auch das Fleisch von Wirbeltier-Kadavern. Auch Rossameisen (*Camponotus* spp.), Waldameisen (*Formica* spp.) oder die weit verbreiteten Wegameisen (*Lasius* spp.) nutzen Tierleichen. Andere Wirbellose wie Asseln, Milben oder Spinnen siedeln sich erst später auf bereits trockenem und mumifiziertem Aas an.

Natürlich nutzen Insekten nicht nur die Kadaver von Wirbeltieren, sondern auch von Insekten und anderen Wirbellosen. So ver-

Faltenwespen wie die *Vespula*-Arten erbeuten normalerweise lebende Insekten. Aber auch andere Proteinquellen wie hier eine tote Wühlmaus werden genutzt.

Die Larven der zu den Aaskäfern gehörenden Silphen sehen ähnlich aus wie Asseln.

^
Eine Gemeine Wespe *(Vespula vulgaris)* weidet den Brustteil einer toten Strauchschrecke *(Pholidoptera griseoaptera)* aus.

Knotenameisen (*Myrmica* sp.) fressen vom Fleisch einer toten Maus.
v

^
Die Gemeine Skorpionsfliege *(Panorpa communis)* bedient sich gerne in Spinnennetzen von toten Beutetieren (links). Aber auch Vogelkot wird nicht verschmäht (rechts).

werten viele räuberische Käfer neben lebender Beute auch tote Tiere. Auch die Gemeine Skorpionsfliege *(Panorpa communis)* beispielsweise ernährt sich von toten und lebenden Insekten, daneben aber auch von tierischen Ausscheidungen und pflanzlichen Substraten wie Nektar und Früchten.

5.2 Verwertung von Kot

Unabhängig von der Ernährungsweise eines Tieres entstehen Verdauungsreste, die als Kot und Urin ausgeschieden werden. Der Urin von Säugetieren setzt sich im Wesentlichen aus Wasser und Harnstoff zusammen und wird von Bodenbakterien schnell in pflanzenverfügbaren Stickstoff abgebaut. Der Kot besteht jedoch aus noch unverdauten Gewebebestandteilen und Abbauprodukten und stellt für adulte Insekten und Insektenlarven eine nährstoffreiche Nahrungsquelle dar. Die Ausscheidungen werden abgebaut und die Nährstoffe rezykliert. Die anfallenden Kotmengen sind beträchtlich: Rehwild setzt täglich etwa 20 Kothaufen pro Tier ab, Rotwild bis rund 50 (Mitchell *et al.* 1985; Rogers 1987). Ein grosser Hirschkothaufen kann Tausende von Kotkäfern anlocken. Für westafrikanische Wälder wurde geschätzt, dass alleine von Kotkäfern bis zu 100 Kilogramm Dung pro Hektar und Jahr vergraben werden, in der offenen Savanne sogar bis zu einer Tonne (Cambefort 1984).

Fester Kot wird von Spezialisten mit kauenden Mundwerkzeugen gefressen, dünnflüssiger und feuchter Kot wie derjenige von Vögeln dient auch saugenden Insekten als Nahrung. Ähnlich wie bei der Holzzersetzung (siehe Kapitel 4) kann der von Insekten besiedelte Kot durch Bakterien schneller abgebaut

Feuerwanzen *(Pyrrhocoris apterus)* leben vor allem von Pflanzensamen. Daneben saugen sie aber auch an toten Insekten oder Wirbeltieren.

werden, weil die Bohrgänge im Kot zu einer grösseren für Bakterien besiedelbaren Oberfläche führen.

Weitaus der grösste Teil der Kotbesiedler sind Käfer und Fliegen. Verschiedene der beim Abbau von Aas erwähnten Insektengruppen ernähren sich ebenfalls von Kot. Häufig auf Exkrementen von Wirbeltieren zu finden sind Schmeiss-, Fleisch- und Echte Fliegen, aber auch verschiedene andere Fliegen- und Mückenfamilien. Sie lecken als Adulttiere Säfte, und ihre Maden entwickeln sich im Dung (Kot von Pflanzenfressern). Dunghaufen sind ein sich schnell verändernder, kurzzeitiger Lebensraum. Die Besiedlung erfolgt deshalb innerhalb von Stunden, da für gewisse Fliegenarten danach die verkrustete Oberfläche für die Eiablage bereits ungeeignet ist. Die Dungbesiedler entwickeln sich sehr schnell, und ein paar Stunden Besiedlungsvorsprung können bereits ein entscheidender Konkurrenzvorteil gegenüber Konkurrenten sein (Hanski 1987).

Man unterscheidet bei den Kotkäfern drei funktionelle Gruppen mit grundsätzlich verschiedenen Strategien (Cambefort und Hanski 1991). Sie werden am treffendsten mit den englischen Namen bezeichnet: Die «Dwellers» (Bewohner), die «Tunnelers» (Tunnelbauer) und die «Rollers» (Roller). Die «Dwellers» vollziehen ihre Entwicklung direkt im Kothaufen. Dies ist charakteristisch für die Gattung *Aphodius* aus der Familie der Dungkäfer (Aphodiidae), deren meiste Arten allerdings Weidlandbewohner sind. Sie legen ihre Eier direkt in die Kothaufen von Huftieren. Die Mistkäfer (Geotrupidae) gehören zu den «Tunnelers». Sie brüten nicht direkt in den Kothaufen, sondern trennen kleinere Kotballen heraus und vergraben diese an einem Ort, wo sich ihre Larven sicher und konkurrenzfrei entwickeln können. Dieses vorsorgliche

Verschiedene Arten von Fliegen (Muscidae) auf Dung. Er dient ihren Larven als Entwicklungssubstrat.

^
Die Gelbe Dungfliege *(Scathophaga stercoraria)* lebt räuberisch von anderen Fliegen, ihre Larven entwickeln sich vor allem in Rinderkot.

Auch adulte Fleischfliegen (*Sarcophaga* sp.) saugen gerne an frischem, nährstoffreichem Kot.
v

Zwei Fliegen (*Phaonia* sp.) und ein Ohrwurm tun sich an einem Vogelkot gütlich.

Der Gemeine Dungkäfer *(Aphodius fimetarius)* kommt in praktisch allen Lebensräumen und Höhenstufen vor. Seine Larven entwickeln sich direkt in den Kothaufen.

Bereitstellen von Nahrung für die Nachkommen wird als Brutfürsorge bezeichnet. Am bekanntesten und im Wald am häufigsten ist der Waldmistkäfer *(Anoplotrupes stercorosus)*. Er gräbt ein Gangsystem in den Boden und trägt dort kleine Kotballen ein, welche er mit je einem Ei belegt. Die Larven entwickeln sich während eines Jahres zu adulten Käfern. Die ebenfalls zu den Mistkäfern gehörenden Kotkäfer (*Onthophagus* spp.) ernähren sich vor allem von Dung von Rindern und Wild. Die Weibchen graben Stollen direkt unter den Kothaufen und deponieren darin eine Kotkugel, in welche sie ein Ei legen.

Die «Rollers» sind bei den Blatthornkäfern (Scarabaeidae) zu finden. Die Pillendreher (*Sisyphus* spp.) lösen aus Dunghaufen verschiedener Säuger Kotteile heraus und formen daraus kleine Kugeln. Diese drücken, rollen und schieben sie vor- und rückwärtsgehend über mehrere Meter an einen geeigneten Ort, um sie dort zu vergraben und mit je einem Ei zu belegen. Wenn sie sich unbeirrt und unermüdlich abmühen, ihre Kugeln über Hindernisse oder steile Abhänge hinauf zu bewegen, erinnern sie an die sprichwörtlich vergeblichen Mühen des Sisyphos aus der griechischen Mythologie. Die berühmteste Pillendreher-Art ist der Skarabäus, der im alten Ägypten als heiliges Tier und Glücksbringer galt. Ausserhalb des Waldes gibt es weitere Käfer in diesen und anderen Familien mit ähnlicher Biologie.

5.3 Weitere tierische Abfallprodukte

Neben Kadavern und Kot von Tieren werden praktisch alle weiteren Stoffe tierischen Ursprungs von Insekten als Nahrung verwertet und abgebaut. Fell, Knochen, Horn, Fleisch-

^
Ein Männchen des Stier-Kotfressers *(Onthophagus taurus)* mit den typischen, nach hinten gebogenen Hörnern. Die Larven dieser Gattung ernähren sich von Dung, den die Elterntiere von einem Kothaufen in einen direkt darunterliegenden Gang geschafft haben.

Der verbreitete Waldmistkäfer *(Anoplotrupes stercorosus)* ist auf der Bauchseite leuchtend blauviolett gefärbt. Seine Larven entwickeln sich in Wirbeltierkot, den die Elterntiere in selbst gegrabene Gangsysteme gebracht haben.
v

^
Jedes Pärchen des Langbeinigen Pillendrehers *(Sisyphus schaefferi)* rollt gemeinsam aus Säugetierkot hergestellte Dungkugeln an eine geeignete Stelle, wo es sie vergräbt. In diesen Kotpillen entwickeln sich ihre Larven.

und Häutungsreste, Blut, Federn, Seide, Haare bis hin zu Hautschuppen dienen dabei verschiedensten spezialisierten Insektengruppen als Nahrung. Nester und Bauten von Vögeln und Säugetieren enthalten ebenfalls viele organische Abfälle wie Kot, Haut- und Federreste. Sie werden deshalb unter anderem von Käfern und Fliegen besiedelt, denen diese Substrate als Nahrung dienen. Typische Verwerter solcher tierischer Abfälle sind die Speckkäfer und ihre dicht behaarten Larven. Der Bibernellen-Blütenkäfer *(Anthrenus pimpinellae)* entwickelt sich gerne in Nestern von Sperlingen, wo sich die Larven vom Keratin der Federn und Haare ernähren. Käfer und Larven der Gattung *Dermestes* leben nicht nur in Vogel- und Säugernestern, sondern auch in solchen von Wespen und Bienen oder auch im Fell von Kadavern. Sie ernähren sich von unterschiedlichsten tierischen Überresten. In Häusern können Speckkäfer an Pelzen, Daunenkissen oder Insektensammlungen auch schädlich werden. Gewisse Kurzflügler (Staphylinidae) haben sich auf Hornissen- oder Ameisennester spezialisiert, wo sie nebst toten Tieren und Abfallstoffen auch darin lebende Larven verzehren.

Bei den Schwebfliegen sind die stattlichen Fliegen der Gattung *Volucella* für ihre Entwicklung an Wespen- und Hummelnester gebunden. Die Larven der Gemeinen Waldschwebfliege *(Volucella pellucens)* ernähren sich von Abfallstoffen und toten Insekten, möglicherweise aber auch räuberisch von Larven der Wirtskolonie. Erstaunlicherweise können die Weibchen unbehelligt durch den Eingang des sonst gut bewachten Wespennests «spazieren», um dort ihre Eier abzulegen. Die Gebänderte Waldschwebfliege *(Volucella inanis)* hingegen muss sich beim Eindringen

^
Der adulte Bibernellen-Blütenkäfer *(Anthrenus pimpinellae)* frisst Pollen und Nektar. Seine Larven hingegen leben in Vogelnestern und ernähren sich von Haar- und Federresten.

Speckkäferlarven ernähren sich von verschiedensten tierischen und auch pflanzlichen Abfallstoffen.
v

^
Speckkäfer der Gattung *Dermestes* (links *D. undulatus*, rechts *D. lardarius*) leben in Nestern von Vögeln und Insekten und fressen tierische Abfallprodukte.

Die Gemeine Waldschwebfliege *(Volucella pellucens)* ist eine häufige Art entlang von Waldrändern und in Waldlichtungen. Ihre Larven ernähren sich in erster Linie von toten Tieren in Wespen- und Hummelnestern.
v

trotz ihrer wespenähnlichen Färbung vor den Stichen der Wespen hüten (Schmid 1996). Hummel- und Wespennester mit ihrem reichen Nahrungsangebot und wohl auch wegen ihrer sicheren und konstanten Umweltbedingungen scheinen ein guter Lebensraum zu sein. So gibt es auch bei den Schmetterlingen einige Arten, die eine ähnliche Lebensweise wie die *Volucella*-Fliegen haben, zum Beispiel die Hummelmotte (*Aphomia sociella;* siehe Kapitel 8.2).

Neben den oben erwähnten gibt es noch etliche weitere Insektengruppen, die sich von Kot und tierischen Abfallprodukten ernähren – speziell bei den Käfern, aber auch bei den Wanzen und Fischchen (Zygentoma).

Erhalten der Bodenfruchtbarkeit

6

Etwa 90 Prozent der von Pflanzen produzierten Biomasse gelangen als tote organische Substanz wieder in den Boden (Coleman *et al.* 2004). In einem mitteleuropäischen Laubwald entspricht dies 11,5 Tonnen pflanzlichen Abfällen pro Hektar und Jahr (Swift *et al.* 1979). Diese werden von einer spezialisierten Makro-, Meso- und Mikrofauna (vergleiche Glossar) verarbeitet. Zur Makrofauna zählen vor allem Regenwürmer, Schnecken, Tausendfüsser, Asseln und Insekten. Die Mesofauna besteht im Wesentlichen aus Milben und Springschwänzen, die Mikrofauna zum Beispiel aus Protozoen. Die Zusammensetzung der Bodenfauna hängt stark von der Beschaffenheit der Streuschicht ab. In der feineren, schon stark abgebauten Streu herrscht die Makrofauna mit Regenwürmern und Mückenlarven vor, während im gröberen, wenig abgebauten Material die Mesofauna überwiegt. Die Bedeutung der Bodenlebewesen

Die winzigen Springschwänze ernähren sich in der Streuschicht und im Boden von verschiedensten organischen Abfallstoffen. Sie sind ein wichtiger Bestandteil der Boden-Mesofauna. ›

^ Verschiedene Nackt- und Gehäuseschnecken wie die Hain-Bänderschnecke verwerten totes Pflanzenmaterial und scheiden gut abbaubaren Kot aus.

für die Bodenfruchtbarkeit ist vielfältig: Sie transportieren organische Abfälle, zerkleinern tote pflanzliche und tierische Materie und vergrössern dadurch die für Bakterien und Pilze zugängliche Oberfläche. Die organische Substanz wird im Darm der Bodentiere verdaut, chemisch verändert und in Humus überführt. Das Zerkleinern des Materials und die Kot-Ausscheidungen verbessern die strukturellen Eigenschaften des Bodens und erhöhen den Gehalt an organischer Substanz. Ohne die Detritivoren (Abfallfresser) würde der Abbau der Abfallstoffe stark verzögert, und das organische Material würde sich anhäufen.

Der von der Bodenfauna ausgeschiedene Kot wird schnell von Pilzen und Bakterien besiedelt. Diese sind für die eigentliche Mineralisierung der organischen Substanz in pflanzenverfügbare Nährstoffe verantwortlich. Ihnen ist fast die gesamte CO_2-Freisetzung aus dem Waldboden zuzuschreiben.

In diesem Kapitel wird der Fokus von den Insekten erweitert auf weitere wirbellose Tiergruppen (vergleiche Kasten Seite 16), da diese beim Abbau von toter pflanzlicher Substanz und bei der Erhaltung der Bodenfruchtbarkeit eine ebenso grosse Bedeutung haben wie die Insekten.

6.1 Verbesserung der Bodenstruktur

Die Makrofauna trägt aktiv zur räumlichen Umlagerung von organischer Substanz bei. Sie verbreitet das Material auf der Bodenoberfläche und arbeitet es in den Waldboden ein. In Laubwäldern ist die Biomasse der

Makrofauna üblicherweise grösser als in Nadelwäldern. Regenwürmer ziehen totes Blattmaterial in den Boden, ernähren sich davon und scheiden es als nährstoffreichen Kot im oder auf dem Boden wieder aus. Ameisen transportieren grosse Mengen organischen Materials über beträchtliche Distanzen und häufen es im unterirdischen Teil ihrer Nester an. Das Einarbeiten von Dung in den Boden durch kotfressende Käfer wurde bereits in Kapitel 5 dargestellt.

Durch diese Frass-, Grab- und Bohrtätigkeiten lockert die Makrofauna mit ihren robusten Körpern das Bodengefüge und verbessert damit die Porosität und Dichte des Bodens. Ihre Aktivität führt zu einer Umschichtung der Erde, die Sauerstoffversorgung des Bodens wird verbessert und die Infiltration des Regenwassers erleichtert. Hauptsächlich Regen- und andere Würmer, aber auch Waldameisen (*Formica* spp.; siehe Kapitel 10) verbessern durch ihren Nestbau die physikalischen, chemischen und biologischen Eigenschaften des Bodens. Durch ihre Bautätigkeit lockern sie die Erde, durchlüften sie, mischen sie mit organischer Substanz, heben den pH-Wert des Bodens um ein bis zwei Einheiten und verbessern seine Krümelstruktur. Diese Erhöhung der Bodenqualität kommt beispielsweise auch den Regenwürmern zugute. In bewohnten ebenso wie in verlassenen Ameisennestern ist die Bodenatmung erhöht, was auf eine hohe biologische Aktivität vor allem von Bakterien hinweist. Durch die Ameisennester wird auch der Wasserhaushalt im Boden verbessert, weil die Wasserrückhaltekapazität gesteigert wird,

Regenwürmer gehören zu den wichtigsten Bodentieren. Sie arbeiten totes Pflanzenmaterial in den Boden ein und verbessern durch ihre Bohrgänge die Sauerstoffzufuhr und die Wasserinfiltration.

beziehungsweise auf nassen Böden das abgedichtete Bodennest anderen Organismen trockenere Bedingungen bietet (Gösswald 2012).

Die Makrofauna mischt auch Mineralerde mit organischer Substanz und scheidet sie als Kot wieder aus. Dies geschieht beispielsweise in grösserem Umfang im Verdauungskanal von Haarmücken (Bibionidae). Neben der physikalischen Verbesserung der Bodenqualität dient der anfallende Kot auch als wichtige Nahrungsgrundlage für die Meso- und Mikrofauna sowie für Pilze und Mikroorganismen.

6.2 Abbau organischer Substanz

Der wichtigste Beitrag der Bodenfauna zur Fruchtbarkeit des Bodens ist, die abgestorbenen Blätter, die wegen ihrer Harzeinlagerungen besonders schwer abbaubaren Nadeln sowie den verrotteten Holzmulm zu zerkleinern und nach der Verdauung als nährstoffreichen Kot wieder auszuscheiden. Dadurch verbessern sie die Bedingungen für Bakterien und Pilze: Aus einer intakten, zu Boden gefallenen Kiefernnadel mit 180 mm^2 Oberfläche können nach der Bearbeitung durch die Bodentiere winzige Partikel mit insgesamt 1,8 m^2 Oberfläche entstehen (Dajoz 1998). Die zehntausendfach vergrösserte Fläche kann durch Mikroorganismen effizient besiedelt werden. Eine weitere wichtige Rolle spielt die Makrofauna bei der passiven Verbreitung von Mikroorganismen im Boden. Die Bedeutung der Detritivoren zeigte sich in einem Ausschlussversuch in einem Waldboden: Bei Ausschluss der Makro- und Mesofauna dauerte der Abbau von Blättern von Krautpflanzen sowie von Esche und Ahorn rund fünfmal länger (Wise und Schaefer 1994). Auch die Nährstoffversorgung von Pflanzen wird durch die Bodenfauna massiv gesteigert: In einem Experiment produzierten Birkensämlinge in Böden mit

Die Aktivität von Waldameisen verbessert in der Umgebung des unterirdischen Nestteils die physikalischen, chemischen und biologischen Bodeneigenschaften.

Wurmkot enthält noch nicht vollständig abgebautes, nährstoffreiches organisches Material. Dieses ist die Nahrungsgrundlage verschiedener weiterer Bodentiere. Die Umwandlung der Nährstoffe von organischer in eine mineralische, pflanzenverfügbare Form erfolgt schliesslich durch Pilze und Bakterien.

Bodenfauna 70 Prozent mehr Blattmasse als ohne (Setälä und Huhta 1991).

Regenwürmer verbessern nicht nur, wie bereits erwähnt, die physikalischen Bodeneigenschaften, sondern mit ihrem vielen Kot auch das Nährstoffangebot für zahlreiche weitere Organismen. Asseln und Tausendfüsser haben eine ähnliche Funktion: Mit ihren kräftigen Mandibeln zerkleinern Asseln effizient grössere Pflanzenteile. Sie sind in der Lage, in ihrem Verdauungstrakt giftige Pflanzeninhaltstoffe wie Phenole abzubauen, und einige Arten verdauen sogar Zellulose. Die zu den Tausendfüssern gehörenden Doppelfüsser sind vor allem in Laubwäldern wichtige Destruenten von totem pflanzlichem Material und haben eine grosse Bedeutung beim Recycling von Calcium.

Bei den Insekten gibt es wichtige detritivore Arten vor allem unter den Zweiflüglern (Diptera). Eine Schätzung ihrer Biomasse beläuft sich auf 14 Kilogramm Larven pro Hektar Waldboden (Duvigneaud 1974), sie können bis 90 Prozent der Bodenfauna ausmachen. Die bedeutendsten Insekten bei der Bodenbildung sind die Larven von Haarmücken und Schnaken (Tipulidae), daneben können auch Gall- (Cecidomyiidae), Pilz- (Mycetophilidae) und Trauermücken (Sciaridae) zahlreich sein.

Die Saftkugler (Glomerida; oben) können sich bei Gefahr zu einer Kugel rollen. Sie gehören zu den Tausendfüssern, während die Mauerasseln (*Oniscus asellus;* unten) mit den Krebsen verwandt sind. Viele Vertreter dieser beiden Gruppen finden sich im Wald, wo sie bei ihrer Frasstätigkeit totes Pflanzenmaterial in nährstoffreichen Kot überführen.

^
Auch die zu den Tausendfüssern gehörenden Doppelfüsser sind wichtige Vertreter der streuabbauenden Makrofauna. Wie der Name andeutet, besitzen Doppelfüsser an jedem Körpersegment zwei Beinpaare.

Alleine Haarmückenlarven können die Abbaurate von Laubstreu verdoppeln (Karpachevski *et al.* 1968) und verwerten in bestimmten Wäldern den gesamten jährlichen Blattfall. Die bekannteste Haarmücke in unseren Wäldern ist die fliegenähnliche Markusmücke oder Märzfliege *(Bibio marci)*. Ihre Larven entwickeln sich in der Grenzschicht zwischen Boden und Streu und ernähren sich von Humus und Blättern. In Laubwäldern treten sie manchmal in Massen auf. Von den Larven von Schnaken weiss man, dass sie pro Jahr und Quadratmeter bis ein Kilogramm Blätter abbauen (Szujecki 1987). Nicht zuletzt ernähren sich auch Schnellkäfer (Elateridae) und Zwergkäfer (Ptiliidae) sowie Ohrwürmer von organischen Abfallstoffen.

Auch Waldameisen tragen zum Abbau von organischem Abfall bei: Sie zernagen die morschen Wurzelstrünke im Nestinnern (siehe Kapitel 10) und beschleunigen so deren Abbau. Im Bereich von Ameisennestern ist die Mesofauna bedeutend reichhaltiger als im übrigen Waldboden. Zudem bieten die Ameisenhaufen ein gutes Klima für mineralisierende Pilze und Bakterien. Die dadurch erhöhte Nährstoffverfügbarkeit und die oben erwähnte ver-

Der zu den Doppelfüssern gehörende Sandschnurfüsser *(Ommatoiulus sabulosus)* kommt in verschiedensten Lebensräumen vor, unter anderem auch in der Streuschicht von Wäldern.

Die Larven der Markusmücke *(Bibio marci)* kommen manchmal in Dichten von mehreren Tausend Tieren pro Quadratmeter vor (oben). Sie sind wichtige Verwerter von toter organischer Substanz. Die adulten Mücken (unten) sind träge Flieger, die im April am Waldrand oft auf Blättern von Sträuchern zu finden sind.
v

^
Eine auffällig gefärbte Schnakenart ist die Gelbbindige Schnake *(Nephrotoma crocata)*. Es gibt allerdings weitere Arten mit ähnlicher Färbung.

besserte Bodenstruktur führen dazu, dass die umliegenden Bäume ihre Feinwurzeln bevorzugt von unten her in die Ameisennestkuppel wachsen lassen. In Nestern von Waldameisen *(Formica aquilonia)* wachsende Birken in Finnland wiesen in den Blättern einen um 20 Prozent höheren Stickstoffgehalt auf (Karhu und Neuvonen 1998).

Die Mesofauna besteht vor allem aus Milben und Springschwänzen. Die zahlreichsten Vertreter sind die Hornmilben, die in Kiefernwäldern Dichten von über 400 000 Individuen pro Quadratmeter erreichen (Coleman *et al.* 2004). Die rund 0,5 bis 2 Millimeter grossen Tiere leben von Pilzhyphen, pflanzlichen Abfallstoffen, Algen und Mikroorganismen. Die Springschwänze (Collembola) sind fast

Schnaken gehören zu den grössten Zweiflüglern. Ihre Larven verwerten totes Pflanzenmaterial und verrottetes Holz. Sie zeigen eine typische «Teufelsfratze», die sich allerdings nicht am Kopf, sondern am Hinterteil befindet. Ihre «Augen» sind nämlich die hintersten, von Fortsätzen umrahmten Tracheenöffnungen.

Die in der Streuschicht von Wäldern lebende Art *Orchesella flavescens* gehört mit einer Länge von bis zu 5 Millimetern zu den grössten einheimischen Springschwänzen. Springschwänze sind wichtige Bestandteile der Mesofauna, die organische Abfallstoffe für die Mineralisierung durch Mikroorganismen aufbereitet.
v

^
Der Gemeine Steinläufer *(Lithobius forficatus)* gehört zu den räuberischen Hundertfüssern. Er ernährt sich am Boden und unter der Rinde von Insekten, Spinnen und anderen Gliederfüssern.

ebenso häufig wie die Hornmilben. In der oberen Bodenschicht ernähren sie sich äusserst vielfältig von Pilzhyphen, pflanzlichem Abfall, Wurzeln, Kot, Mikroben oder Nematoden. Die im Boden lebenden Springschwänze besitzen im Allgemeinen keine Sprunggabel mehr – im Gegensatz zu den Arten, die in der Streuschicht leben (vergleiche Kapitel 3.2). Ihre Dichte kann Zehn- bis Hunderttausende von Individuen pro Quadratmeter Boden betragen (Werner und Dindal 1987). Sie wirken sich positiv auf die Mineralisierung von Stickstoff, die Bodenatmung und damit das Pflanzenwachstum aus. Vor allem in Gebirgswäldern, wo der Humus fast ausschliesslich aus Collembolenkot bestehen kann, sind sie für die Bodenfruchtbarkeit extrem wichtig.

Vom toten pflanzlichen Material bis zur Mineralisierung der Nährstoffe durchläuft die organische Substanz mehrere Darmpassagen der Makro- und speziell der Mesofauna. Ihr Kot ist die wichtigste Nahrungsrundlage für die Pilze und Bakterien, die schliesslich die organische Substanz, speziell auch Lignin, Zellulose und andere Holzbestandteile mineralisieren. Die anorganischen, stickstoff- und phosphorreichen Nährstoffe stehen damit den Pflanzen wieder für ihr Wachstum zur Verfügung.

Alle Bodenorganismen – vor allem die Milben – sind gleichzeitig Nahrung für eine Vielzahl räuberischer Bodentiere wie verschiedene Käfer, Ameisen, Doppelschwänze, Spinnen, Weberknechte oder Hundertfüsser.

7

Nahrung für andere Organismen

Insekten, Spinnen und andere Gliederfüsser sind eine wichtige Nahrungsgrundlage speziell für Vögel, aber auch für viele Säugetiere, Amphibien, Reptilien und Fische. Auch Tausende von Insekten- und Spinnenarten verzehren ihresgleichen und spielen bei der Regulation potenzieller Schadorganismen eine wichtige Rolle (siehe Kapitel 8). Zudem sind verschiedene parasitische Würmer, Pilze und Mikroorganismen für ihre Entwicklung und Vermehrung auf Insekten angewiesen. Wegen ihres hohen Protein-, Lipid-, Glykogen- und Vitamingehaltes sind Insekten und Spinnen eine hochwertige Nahrungsquelle. Einzig ihr aus Chitin bestehendes Aussenskelett ist praktisch unverdaulich und energiearm. Zudem erschweren die Chitinteile den Verdauungs-Enzymen den Zugang zu den Proteinen. Trotzdem sind tote Insekten immer noch wertvolle Nahrung und Energiequelle für Wirbeltiere, aasfressende Insekten und Bakterien. Ausserdem dienen von Insekten hergestellte Produkte anderen Organismen als Nahrung.

Während der Aufzucht verfüttern Meiseneltern grosse Mengen von Nachtfalterraupen an ihre Nestlinge. ›

7.1 Nahrung für Vögel

Vögel sind die wohl bekanntesten Fressfeinde von Waldinsekten. 65 % aller Vogelarten brauchen Insekten für die Aufzucht ihrer Jungen (Knaus *et al.* 2018). Um die Nachteile des hohen Chitingehalts ihrer Beute zu vermeiden, gibt es bei den Vögeln verschiedene Anpassungen. Gewisse Arten wählen gezielt Insekten mit einem tiefen Chitingehalt aus. Andere entfernen vor dem Verzehr der Beute deren stark chitinisierten Teile wie Flügel oder Beine oder zerlegen den ganzen Insektenkörper und nehmen nur die weichen Innereien auf. Einige Vögel besitzen sogar Chitinasen (Enzyme), die Chitin abbauen können (Klasing 1998).

Singvögel und Kuckuck

Durch den Verzehr grosser Mengen von Waldinsekten tragen Vögel zur Regulation von potenziellen Schädlingen bei, was schon verschiedentlich untersucht wurde (z. B. Dickson *et al.* 1979; van Emden und Rothschild 2004). Speziell während der Aufzucht ihrer Jungen sind die meisten Singvögel auf Insekten als proteinreiche Energiequelle für ihren Nachwuchs angewiesen. Unermüdlich suchen Meisen, Finken, Drosseln, Grasmücken, Sperlinge, Kleiber und viele andere Vogelarten die Vegetation nach Raupen, Blattläusen, Fliegen, Mücken, Käfern und Spinnen ab. Auch winzige, für das menschliche Auge kaum sichtbare Insektenstadien werden aufgespürt. Die Zusammensetzung der Vogelnahrung hängt wesentlich von der Jahreszeit, dem Angebot an Insekten und der Witterung ab. Blaumeisen beispielsweise fressen nicht nur die auf der Pflanzenoberfläche erreichbare Beute wie Schmetterlingsraupen, Blatt- und Schildläuse, kleine Käfer oder Spinnen, sondern picken auch Pflanzengallen auf und fressen die darin lebenden Larven. Sogar blatt- und holzminierende Insekten holen sie aus ihren Gängen heraus, und auch in dichten Gespinsten lebende Raupen, zum Beispiel solche des Dunklen Goldafters *(Euproctis chrysorrhoea)*, stehen auf dem Speiseplan. Die meisten erbeuteten Raupen gehören zu den Familien der Spanner (Geometridae), Eulen (Noctuidae) und Wickler (Tortricidae). In einem Versuch verzehrten drei Sumpfmeisen, eine Tannenmeise, eine Schwanzmeise und zwei Goldhähnchen innerhalb von 24 Stunden 1876 Raupen des Kiefernspanners *(Bupalus piniaria)* mit einem Gesamtgewicht von 97 Gramm (Rörig 1903). Studien zeigen, dass Brutbeginn und Gelegegrösse bei Kohlmeisen stark von der Verfügbarkeit der Hauptnahrung für ihre Brut, nämlich des Kleinen Frostspanners *(Operophtera brumata)*, abhängen (Perrins 1991; van Noordwijk *et al.* 1995).

Die Nahrung sowohl der Altvögel als auch der Nestlinge wird flexibel dem Angebot angepasst. So können Blattläuse, wenn sie

‹ Selbst die verborgene Lebensweise der Raupen des Kleinen Frostspanners *(Operophtera brumata)* zwischen zusammengesponnenen Blättern verhindert nicht, dass sie im Frühling während der Aufzucht zur wichtigsten Nahrung von Singvögeln gehören.

sich stark vermehren, zur Hauptnahrung von Sumpfmeisen-Nestlingen werden. Bei einem der regelmässig wiederkehrenden Ausbrüche des Lärchenwicklers *(Zeiraphera griseana)* im Oberengadin (vergleiche Kapitel 13.3) machten dessen Raupen rund ein Viertel der Nestlingsnahrung von Tannenmeisen aus (Glutz von Blotzheim und Bauer 1993). Bei einem üppigen Angebot an Eichenwicklerraupen *(Tortrix viridana)* betrug deren Anteil an der Nahrung von Kleiber-Nestlingen bis zu drei Vierteln. Trotzdem haben insektenfressende Vögel bei einer Massenvermehrung von Raupen im Allgemeinen eine geringe Wirkung auf deren Dichte, unter anderem wegen des Revierverhaltens der Vögel. Ihr Einfluss liegt eher darin, dass sie die Insekten bei normal tiefen, endemischen Dichten regulieren und dazu beitragen, dass diese nicht ein epidemisches Niveau erreichen. Vögel können somit die Intervalle zwischen Massenvermehrungen von Insekten verlängern. Interessanterweise gibt es Hinweise, dass Vögel Raupen als Futter meiden, wenn diese von parasitischen Wespen befallen sind (Otvos 1979). Dieses Verhalten würde die Wirkung von Parasitoiden sogar begünstigen.

Nicht nur zur Brutzeit, sondern auch während des Winters brauchen viele Vögel zahllose Gliederfüsser als Nahrung. In einer schwedischen Studie reduzierten Vögel die Zahl der Spinnen auf Fichten über den Winter um zwei bis drei Viertel, jene der Staub- und Blattläuse gar um bis zu 99 Prozent (Jansson und von Brömssen 1981).

Ähnlich wie die Singvögel frisst auch der Kuckuck verschiedenste Insekten wie Käfer, Heuschrecken und Raupen. Er vertilgt auch grosse, stark behaarte Schmetterlingsraupen zum Beispiel des Schwammspinners *(Lymantria dispar)*, die von anderen Vögeln meist verschmäht werden.

^
Ein Vogel hat die Larven einer Rosengallwespe *(Diplolepis rosae)* aus der Galle herausgepickt, obwohl diese mit zottigen Anhängen bewehrt ist.

Spechte

Trotz ihrer verborgenen Lebensweise unter der Rinde und im Holz sind die Larven von Borken-, Nage- und Bockkäfern, Holzwespen und weiteren Holzinsekten keineswegs vor dem Frass durch die spezialisierten Spechte gefeit. Spechte spüren auf bislang noch nicht völlig geklärte Weise auch tief im Holz versteckte Insektenlarven auf und hacken sie mit ihren kräftigen Schnäbeln heraus. Möglicherweise nehmen sie die Fressgeräusche der Larven wahr. Dabei können die Spechte beurteilen, ob sich der Aufwand für die zu erwartende Beute beim vorliegenden Zersetzungsgrad des Holzes lohnt. Vielfach hacken sie morsche Stellen auf und ziehen mithilfe ihrer langen, klebrigen und mit Widerhaken versehenen Zunge die im festeren Holz leben-

^
Der Buntspecht, unsere häufigste Spechtart, hat ein sehr breites Nahrungsspektrum. Neben Insekten im Holz frisst er auch oberflächlich lebende Insekten und Spinnen und sogar Nestlinge anderer Vögel. Im Winter ernährt er sich auch von Samen und Beeren.

den Larven heraus. Dies machen vor allem die grossen, kräftigen Arten, während der Kleinspecht für die Nestlingsaufzucht und im Sommer Blattläuse bevorzugt und sich im Herbst und Winter auf Insekten und Spinnen auf der Rindenoberfläche beschränkt.

Die Bedeutung von Spechten bei der Regulierung von schädlichen, im Holzinnern lebenden Insekten ist im Allgemeinen nicht sehr gross, da nie alle Larven gefunden werden. Spechte spielen aber bei der Dezimierung länger und gehäuft auftretender Schadorganismen im Holz durchaus eine wichtige Rolle. So können ihnen in einem befallenen Stamm bis weit über die Hälfte aller Holzwespenlarven zum Opfer fallen (Spradbery 1990). Auch bei Larven von Bock- und Rüsselkäfern oder Glasflüglern (einer Schmetterlingsfamilie) treten Sterberaten von bis 90 Prozent auf (Otvos 1979). Buntspechte gelten in der Heimat des von Ostasien nach Europa eingeschleppten Asiatischen Laubholzbockkäfers *(Anoplophora glabripennis)* als die effizientesten natürlichen Feinde (Jiao *et al.* 2008). Auf den Dreizehenspecht als wichtigen natürlichen Feind von Borkenkäfern wird in Kapitel 9.4 näher eingegangen.

Einige Spechtarten haben sich in unterschiedlichem Ausmass auf Ameisen spezialisiert. Die in fast allen Waldtypen lebenden Schwarzspechte ernähren sich im Winter von Waldameisen (*Formica* spp.) und von den

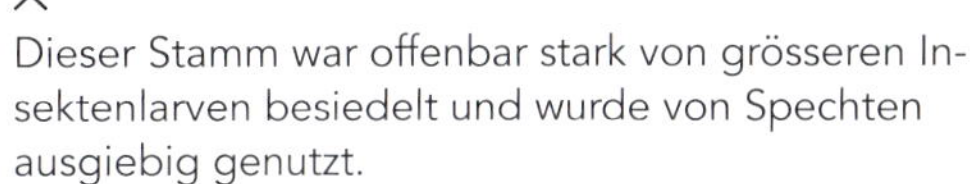

Dieser Stamm war offenbar stark von grösseren Insektenlarven besiedelt und wurde von Spechten ausgiebig genutzt.

Nach einem Waldbrand wurde diese Waldkiefer von Holzinsekten besiedelt. In der Folge stemmten Spechte die verkohlten Rindenplatten weg und hackten die darunter lebenden Pracht- und Bockkäferlarven heraus.

Blattläuse wie die Rindenlaus *Lachnus longirostris* sind im Sommer die Hauptnahrung von Kleinspechten.

^
Abgestorbene Bäume, die ihre Rinde bereits verloren haben, sind oft dicht von Nagekäfern besiedelt. Einer der häufigsten ist der Gekämmte Pochkäfer (*Ptilinus pectinicornis*; links). Obwohl nur bis sieben Millimeter gross, sind seine Larven eine willkommene Winterspeise für Spechte. Stark besiedelte Stämme werden deshalb intensiv von Spechten bearbeitet (rechts).

dicht unter der Holzoberfläche lebenden Larven von Nagekäfern (Anobiidae). In der warmen Jahreszeit fressen sie vorwiegend im Holz lebende Ross- (*Camponotus* spp.) oder Wegameisen (*Lasius* spp.). Der Wendehals kommt zwar vorwiegend in offenen Kulturlandschaften vor, besiedelt aber ebenso lichte Wälder und Auen. Er sammelt Ameisen und Brut von *Lasius*-, *Myrmica*- und anderen Ameisenarten direkt in deren Nestern.

In halboffenen Landschaften wie zum Beispiel lichten Wäldern und an Waldrändern gehen auch die sogenannten Erdspechte auf Futtersuche: Grün- und Grauspecht suchen ihre Nahrung im Sommer am Boden und ernähren sich vorwiegend von Wiesenameisen (*Lasius*-Arten), vor allem der Grauspecht daneben auch von anderen Insekten wie Raupen, Heuschrecken, Holzkäfern und Spinnen. Im Winter suchen die Erdspechte – auch unter dem Schnee verborgene – Nester von Waldameisen (*Formica*-Arten) auf. In diese graben sie tiefe Löcher, um mit ihrer langen (beim Grünspecht bis zehn Zentimeter!), klebrigen Zunge die tief im Nest überwinternden, starren und wehrlosen Ameisen hervorzuholen.

Ein noch nicht ganz geklärtes Phänomen ist das «Einemsen» von Spechten, Eichelhähern und anderen Vögeln: Sie setzen sich auf Ameisenhaufen und lassen sich mit Ameisensäure besprühen oder packen eine Ameise und reiben sich damit das Gefieder ein. Die Erklärungen dafür gehen von Parasitenbekämpfung über Gefiederpflege bis hin zur möglicherweise erotisierenden Wirkung.

^
Auf der Suche nach im Holz lebenden Ameisen hacken Schwarzspechte grosse Späne los. Die nahrhaften Puppenkokons (im Volksmund auch «Ameiseneier» genannt) sind die wichtigste Nahrungsquelle für diese Spechtart.

Der Grünspecht, einer der sogenannten Erdspechte, ernährt sich vorwiegend von im Boden lebenden Ameisen.
v

7.2 Nahrung für andere Wirbeltiere

Säugetiere

Auch bei Säugetieren stehen Insekten auf dem Speisezettel. Wie der Name sagt, ernähren sich Insektenfresser, also Igel, Spitzmäuse und Maulwürfe, von Insekten und anderen Gliederfüssern. Auch Nagetiere, namentlich Schläfer und Mäuse, ergänzen regelmässig ihre pflanzliche Kost mit verschiedenen Wirbellosen. Spitzmäuse und Waldmäuse können bei der Regulation von schädlichen Schmetterlings- und Pflanzenwespenraupen sehr wichtig sein, da sie deren in der Erde überwinternden Puppenkokons fressen. Untersuchungen in den USA weisen darauf hin, dass ein Zusammenhang zwischen der Populationsgrösse von Kleinsäugern, der Samenproduktion von Eichen und den Ausbrüchen des Schwammspinners besteht: Für die Kleinsäuger sind Eicheln die Hauptnahrung, sie fressen aber auch Raupen und Puppen des Schwammspinners und anderer Schmetterlingsarten. In Jahren, in denen keine der verschiedenen Eichenarten viele Eicheln produziert, haben die Kleinsäuger weniger Nachkommen. Dies hat zur Folge, dass weniger Schwammspinnerraupen verzehrt werden und deren Überlebensrate steigt (Liebhold *et al.* 2000).

Gewisse Bärenspinner wie der Braune Bär *(Arctia caja)* warnen die Fledermäuse mit Klickgeräuschen, dass sie ungeniessbar sind. Bei Gefahr durch tagaktive Feinde bewegen die Falter die Vorderflügel nach vorne und signalisieren mit den nun sichtbaren farbigen Hinterflügeln ihre Ungeniessbarkeit. ›

Alle einheimischen Fledermäuse ernähren sich von Insekten und anderen Gliederfüssern. Sie erbeuten allnächtlich vor allem fliegende Insekten wie Nachtfalter, Käfer und Fliegen in der Menge von rund der Hälfte ihres eigenen Körpergewichts. Der rund 40 Gramm schwere Grosse Abendsegler, ein typischer Bewohner von Baumhöhlen, benötigt somit jede Nacht einige Hundert bis Tausend Insekten. Auf der Jagd lokalisieren Fledermäuse ihre Beutetiere meistens mit Echoortung: Sie stossen Rufe

Wildschweine sind Allesfresser und wühlen im Boden, in Wurzelstöcken und Ameisenhaufen nach Eicheln, Wurzeln und wirbellosen Tieren. Unter den Insekten gilt ihr Interesse vor allem Käfern und ihren Larven, zum Beispiel den Engerlingen von Rosen-, Mai- oder Mistkäfern. ⌄

Igel leben unter anderem an Waldrändern, in Hecken und Gebüschen. Als typische Insektenfresser verzehren sie vorwiegend Käfer, Raupen und Ohrwürmer, aber auch Tausendfüsser, Würmer und sogar Aas.

im Ultraschallbereich aus, die von der Beute reflektiert werden und die sie mit ihren empfindlichen Ohren auffangen. Je mehr sich eine Fledermaus dem Beuteinsekt nähert, desto häufiger werden diese Rufe ausgesendet, um möglichst genaue Angaben zu Grösse und Position der Beute zu erhalten. Das Beutetier wird nicht mit den Zähnen gepackt, sondern mit den Flügeln oder der Schwanzflughaut, die zu einer Art Kescher nach unten gebogen werden. Danach fischt die Fledermaus das Insekt aus dieser Tasche und frisst es. Zahlreiche Nachtfalter haben Strategien entwickelt, um diesen natürlichen Feinden zu entkommen. Sie können die Ultraschalllaute ebenfalls hören und beschleunigen ihren Flug, fliegen im Zickzack oder lassen sich fallen, sobald sie in den Schallkegel eines Angreifers geraten. Viele Bärenspinner (Arctiidae) gehen sogar in die Offensive und erzeugen ihrerseits mit den Hinterbeinen Klickgeräusche, welche die Fledermäuse zum Abdrehen bewegen. Dies ist offenbar für beide Seiten ein Vorteil: Die Bärenspinner entgehen dem Tod, die Fledermäuse ersparen sich einen widerwärtigen Fang: Verschlucken sie zum ersten Mal einen solchen übel schmeckenden Falter, spucken sie ihn sofort wieder aus. Fortan verbinden sie die Klickgeräusche mit ungeniessbarer Nahrung und lassen diese Beute unbehelligt (Surlykke und Miller 1985). Gewisse verwandte, geniessbare Nachtfalter machen sich dies wiederum zunutze: Sie senden dieselben Töne aus wie ihre übel riechenden Verwandten und werden deshalb wie diese verschont (Barber und Conner 2007).

Grössere Säuger, die mehr oder weniger regelmässig Insekten fressen, sind Marder,

^
Bei allen Eidechsen besteht die Nahrung aus Insekten, Spinnen und anderen Gliederfüssern. Hier hat eine Mauereidechse eine grosse Bremse erbeutet.

Mauswiesel, Dachs, Fuchs und Wildschwein. Speziell Dachse und Wildschweine wühlen gerne in Ameisenhaufen, um darin lebende Engerlinge von Rosenkäfern zu suchen. Dies kann zu schweren Schädigungen der Ameisennester führen.

Schliesslich dienen Larven bestimmter Waldinsekten in verschiedenen Kulturen auch dem Menschen als Nahrung (siehe Kapitel 16.3).

Amphibien, Reptilien und Fische

Bei den Amphibien ernähren sich Salamander und Molche sowohl als Larven als auch als ausgewachsene Schwanzlurche unter anderem von Insekten und Spinnen. Auch Froschlurche wie Kröten, Gelbbauchunken und Frösche haben neben Würmern und Schnecken verschiedenste Insekten auf dem Speiseplan. Bei den Reptilien fressen Blindschleichen gelegentlich und Eidechsen fast ausschliesslich Käfer, Raupen, Fliegen, Ameisen und Heuschrecken sowie andere Gliederfüsser wie Spinnen und Asseln.

Im Wasser von Auenwäldern oder in waldquerenden Bächen und Flüssen ernähren sich viele Fischarten von Insekten, die sich im Wasser entwickeln (z. B. Eintags-, Stein- und Köcherfliegen, Mücken) oder die auf die Wasseroberfläche fallen. In einer Untersuchung in Bächen Alaskas bestand die Nahrung von jungen Lachsen etwa zur Hälfte aus Wasserinsekten, zur anderen Hälfte aus terrestrischen Insekten und Spinnen, die von der Ufervegetation ins Wasser gefallen waren (Allan *et al.* 2003).

‹ Eine tote, mit NPV-Virus infizierte Schwammspinner-Raupe *(Lymantria dispar)* hängt in charakteristischer, umgekehrt V-förmiger Stellung an einem Zweig.

7.3 Wirte für Mikroorganismen, Pilze und Würmer

Tote Insekten dienen entweder Aasfressern als Nahrung (siehe Kapitel 5.1), oder sie werden von Pilzen und Mikroorganismen befallen und abgebaut. Neben diesen saprobionten Organismen gibt es auch zahlreiche Viren, Bakterien, Pilze und parasitische Würmer, die lebende Insekten befallen und abtöten. Deshalb haben sie als Antagonisten eine regulatorische Wirkung auf Insektenpopulationen. Gewisse Viren und Bakterien werden bei der biotechnischen Bekämpfung von Schädlingen in der Land- und Waldwirtschaft eingesetzt. So wird das natürlich vorkommende NPV-Virus in Europa und den USA gegen die Raupen des Schwammspinners eingesetzt. Dasselbe Virus befällt auch die Nonne *(Lymantria monacha)*, eine nah verwandte Art des Schwammspinners. Man spricht in diesem Zusammenhang von der sogenannten Wipfelkrankheit: Das Virus veranlasst die infizierten Raupen, vor dem Sterben in die obere Baumkrone zu steigen. Aus den toten Tieren tropft dann die viröse Körperflüssigkeit auf die darunterliegenden Raupen und steckt diese an. Das Virus kann sich so bestens verbreiten.

Bei den Bakterien ist es vor allem *Bacillus thuringiensis*, der ein für viele Insekten tödliches Toxin produziert. Dieses wird auch kommerziell genutzt und erfolgreich gegen schädliche Schmetterlingsraupen und Mücken eingesetzt. Bei einem Befall durch insekten-

‹ Verpilzte, tote Dungfliegen (Scathophagidae) klammern sich an einer Pflanze fest. Das Myzel des Pilzes *Entomophthora scatophagae* füllt ihre Körper prall aus und hat die Hinterleibsegmente weiss überwuchert.

^
Dieser Käfer, ein Schwarzer Moderkurzflügler *(Ocypus olens)*, wurde Opfer einer Pilzkrankheit.

pathogene Pilze dringen die Pilzsporen mit ihren Hyphen in den Körper des lebenden Insekts ein. Anschliessend durchwuchert das Pilzgeflecht das ganze Tier und tötet dieses innert weniger Tage. Bei feuchten Bedingungen wachsen aus dem toten Insektenkörper Sporenträger aus, und die Sporen werden vom Wind wieder verbreitet. Bekannte, für die biologische Bekämpfung verwendete Arten sind die *Beauveria-* und *Entomophaga*-Pilze. *Beauveria brongniartii* wird zur Bekämpfung von Maikäfer-Engerlingen *(Melolontha melolontha)* eingesetzt, *Entomophaga maimaiga* gegen den Schwammspinner.

Saitenwürmer entwickeln sich parasitisch in Insekten. Nach dem Erreichen der Geschlechtsreife verlassen sie den abgestorbenen Wirt (rechts) und paaren sich in einem Gewässer. Ein ausgewachsener, einheimischer Saitenwurm (links), kann einige Dezimeter lang werden.
v

Fadenwürmer, auch Nematoden oder Älchen genannt, leben parasitisch. Die insektenpathogenen Arten unter ihnen befallen vorwiegend bodenbewohnende Insekten. Einige werden ebenfalls kommerziell gegen schädliche Insektenarten im Garten und in der Landwirtschaft eingesetzt, so zum Beispiel gegen Larven der Dickmaulrüssler (*Otiorhynchus* spp.). Aus einer anderen taxonomischen Gruppe stammen die Saitenwürmer (Nematomorpha), deren Larven vorwiegend Insekten parasitieren. Sie werden bei einem Durchmesser von rund einem Millimeter ein Mehrfaches so lang wie ihr Wirt und verlassen diesen, wenn sie adult sind. Das Insekt stirbt dabei meistens ab. Der volkstümliche Name für diesen Parasiten lautet «Wasserkalb», da die adulten Saitenwürmer sich im Wasser paaren und dort auch ihre Eier ablegen.

7.4 Insektenprodukte

Nicht nur die Insekten selber sind Nahrung und Energiequelle. Auch gewisse von ihnen hergestellte Produkte werden von anderen Arten genutzt. Das Produkt Honig von Honigbienen und Hummeln ist nicht nur für Bären und Menschen ein Leckerbissen (siehe Kapitel 16.1), sondern auch für andere Insekten. Der adulte Falter des Totenkopfschwärmers *(Acherontia atropos)* – allerdings kein Waldinsekt, sondern ein Bewohner von verbuschtem Offenland – dringt in Bienennester ein, sticht mit seinem kurzen, festen Rüssel die mit Honig gefüllten Zellen an und saugt den Honig aus. Vor Angriffen durch die Bienen ist er durch seine dichte Behaarung und vor allem durch seine Imitation des Bienengeruchs gut geschützt.

Honigbienen *(Apis mellifera)* stellen aus Pollen und Nektar ihre Honigvorräte her. Wegen der modernen Zuchtformen und imkerlicher Massnahmen schwärmen heute viel weniger Bienenvölker aus als früher. Bei wilden Bienenvölkern verlässt die Königin im Sommer mit einem Teil des Volkes das Nest, um in einer geeigneten Baumspalte ein neues zu gründen.

Der Falter des Totenkopfschwärmers *(Acherontia atropos)* ernährt sich vom Honig aus Bienennestern.

Ein im Wald viel wichtigeres Produkt ist der Honigtau. Blatt- und Schildläuse stechen mit ihren langen und feinen Stechborsten ins Phloem der Wirtspflanzen und nehmen den unter Druck stehenden Pflanzensaft auf. Der Phloemsaft ist relativ arm an Aminosäuren (Stickstoffquelle), hingegen reich an verschiedenen Zuckern (v. a. Saccharose) und natürlich an Wasser. Um genügend Aminosäuren zu erhalten, müssen die Tiere grosse Mengen Pflanzensaft aufnehmen. Das überschüssige Wasser und der in Melizitose umgewandelte Zucker werden deshalb in Form von Tröpfchen ausgeschieden. Damit eine Kolonie nicht verklebt, schleudern die Läuse die Tröpfchen mit den Hinterbeinen weg oder umgeben sie mit einer Wachshülle. Auf den darunterliegenden Blättern siedeln sich auf diesem klebrigen Substrat deshalb schnell

Eine Feldwespe (*Polistes* sp.) besucht eine Blattlauskolonie, um Honigtau aufzunehmen.

Zu den grossen Blattläusen gehört die Schwarze Holunderblattlaus (*Aphis sambuci*). Mit ihrem kräftigen Rüssel (an der Kopfunterseite nach hinten gerichtet sichtbar) sticht sie durch die Rinde hindurch die saftführenden Phloem-Leitbahnen an. Der unter Druck stehende Saft fliesst ohne ihr Zutun in ihren Schlund.

^
Rindenläuse (Lachnidae) gehören zu den wichtigsten Honigtau-Lieferanten nicht nur für Ameisen, sondern auch für die Imkerei. Die Honigbienen stellen daraus den Waldhonig her.

^
Eine Rossameise (*Camponotus* sp.) betrillert mit ihren Fühlern eine Kolonie der Gestreiften Walnusszierlaus *(Panaphis juglandis)*, um sie zu vermehrtem Ausscheiden von Honigtau anzuregen.

Russtaupilze an und überziehen die Blattoberfläche mit einem schwarzen Belag. Die energiereichen Tröpfchen sind aber auch für viele Insekten eine wertvolle Nahrungsquelle. Davon profitieren nicht nur die Honigbienen (siehe Kapitel 16.1), sondern auch viele weitere Arten von Wildbienen, Hummeln, Florfliegen, Schlupf- und Faltenwespen.

Eine symbiotische Beziehung hat sich zwischen gewissen Blattläusen und Ameisen entwickelt (Trophobiose): Speziell bei Waldameisen ist der Honigtau eine wichtige Energiequelle für die Arbeiterinnen («Betriebsenergie»). Die Ameisen verhindern im Gegenzug ein Verkleben der Blattläuse und vertreiben deren natürliche Feinde wie Marienkäfer, Schwebfliegen oder Schlupfwespen. Die Ameisen betrillern die Läuse sogar mit ihren Fühlern, um sie dadurch zu vermehrter Saugtätigkeit und damit höherer Honigtauproduktion anzuregen («Melken»). Ameisenbetreute Blattlaus-Kolonien können dadurch grössere Saugschäden verursachen als andere (Piñol *et al.* 2012). Blattläuse werden von den Ameisen aber auch gefressen, wenn sie nicht mehr genug Honigtau liefern, oder an ergiebigere Orte transportiert, wo sie wieder produktiver sind. Gewisse Ameisen sammeln im Herbst die Blattlauseier ein und überwintern sie im Nest, wo sie gepflegt werden und dadurch besser überleben. Im Frühjahr setzen die Ameisen die geschlüpften Läuse wieder auf den Pflanzen aus (Matsuura und Yashiro 2006).

Eine Ameise (*Myrmica* sp.) nimmt von einer Blattlaus ein Honigtautröpfchen auf.

Natürliche Feinde

8

Insekten sind nicht nur Nahrung für höhere Tiere (siehe Kapitel 7), sondern fressen auch selber andere Gliederfüsser. Diese sogenannten Antagonisten spielen als natürliche Gegenspieler der Pflanzenfresser eine wichtige Rolle. Sie üben eine Top-down-Regulation der pflanzenfressenden Insekten aus, dies im Gegensatz zur Bottom-up-Regulation durch physiologische Eigenschaften der Wirtspflanzen. Die Wechselwirkungen zwischen Beute und natürlichen Feinden haben sich im Laufe von Jahrmillionen entwickelt und eingespielt. Neue Abwehrstrategien der Beutetiere wurden von den Antagonisten mit Anpassungen gekontert. Es gibt zum Beispiel Hinweise, dass Insekten, die versteckt im Innern von Pflanzengewebe leben (z. B. Blattminierer), seltener durch Räuber gefressen werden als andere. Dafür ist bei ihnen das Risiko höher, parasitiert zu werden. Am besten geschützt sind gallbildende Insekten sowie Holz- und Wurzelbewohner.

Die Mehrheit der Insekten, Spinnen und Milben lebt räuberisch oder parasitisch. Welt-

Ein Siebenpunkt-Marienkäfer *(Coccinella septempunctata)* beim Fressen einer geflügelten Blattlaus. ›

weit sind etwa 54 Prozent aller Insektenarten zoophag, also räuberisch, parasitisch oder aasfressend, 46 Prozent sind phytophag (Strong *et al.* 1984). Die parasitischen Insekten machen 10 Prozent aller bekannten Tierarten aus (Askew 1971). Eine Auswertung von Untersuchungen zu phytophagen Insekten und ihren Antagonisten vorwiegend in Wäldern und landwirtschaftlichen Kulturen zeigte, dass die Mortalität durch Parasitismus sehr viel grösser ist als diejenige durch Räuber oder Pathogene, speziell in den gemässigten Breiten (Hawkins *et al.* 1997).

Man unterscheidet drei Kategorien von natürlichen Gegenspielern, je nach der Menge der benötigten Beutetiere und der Lebensweise der verschiedenen Stadien. Die *Räuber* (Prädatoren) sind meist grösser als ihre Nahrungstiere, welche *Beutetiere* genannt werden. Räuberische Insekten benötigen für eine vollständige Entwicklung über alle Jugendstadien hinweg mehrere Beutetiere. Bekannte Vertreter dieser Gruppe sind die Laufkäfer. Im Gegensatz zu den Räubern sind die parasitischen Arten häufig viel kleiner als ihre Nahrungstiere, die als *Wirte* bezeichnet werden. Ausserdem reicht den parasitischen Arten für ihre Entwicklung ein einziger Wirt. Diese auch Schmarotzer genannten Tiere werden noch weiter unterteilt, nämlich in sogenannte Parasitoide und die eigentlichen Parasiten. Während die *Parasiten* sowohl als Larven als auch Adulttiere parasitisch an oder in Insekten leben und den Wirt meist nur schwächen (z. B. Milben), leben die *Parasitoiden*, auch Raubparasiten genannt, nur als Larven parasitisch, töten den Wirt aber in jedem Fall ab (z. B. Schlupfwespen). Die erwachsenen Parasitoiden leben meist von Nektar, Honigtau oder Pollen.

Die Grenzen zwischen den Kategorien sind nicht immer scharf, und verschiedene Arten weisen eine Mischform dieser Lebensweisen auf.

Natürliche Feinde (Antagonisten)

Räuber	Parasitoide	Parasiten
– grösser als Beutetier – mehrere Beutetiere für Entwicklung nötig	– kleiner als Wirtstier – nur ein Wirtstier für Entwicklung nötig – nur als Larven parasitisch – töten ihren Wirt	– kleiner als Wirtstier – nur ein Wirtstier für Entwicklung nötig – alle Stadien parasitisch – töten den Wirt nicht
z. B. Marienkäfer	z. B. Schlupfwespen	z. B. Milben

8.1 Räuberische Insekten

Räuberische Insekten jagen ihre Beute, lauern ihr auf oder fangen sie mit eigens dafür konstruierten Einrichtungen (z. B. Spinnen, siehe Kapitel 8.2). Die Beutetiere werden anschliessend in kurzer Zeit verzehrt. Da die Beute oftmals viel kleiner ist als der Räuber selber, brauchen räuberische Insekten für ihre Larvalentwicklung wie als adulte Tiere für ihr Überleben und die Produktion von Nachkommen mehrere Beutetiere. Die Räuber zerkleinern und fressen mit ihren Mandibeln mindestens die weicheren und nahrhaften Teile wie Muskulatur, Fettreserven und innere Organe ihrer Beutetiere vollständig auf. Andere stechen ihre Beute an und saugen deren flüssigen oder durch Verdauungssekrete verflüssigten Inhalt aus. Die häufigsten und bedeutendsten Raubinsekten sind Käfer, allen voran die Marienkäfer, Laufkäfer und Kurzflügler.

Unser bekanntester Marienkäfer, der Siebenpunkt, ist ein wichtiger Blattlausvertilger. Die glänzenden Blätter sind mit Honigtau der Blattläuse überzogen.

Marienkäfer

Die Marienkäfer (Coccinellidae) gehören zusammen mit den Schweb- und Florfliegen zu den wichtigsten Blatt- und Schildlausfeinden. Blattlausfeinde, die sogenannten Aphidophagen, werden vom Honigtau der Blattläuse angelockt und legen ihre Eier in der Nähe der Pflanzensaftsauger ab. Als Honigtau bezeichnet man die zuckerhaltige Flüssigkeit, die von diesen Pflanzenläusen ausgeschieden wird und aus dem überschüssigen kohlehydrathaltigen Wasser des Siebröhrensafts (Phloemsaft) der Pflanzen besteht. Sowohl die Larven als auch die erwachsenen Käfer der rund 70 mitteleuropäischen Marienkäferarten ernähren sich fast ausschliesslich von Pflanzenläusen. Während seines Lebens frisst der Siebenpunkt *(Coccinella septempunctata)* einige Tausend Blattläuse. Diese als «Glücks-

Ein abfliegender Asiatischer Marienkäfer *(Harmonia axyridis)* zeigt, dass auch Käfer zwei Paar Flügel haben: die vorderen, verhornten Deckflügel als Schutz und die hinteren, häutigen Flügel zum Fliegen.

Eine Larve des Asiatischen Marienkäfers beim Vertilgen einer Blattlaus.

Der Asiatische Marienkäfer frisst nicht nur Blattläuse, sondern auch andere Marienkäferlarven, was zu einer Veränderung in der Zusammensetzung der Marienkäferfauna geführt hat.

käfer» bekannte und bisher sehr häufige Art ist ein Ubiquist, das heisst, sie kommt in den verschiedensten Lebensräumen wie Wäldern, Wiesen, Hecken oder Gärten vor. Seit 2006 erhalten die einheimischen Marienkäfer immer mehr Konkurrenz durch den nach Europa eingeführten Asiatischen Marienkäfer *(Harmonia axyridis)*. Dieser ausserordentlich variabel gefärbte Käfer hat sich innerhalb weniger Jahre in praktisch alle Lebensräume der ganzen Schweiz ausgebreitet. Er ist zwar ebenfalls ein sehr wirkungsvoller Blattlausvertilger, frisst aber auch die Larven der konkurrierenden einheimischen Marienkäfer. Marienkäfer überwintern als ausgewachsene Käfer vielfach in Gruppen an geschützten Orten, was im Falle des Asiatischen Marienkäfers gelegent-

Der Zweipunkt *(Adalia bipunctata)* kann sehr variabel gefärbt sein: Ein rotes Männchen mit schwarzen Punkten kopuliert mit einem schwarzen Weibchen mit roten Punkten auf einem Holunderblatt.

lich auch zu einem unliebsamen, gehäuften Auftreten an und in Gebäuden führen kann. Gewisse Marienkäferarten wie der ebenfalls sehr variabel gefärbte Zweipunkt werden zur biologischen Bekämpfung von landwirtschaftlichen Schädlingen verwendet. Waldränder und Hecken sind sowohl Quelle als auch wichtiges Überwinterungshabitat für bedeutende Gegenspieler – nicht nur Marienkäfer – von landwirtschaftlichen Schädlingen.

Typische Waldarten unter den Marienkäfern sind der Vierfleckige Kugelkäfer *(Exochomus quadripustulatus)* auf Nadel- und Laubbäumen, der Augenfleckige Marienkäfer *(Anatis ocellata)*, der in Nadelwäldern bis zur oberen Waldgrenze hinauf vorkommt, oder die *Scymnus*-Arten auf Nadelbäumen, deren Larven sich charakteristisch mit Wachsausscheidungen tarnen.

^
Der fast einen Zentimeter grosse Augenfleckige Marienkäfer *(Anatis ocellata)* ist einer der grössten Marienkäfer. Er lebt in Nadelwäldern, wo er neben Blattläusen auch Blattwespenraupen frisst.

Laufkäfer

Die gegen 800 mitteleuropäischen Arten der vielfach grossen und metallisch schimmernden Laufkäfer (Carabidae) sind fast alle nachtaktiv und ernähren sich räuberisch von Insekten, Würmern und Schnecken, einige zusätzlich auch von Aas oder pflanzlicher Kost. Laufkäfer verzehren täglich Futter in der Grössenordnung ihres Eigengewichts oder sogar ein Mehrfaches davon. Sie sind meist nicht auf eine bestimmte Beute spezialisiert, ihr Beute-Spektrum hängt vor allem von ihrer Grösse ab. Wie der Name vermuten lässt, besitzen sie lange Beine und sind flinke Jäger. Die meisten sind flugunfähig und halten sich am Boden auf. Ihre grossen, kräftigen Mandibeln brauchen sie, um die Beute zu packen und festzuhalten. Diese wird aber vielfach nicht zerkleinert und gefressen, sondern die Kä-

Frontalansicht des Kopfs eines Blauen Laufkäfers *(Carabus intricatus)*. Gut sichtbar die grossen Augen, die sichelartigen Mandibeln zum Packen der Beute und die nach unten ragenden Taster mit Sinneszellen für die physische und chemische Wahrnehmung. >

^
Larve einer *Carabus*-Art.

Der Blaue Laufkäfer ist an Flügeldecken und Halsschild leuchtend blau gefärbt und findet sich in verschiedenen Waldtypen mittlerer Lagen. Er versteckt sich gerne in Baumstrünken oder unter loser Rinde.
v

fer würgen Verdauungssaft auf die Nahrung und verschlingen den entstehenden Brei. Dies wird als extraintestinale Verdauung bezeichnet. Die stark segmentierten Larven sehen völlig anders aus als die erwachsenen Käfer. Die meisten Arten durchlaufen pro Jahr nur eine Generation.

Die zwei bis vier Zentimeter grossen *Carabus*-Arten ernähren sich vor allem von Würmern und Schnecken; viele sind Waldbewohner. Die grösste Art ist der Lederlaufkäfer *(Carabus coriaceus)*. Dieser vorwiegend nachtaktive Räuber lebt vor allem in feuchten Laub- und Mischwäldern, aber auch in Gärten und Wiesen. Bei Gefahr können Lederlaufkäfer aus den Hinterleibsdrüsen ein übelriechendes Sekret gezielt gegen einen Angreifer spritzen. Zahlreiche weitere *Carabus*-Arten sind an Waldökosysteme gebunden. Der Blauviolette Waldlaufkäfer *(Carabus problematicus)* lebt unter Steinen und Totholz in Nadel- und Laubwäldern und jagt in der Dämmerung vor allem Insekten. Weitere Laufkäfer sind der Goldglänzende Laufkäfer *(Carabus auronitens)*, der Schluchtwald-Laufkäfer *(Carabus irregularis)* oder die Goldleiste *(Carabus violaceus)*. Sie kommen vor allem an feuchten Stellen in Wäldern höherer Lagen vor und verbergen sich tagsüber unter der Rinde abgestorbener Bäume.

Die Schaufelläufer (*Cychrus* spp.) leben in Wäldern oder an Waldrändern an feuchten Orten. Dort kommt ihre ausschliessliche Nahrung – Nackt- und Gehäuseschnecken – zahlreich vor. Mit ihrem langen Kopf und den verlängerten Mandibeln können sie die Beute tief in ihren Schneckenhäuschen erreichen.

Einer der grössten und schönsten einheimischen Laufkäfer ist der Grosse Puppenräuber *(Calosoma sycophanta)*. Der bis 28 Millimeter grosse Käfer, ausnahmsweise eine auch am Tag aktive Art, klettert sogar auf Bäume,

‹ Der Laufkäfer *Carabus depressus* lebt in Gebirgswäldern.

um grosse, blattfressende Nachtfalter-Raupen von bekannten Forstschädlingen wie Schwammspinner *(Lymantria dispar)* oder Nonne *(Lymantria monacha)* zu erbeuten. Die adulten Käfer werden zwei bis vier Jahre alt, sind aber nur während jeweils etwa zwei Monaten im Sommer aktiv. Untersuchungen mit Schwammspinnerraupen als Futter ergaben, dass ein Puppenräuber jedes Jahr bis 400 Raupen vertilgt (Scherney 1959). Auch seine Larve benötigt rund 40 bis 90 Raupen für ihre Entwicklung, je nach Grösse der Raupen (Burgess 1911). Für die Grösse dieses Insekts überraschend ist die kurze Entwicklungszeit der Larven von nur knapp vier Wochen (Weseloh 1985). Bei Massenvermehrungen des Schwammspinners, dessen Raupen in Mittel- und Südeuropa gelegentlich starken Blattfrass verursachen, können der auffällige Käfer und seine Larven regelmässig beobachtet werden. Es ist erstaunlich, wie schnell diese sonst seltene und deshalb geschützte Käferart vom plötzlichen, üppigen Angebot an Raupen profitieren und sich vermehren kann. Der Grosse Puppenräuber ist ein wichtiger Faktor in der Regulation von Raupenpopulationen. In bestimmten Phasen einer Schwammspinner-Massenvermehrung kann er bis zu drei Vierteln der Raupen vertilgen (Weseloh 1985). Zur Bekämpfung des Schwammspinners wurde der Grosse Puppenräuber Anfang des 20. Jahrhunderts erfolgreich nach Nordamerika exportiert. Einige Tausend der ersten in Neuengland freigesetzten Tiere stammten aus der Schweiz (Burgess 1911).

Neben den erwähnten Laufkäfer-Gattungen leben noch Dutzende von weiteren Arten im Wald, vor allem Vertreter der Gattungen *Pterostichus*, *Amara* und *Abax*. Einige *Dromius*-Arten sind typische Borkenkäferfresser und werden bei den natürlichen Feinden der Borkenkäfer (Kapitel 9) aufgeführt.

^
Der Goldglänzende Laufkäfer *(Carabus auronitens)* kommt in den verschiedensten Waldtypen, aber auch in Gärten in Waldnähe vor.

Ein Schaufelläufer *(Cychrus caraboides)* hat eine Nacktschnecke erbeutet.
v

Die Larve eines Puppenräubers *(Calosoma sycophanta)* frisst eine Schwammspinnerraupe *(Lymantria dispar)*. >

Kurzflügler

Weniger bekannt, aber mit rund 2000 in Mitteleuropa vorkommenden Arten sehr artenreich sind die Kurzflügler-Käfer (Staphylinidae). Fast alle sind flugtauglich und falten in Ruhestellung ihre häutigen Hinterflügel auf höchst komplizierte Art mithilfe des Abdomens unter den kurzen Deckflügeln zusammen. Die teilweise winzigen Arten (0,5 Millimeter) leben in verschiedensten Habitaten, darunter auch im Wald. Ob unter der Rinde, im Moos, in der Streuschicht oder in Pilzen, die Mehrzahl dieser Käfer ernährt sich als tagaktive Räuber von Fliegenmaden und anderer leichter Beute. Etliche Arten leben in Nestern von Vögeln und Säugern, aber auch in solchen von sozialen Insekten wie Wespen oder Ameisen, wo sie sich entweder von Abfall ernähren oder deren Brut fressen. Einige kleinere Arten halten sich unter der Rinde von Bäumen auf, wo sie sich zum Beispiel von Borkenkäfern ernähren (siehe Kapitel 9.2). Einige grössere, räuberische Waldarten gehören zur Gattung *Staphylinus* und ernähren sich ähnlich den Laufkäfern am Boden von Schnecken und Insekten. Der Schwarze Moderkurzflügler *(Ocypus olens)*, mit über drei Zentimetern Länge unsere grösste Kurzflüglerart, kommt nicht nur in Wäldern und an Waldrändern vor, sondern auch in Gärten, wo er sich gelegentlich durch Lichtschächte in Kellerräume verirrt. Infolge seiner Grösse, der kräftigen Kieferzangen und des bei Gefahr hochgebogenen Hinterleibs ist seine Drohstellung sehr beeindruckend. Er kann zwar kräftig zwicken, aber trotz des skorpionähnlichen Aussehens nicht stechen.

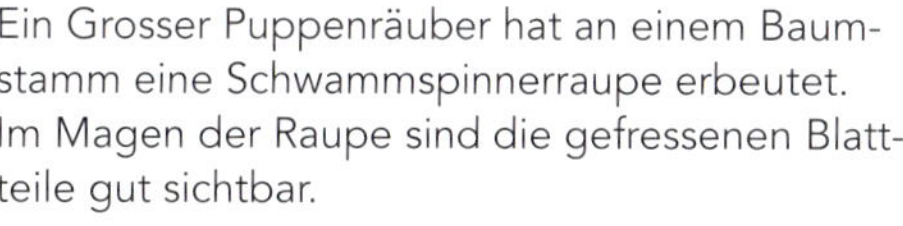

Ein Grosser Puppenräuber hat an einem Baumstamm eine Schwammspinnerraupe erbeutet. Im Magen der Raupe sind die gefressenen Blattteile gut sichtbar.

^
Drohstellung eines Schwarzen Moderkurzflüglers *(Ocypus olens)*.

Weitere Käfer

Neben diesen drei grossen räuberischen Käferfamilien gibt es noch eine Vielzahl weiterer räuberischer Arten aus verschiedenen Familien. Aaskäfer (Silphidae) ernähren sich zwar mehrheitlich von toten Tieren, einige fressen aber auch lebende Beute wie Insekten und Schnecken. Der vor allem in Eichenwäldern vorkommende Vierpunktige Aaskäfer *(Dendroxena quadrimaculata)* steigt in Baumkronen

Der Grabende Raubkäfer *(Dinothenarus fossor)* ist nachtaktiv und verbirgt sich tagsüber unter Steinen oder Totholz.
v

^ Einzelne Vertreter der Aaskäfer wie der Vierpunktige Aaskäfer *(Dendroxena quadrimaculata)* fressen auch lebende Insekten.

und erbeutet dort Raupen zum Beispiel von Spannern und Blattwespen, während seine Larven Insektenlarven und Aas fressen. Auch bei den Feuerkäfern (Pyrochroidae), Buntkäfern (Cleridae), Weichkäfern (Cantharidae), Schnellkäfern (Elateridae) oder Jagdkäfern (Trogositidae) gibt es räuberische Vertreter. Einige davon werden in den Kapiteln 4.6 und 9 vorgestellt.

Wespen

Zur Ordnung der Hautflügler gehören die Pflanzen- und die Taillenwespen. Letztere umfassen neben den parasitischen Legimmen die sogenannten Stechimmen (Aculeata), zu denen die Bienen sowie die räuberischen Wespen und Ameisen gehören. Die Waldameisen werden infolge ihrer grossen Bedeutung im Wald gesondert in Kapitel 10 behandelt. Hier werden einige Beispiele von räuberischen Wespen dargestellt. Diese sind keine einheitliche Gruppe. Neben den bekannten, nesterbildenden sozialen Faltenwespen gibt es weitere Wespenfamilien, die ebenfalls räuberisch, aber solitär leben.

Soziale Wespen

Die sozialen Faltenwespen werden auch Papierwespen genannt. Sie bilden nach klaren Regeln organisierte Staatengebilde. Ähnlich wie bei anderen einheimischen sozialen Insekten, den Bienen und Ameisen, gibt es Kasten mit unterschiedlichen Aufgaben: Die *Königin* begründet im Frühling das Nest und den Staat und legt als einziges Tier des ganzen Volkes Eier. Der Grossteil eines Volkes besteht aus *Arbeiterinnen*. Sie sind zwar wie

Räuber frisst Räuber: Eine Hornisse *(Vespa crabro)* hat eine Gartenkreuzspinne *(Araneus diadematus)* in deren Netz erbeutet und weidet sie aus. Meistens geschieht dies kopfüber.

die Königin weiblich und aus befruchteten Eiern entstanden, ihre Eierstöcke bleiben jedoch unentwickelt. Die Arbeiterinnen sind für den Nestbau, die Futterbeschaffung und die Aufzucht der Brut zuständig. Schliesslich gibt es die Geschlechtstiere: Aus befruchteten Eiern entstehen die weiblichen Königinnen, aus den unbefruchteten die männlichen Drohnen. Die einzige Aufgabe der *Drohnen* ist es, die Jungköniginnen auf dem Hochzeitsflug zu begatten.

Die Wespen mit gelb-schwarzer Warnfärbung setzen ihren Wehrstachel sowohl zur Verteidigung als auch für den Fang grösserer, wehrhafter Beute ein, zum Beispiel von Bienen. Faltenwespen brauchen zweierlei Nahrung. Kohlehydrathaltige Säfte von Blüten, Beeren, Früchten, Honigtau oder Baumwunden liefern die Betriebsenergie für die Arbeiterinnen, während Insekten als Futter für die Larven und als Proteinquelle für die Eiproduktion der Königin dienen. Der grösste Teil der Beute besteht aus Fliegen, daneben werden aber auch Larven von Heuschrecken, Zikaden, Schmetterlingen oder Blattwespen gefangen. Das Wespennest wird aus mit Speichel vermengten Holzfasern hergestellt. Dieses Papiermaché wird zu einer dünnen Papierschicht ausgestrichen und erhärtet anschliessend. Nester mit mehreren Zell-Etagen sind mit einer mehrschichtigen Papierhülle umgeben.

Die grössten Wespen sind die Hornissen *(Vespa crabro)*. Diese ausserhalb des Nestbereichs eher scheue Art ist zu Unrecht als gefährlich verschrien. Der im Folgenden beschriebene Jahreszyklus eines Hornissenvolks steht stellvertretend für denjenigen vieler sozialer Wespen. Die bis 35 Millimeter grosse, befruchtete Königin erwacht im März oder April aus ihrer Winterruhe und sucht einen geeigneten Ort für den Nestbau. Sie nistet gerne in alten Baumhöhlen oder an anderen dunklen und geschützten Stellen in Parklandschaften, lichten Mischwäldern, Streuobstwiesen oder zur Not auch in menschlichen Behausungen. Dort fertigt sie die ersten Brutzellen an und belegt diese mit Eiern. Neben dem Nestbau und Eierlegen ist sie bald auch mit dem Be-

Eine Langkopfwespe (*Dolichovespula* sp.) beim Zerkleinern und Zerkauen der Beute.

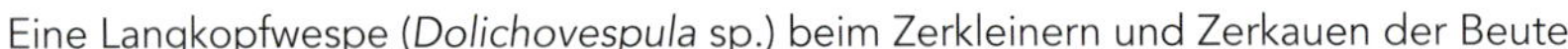

^
Die Haus-Feldwespe *(Polistes dominula)* kommt kaum im Wald, sondern in offenem Gelände vor. Sie veranschaulicht stellvertretend für andere Faltenwespen die beiden benötigten Nahrungsarten: Proteinreiche Insekten für die Brut (links) und zuckerhaltige Säfte für die Arbeiterinnen (rechts).

schaffen von Futter für die ausgeschlüpften Larven und mit deren Fütterung beschäftigt. Dies ist eine heikle Phase, da beim Tod der Königin oder anhaltend schlechter Witterung das ganze Nest eingehen kann. Sind die ersten Arbeiterinnen geschlüpft, übernehmen sie Nestbau, Futtersuche und Larvenfütterung, und die Königin bleibt fortan im Nest und widmet sich ganz der Nachkommenproduktion. Im Sommer erreicht das Volk seine

Durch die ausgedehnte Rotfärbung im Brust- und Kopfbereich und ihre Grösse unterscheidet sich die Hornissen-Arbeiterin von fast allen anderen Wespenarten.
v

Die zwei Waffen der Hornisse: kräftige, beissende Oberkiefer und ein Stechapparat zur Verteidigung und um grosse Beutetiere zu überwältigen.

grösste Individuendichte von einigen Hundert Tieren. Im Spätsommer legt die Königin diejenigen Eier, aus denen die Geschlechtstiere hervorgehen: Aus den unbefruchteten schlüpfen die Drohnen, aus den befruchteten und speziell gefütterten Larven entstehen die Königinnen. Langsam zerfällt nun der Staat, die Königin verlässt das Nest und stirbt. Ende Sommer fliegen die Geschlechtstiere aus und paaren sich. Danach sterben auch die Drohnen und Arbeiterinnen. Nur die begatteten Jungköniginnen bleiben übrig und überwin-

Spinnen und Wespen können in unterschiedlichster Beziehung zueinander stehen: Hornisse frisst Spinne (Seite 155), Spinne frisst Wespe (Seite 173), Wespe stiehlt Spinnenbeute (dieses Bild): Eine Kurzkopfwespe (*Vespula* sp.) entwendet eine gefangene Honigbiene aus dem Netz einer Kreuzspinne.

Papiernest der Mittleren Wespe (*Dolichovespula media*, links). Sie lebt in lichten Wäldern und Gebüschen, daneben aber auch im Siedlungsgebiet. Wespen gewinnen ihr Baumaterial für das Nest durch Abraspeln von Holzfasern (rechts).

tern in geschützten Verstecken.

Die Arbeiterinnen leben mehrheitlich von Pflanzensäften, Nektar und Honigtau. Für die Aufzucht der Brut und für die Königin erbeuten sie hauptsächlich Fliegen, Raupen, Wespen, Bienen und Spinnen. Dabei wird nur die Flugmuskulatur der Beute zu kleinen Fleischbällchen verarbeitet, zum Nest geflogen und anschliessend verfüttert. Watson (1922) beobachtete, dass rund 60 Arbeiterinnen innerhalb einer Stunde etwa 230 Fliegen erbeuteten. Hochgerechnet auf ein Volk von 600 Hornissen und einen 20-Stunden-Tag, ergäbe dies einen theoretischen Wert von 46 000 Fliegen. Bei einem durchschnittlichen Gewicht von 2 mg pro Fliege wären dies in 10 Tagen gegen ein Kilogramm Beutetiere. Damit spielen Hornissen bei der Regulation von potenziellen Schadinsekten eine wesentliche Rolle und haben zu Unrecht einen schlechten Ruf: Sie sind weder angriffslustig, noch belästigen sie bei ihrer Futtersuche den Menschen am gedeckten Tisch (siehe www.hornissenschutz.de). Wegen mangelnder Nistmöglichkeiten und der Zerstörung der Nester ist die Hornisse in vielen Ländern Europas seltener geworden und nun geschützt.

Solitärwespen

Neben den sozialen Wespen gibt es in der Familie der Faltenwespen auch verschiedene Gruppen von Solitärwespen. Sie bauen ihre Nester nicht aus Papier, sondern aus Mörtel oder nisten zum Beispiel in Totholz. Bei der Eiablage verproviantieren sie ihre Nachkommen mit Insektenbeute (häufig Raupen und Käferlarven), ähnlich wie das die Wildbienen mit Pollen und Nektar machen.

Bei einigen weiteren Wespen ist die Abgrenzung zwischen Räuber und Parasitoid (siehe Kapitel 8.3) nicht so klar. So versorgen die meisten Grab- (Sphecidae) und Wegwespen (Pompilidae) ihre Bruten mit lebender, gelähmter Beute. Die Wegwespen haben sich auf Spinnen spezialisiert und deponieren diese, mit je einem Ei belegt, in Einzelnestern. Auch wenn der Wirt in ein speziell angefertigtes Nest transportiert wird, entspricht dieses Verhalten definitionsgemäss einer parasitoi-

den Art, weshalb diese Familie bei den Parasitoiden behandelt wird.

Das Beutespektrum der Grabwespen ist viel breiter und beinhaltet unter anderem Raupen, Heuschrecken, Spinnen und Schaben. Sie lähmen ihre Beute durch einen Stich und bringen sie in ihr Nest, das je nach Art im Boden, in Ritzen, Totholz oder Pflanzenstängeln angelegt wird. Ein Nest der Grabwespen umfasst mehrere Zellen, jede Zelle wird mit einem Ei belegt und mit mehreren Beutetieren verproviantiert. Dies entspricht eher der Definition eines Räubers. Grabwespen finden sich im offenen Gelände an warmen Stellen, nur wenige Arten leben im Wald. Dies gilt auch für weitere Wespenfamilien.

Solitäre Faltenwespen legen ihre Brut zum Beispiel in alten Käfergängen in Holz an (*Ancistrocerus* sp.).

Brutanlage einer Grabwespe in einem hohlen Ästchen. Die Wespenlarve (glänzend, Bildmitte) ernährt sich vom reichen Proviant, der aus gelähmten Mücken besteht.

Wanzen

Im Gegensatz zu den vorher erwähnten Räubern ernähren sich Wanzen saugend. Neben den pflanzensaftsaugenden Arten und einigen Blutsaugern gibt es auch räuberische Arten, die ihre Beutetiere aussaugen. Zuvor lähmen oder töten sie diese mit einem Stich und injizieren Speicheldrüsensekrete zur Vorverdauung. Räuberische Wald- oder Waldrand-Arten gibt es in den verschiedensten Wanzenfamilien, so zum Beispiel die zu den Baumwanzen (Pentatomidae) gehörende Spitzbauchwanze *(Troilus luridus)*, der Waldwächter *(Arma custos)* oder die mit eindrücklichen Seitendornen gekennzeichnete Zweispitzwanze *(Picromerus bidens)*. Sie alle leben vor allem auf Laubbäumen oder in Gebüschen, wo sie verschie-

^
Eine Larve der Baumsichelwanze *(Himacerus apterus)* saugt die Larve eines anderen Räubers, nämlich eines Marienkäfers, aus.

Eine Spitzbauchwanze *(Troilus luridus)* saugt eine Nonnenraupe *(Lymantria monacha)* aus.
⌄

Die Wald-Blumenwanze *(Anthocoris nemorum)* hält sich häufig auf Bäumen auf, ist aber auch auf Brennnesseln zu finden.

denste Insekten wie Schmetterlingsraupen, Käfer und ihre Larven, andere Wanzen und Blattläuse erbeuten.

Eine der häufigsten Wanzen ist die Wald-Blumenwanze *(Anthocoris nemorum)*, die nicht nur auf Brennnesseln, sondern auch auf Laubbäumen lebt und dort Blattläuse, Milben und kleine Fliegen und Raupen aussaugt. Die schmucke Weichwanze *Dryophilocoris flavoquadrimaculatus* lebt auf Eichen und ernährt sich sowohl von Pflanzensaft als auch von Blattläusen, Insekteneiern und kleinen Raupen. Von den beiden Familien der Raubwanzen (Reduviidae) und Sichelwanzen (Nabidae) leben nur wenige Arten in Wäldern. Allerdings besiedeln die stellenweise häufigen Mordwanzen (*Rhynocoris* spp.) gerne warme, sonnenbeschienene Waldränder, wo sie auf Blüten und am Boden Insekten nachstellen.

Die Weichwanze *Dryophilocoris flavoquadrimaculatus* lebt auf Eichen und ernährt sich sowohl von pflanzlicher als auch von tierischer Nahrung.

Eine Rote Mordwanze *(Rhynocoris iracundus)* hat einen Käfer erbeutet und saugt ihn aus.

Räuberische Fliegen

Eher wenig bekannt ist, dass es auch unter den Fliegen wichtige räuberische Arten gibt. In der Familie der Schwebfliegen (Syrphidae) ernähren sich alle adulten Fliegen von Nektar und Pollen. Von ihrem kolibriähnlichen, im Sonnenlicht verharrenden Schwebeflug erhielten sie ihren Namen. Einige Arten dieser Fliegen leben aber als Larven räuberisch von Blattläusen und sind in Feld und Wald wichtige Blattlausvertilger. Die Larven der Gattung *Heringia* beispielsweise ernähren sich vorwiegend von der Tannenstammlaus *(Dreyfusia piceae)*. Im Wald sind die sonnenliebenden Schwebfliegen vor allem in Waldlichtungen und an Wald- und Wegrändern anzutreffen. Angelockt vom Honigtau der Blattläuse, legen die Weibchen ihre Eier in der Nähe von Blattlauskolonien ab. Damit ist sichergestellt, dass die ausschlüpfenden Larven Nahrung für ihre Entwicklung finden. Die augenlosen Larven (Maden) ertasten ihre Beute und heben sie hoch, um sie auszuschlürfen.

^ Die Behaarte Schwebfliege *(Syrphus torvus)* kommt in den verschiedensten Lebensräumen vor, ihre Larven ernähren sich von Blattläusen.

Einen ganz speziellen Lebensraum für die Entwicklung ihrer Larven hat sich die stattliche Gebänderte Waldschwebfliege *(Volucella inanis)* ausgesucht. Ihre Larven entwickeln sich in den Nestern von Hornissen und anderen Faltenwespen. Dort ernähren sie sich räuberisch von der Wespenbrut. Die Verpuppung erfolgt ausserhalb des Nests im Boden. Andere Arten der Gattung *Volucella* ernähren sich in den Wespennestern lediglich von herumliegendem Abfall.

< Die adulte Mondfleck-Feldschwebfliege *(Eupeodes lapponicus)* leckt Nektar, während ihre bunt gescheckte Larve Blattläuse frisst.

Eine Schwebfliegenlarve hat auf der Unterseite eines Lindenblatts eine Larve der Lindenzierlaus *(Eucallipterus tiliae)* ertastet und saugt sie aus.

Eine Schwebfliegenlarve verköstigt sich in einer Blattlauskolonie.

Obwohl Blattläuse normalerweise von den Ameisen gegen Feinde geschützt werden, bleibt diese Schwebfliegenlarve unbehelligt.

Die Raubfliege *Choerades fuliginosa* saugt einen gefangenen Grünrüssler (*Phyllobius* sp.) aus.

Neben den Schwebfliegen gibt es noch einige weitere räuberische Fliegengruppen. So sieht man öfters grosse Raubfliegen (*Laphria* spp.) an Baumstämmen oder -strünken sitzen, wo sie auf ein vorbeifliegendes Beuteinsekt warten. Ihr Kopf ist sehr beweglich und mit ihren grossen Augen verfolgen sie aufmerksam mögliche Beutetiere oder potenzielle Feinde. Die Beute wird im Flug mit den Vorderbeinen gepackt und nach der Landung angestochen und ausgesaugt. Raubfliegen vermögen auch gut gepanzerte Käfer zu überwältigen und mit ihrem kurzen, festen Stechrüssel anzustechen. Gewisse Raubfliegenlarven erbeuten unter der Rinde Larven von holzfressenden Pracht- und Bockkäfern.

Die Larven der Hornfliegen (Sciomyzidae) leben räuberisch oder parasitisch von Schnecken, teilweise auch in Gewässern. Eine typische Vertreterin in Wäldern und an eher

Die Gebänderte Waldschwebfliege (*Volucella inanis*) entwickelt sich als Larve in den Nestern von Hornissen und Wespen. Ihre Larven saugen dort an Larven der Wespenbrut.

schattigen Waldrändern ist die Melierte Schneckenfliege *(Coremacera marginata)*, die adult von Nektar lebt. Weitere räuberische Fliegen werden bei den natürlichen Feinden von Borkenkäfern (Kapitel 9.2) behandelt.

Netzflügler

Die Netzflügler (Neuroptera) leben mindestens als Larven räuberisch, unter anderem von Staub- und Blattläusen, Milben und Käferlarven. Die meisten Arten sind typische Waldbewohner, die oft an bestimmte Baum- oder Straucharten gebunden sind. Zu den häufigsten und wichtigsten Netzflüglern gehören die Florfliegen (Chrysopidae), die trotz ihres Namens nichts mit den eigentlichen Fliegen zu

^
Eine Raubfliege der Gattung *Machimus* mit erbeuteter Honigbiene.

Die Larven der apart gezeichneten Melierten Schneckenfliege *(Coremacera marginata)* leben räuberisch von Schnecken.
v

^
Mit den sichelförmigen Zangen injizieren die Larven der Florfliegen (Bild links: *Peyerimhoffina gracilis*) ein Verdauungsenzym in die Blattlauskörper und saugen diese anschliessend aus. Die Grüne Florfliege (*Chrysopa perla;* Bild rechts) – eine andere Florfliegenart – überwintert als adultes Insekt an einem geschützten Ort und fliegt im Frühling beim Austrieb der Bäume wieder aus.

tun haben. Die *Chrysopa*-Arten kommen in fast allen Lebensräumen vor und leben als Larven wie auch als erwachsene Tiere von Milben und Insekten, vor allem Blattläusen, nehmen aber auch Pollen und Nektar zu sich. In der Landwirtschaft spielt vor allem *Chrysoperla carnea s.l.* eine wichtige Rolle als Blattlausvertilger und wird für die biologische Bekämpfung von Schadinsekten eingesetzt. Im Labor verzehrt ein Larve während ihrer Entwicklung rund 400 Blattläuse oder 12 000 Spinnmilbeneier (Wachmann und Saure 1997). Im Herbst ändert sie ihre Farbe von Grün auf Braun, um nach der Überwinterung im Frühling wieder die ursprüngliche grüne Farbe anzunehmen. Florfliegen der Gattungen *Nineta* und *Nothochrysa* sind weitere typische Waldbewohner. Sie leben als Adulttiere vor allem von Honigtau. *Nothochrysa* hält sich vor allem im Kronenraum auf und wird deshalb wenig beachtet. Wie die Marienkäfer und Schwebfliegen werden auch die Florfliegen vom Honigtau der Blattläuse angelockt. Sie legen in der

Durch die langen Stiele sind die Eier der Florfliege *Chrysopa pallens* gut vor Fressfeinden und kannibalistischen Geschwistern geschützt. >

Die Larve von *Hemerobius humulinus*, eines Blattlauslöwen, hat eine Blattlaus gepackt und saugt diese aus (links). Ein anderer Blattlauslöwe ist *Drepanepteryx phalaenoides* (rechts). Seine Flügeladerung ist eine perfekte Imitation eines dürren Laubblatts. Fliegt diese Tarnung auf, lässt sich das Tier fallen und sieht mit eingezogenen Beinen auf dem Boden wie eine Buchecker aus.

Nähe der Blattlaus-Kolonien ihre Eier ab, die als Besonderheit auf Stielen sitzen. So sind sie vor Fressfeinden – zum Beispiel Ameisen – geschützt. Die frisch geschlüpften Larven tasten sich zu den Blattläusen vor, stechen diese mit ihren dolchartigen Mandibeln an und saugen sie aus. Die leeren Blattlaushüllen packen sich einige Arten zur Tarnung auf den Rücken.

Unter den Netzflüglern gibt es neben den Ameisenlöwen (Myrmeleontidae) mit ihren bekannten Sandtrichtern und den unscheinbaren Staubhaften (Coniopterygidae) die noch typischeren Waldarten aus der Familie der Blattlauslöwen (Hemerobiidae). Wie der Name sagt, fressen sowohl Adulttiere als auch Larven bevorzugt Blatt- und Schildläuse. Mit mehr als 30 Millimetern Flügelspannweite ist *Drepanepteryx phalaenoides* der grösste Vertreter dieser Familie. Als Larve hält er sich auf Laubbäumen und Sträuchern auf, als Adulttier gerne in lichten Laubwäldern. Andere Arten sind ausschliesslich an Nadelholz gebunden, während der häufige *Hemerobius humulinus* keinen Waldtyp bevorzugt und auch in Gärten und Pärken anzutreffen ist.

Die mit den Netzflüglern nahe verwandten Kamelhalsfliegen werden bei den natürlichen Feinden von Borkenkäfern (Kapitel 9.2) behandelt.

Weitere räuberische Insekten

Neben den bereits erwähnten und anderen, nicht waldtypischen Ordnungen wie den Libellen, gibt es auch eher ungewohnte Räuber: Dem Laien wenig bekannt ist die Tatsache, dass viele Heuschrecken mindestens teilweise fleischfressend sind. Das Grüne Heupferd *(Tettigonia viridissima)* zum Beispiel frisst andere Heuschrecken und Fliegen, die Gewöhnliche Strauchschrecke *(Pholidoptera griseoaptera)* lebt als junge Larve vegetarisch, bevor sie später zu einer gemischt pflanzlich/tierischen Kost übergeht, und die Gemeine

Die räuberische Südliche Eichenschrecke *(Meconema meridionale)* hat sich in den letzten Jahren vom Mittelmeerraum nach Norden ausgebreitet. Auf der Alpensüdseite ist sie in lichten Wäldern und an Waldrändern zu finden, auf der Alpennordseite im milderen Klima von Siedlungsgebieten.

Eichenschrecke *(Meconema thalassinum)* lebt von kleinen Insekten wie Blattläusen, Fliegen und Raupen. Alle drei erwähnten Arten kommen vor allem an Waldrändern und in lichten Wäldern, aber auch in Parkanlagen und Gärten vor.

Ohrwürmer ernähren sich im Allgemeinen von Pflanzen, einige Arten zusätzlich auch von Insekten. Der Gemeine Ohrwurm *(Forficula auricularia)* ist ein Kulturfolger und kommt in verschiedenen Lebensräumen vor. Neben Pflanzenmaterial frisst er auch Blatt- und Schildläuse oder Schmetterlingsraupen. Er ist nachtaktiv und verbirgt sich tagsüber unter feuchtem Laub oder in Ritzen. Das Weibchen legt seine Brut unterirdisch an, pflegt und schützt die Eier und füttert sogar die Larven. Eine solche Brutpflege ist bei Insekten sehr selten.

Auch unter den Schmetterlingen gibt es als grosse Ausnahme einige Arten mit räuberischen Raupen. Bei den Bläulingen leben die Raupen der allerdings kaum im Wald vorkommenden Gattung *Phengaris* (= *Maculinea*) räuberisch in Ameisenhaufen von *Myrmica*-Arten. Bei den Nachtfaltern gibt es die Satellit-Wintereule *(Eupsilia transversa)*, deren Raupen sich unter anderem von Blattläusen auf Laubbäumen ernähren. Interessant ist die Lebensweise der Hummelmotte *(Aphomia sociella)* aus der Familie der Zünsler (Pyralidae). Das Weibchen legt einige Hundert Eier an einem Hummel- oder Wespennest ab. Die geschlüpften Raupen ernähren sich von Abfallstoffen im Nest, aber auch von Hummel- oder Wespenlarven. Sie überziehen dazu immer grössere Teile des Nestes mit einem Gespinst,

Der Gemeine Ohrwurm *(Forficula auricularia)* ernährt sich von pflanzlichem und tierischem Substrat, unter anderem auch von Blattläusen.

um so geschützt vor den wehrhaften Arbeiterinnen die Brut zu fressen. Meist wird dabei das ganze Nest zerstört.

8.2 Räuberische Spinnen und Milben

Im Gegensatz zu den Insekten ist bei den Spinnen der Körper nur in einen Vorder- (Prosoma) und einen Hinterkörper (Opisthosoma) aufgeteilt, ihnen fehlt der mittlere Brustabschnitt der Insekten mit den Flügeln und den drei Beinpaaren. Spinnen besitzen vier Beinpaare, die sich am Prosoma befinden. Sie haben auch keine Fühler wie die Insekten und nur kleine, einfache Punktaugen. Spinnen können mit ihren verschiedenen Spinndrüsen

Ein Falter der Hummelmotte *(Aphomia sociella)* und Kokongespinste, in denen ihre Raupen überwintern und sich anschliessend verpuppen.

‹ Die kunstvoll fabrizierten Radnetze halten nur wenige Tage und müssen danach neu hergestellt werden. Gegenlicht oder Tau machen sie besonders schön sichtbar.

unterschiedliche Seidenfäden produzieren: Kleb- und Strukturfaden für das Netz, Faden für das Einwickeln der Beute, Faden für die Herstellung des Eikokons, oder den Luftfaden für das «ballooning» oder «Luftschiffen», wie das Sich-verfrachten-Lassen durch den Wind genannt wird.

Der Lebensraum Wald ist äusserst reich an verschiedensten Spinnenarten. Sie gehören zu den bedeutendsten Feinden von Insekten. Spinnen haben verschiedene Beutefang-Strategien. Die meisten fangen ihre Beute mit Radnetzen, Trichtern oder unregelmässig gebauten Fangeinrichtungen aus Seidenfäden. Andere pirschen sich an ihre Beutetiere heran oder lauern ihnen auf und überfallen sie, wenn sie nahe genug sind. Sie haben aber keine kauenden Mandibeln, um Stücke aus ihrer Beute herauszubeissen. Stattdessen besitzen sie lange Kieferklauen (Cheliceren), mit denen sie der Beute ein lähmendes oder tödliches Gift einspritzen – sei es vor oder nachdem sie die Beute mit Seidenfäden eingewickelt haben. Dann werden Verdauungssäfte injiziert oder auf die Oberfläche gespuckt, die den Körperinhalt verflüssigen. Schliesslich saugt die Spinne den ganzen Körperinhalt des erbeuteten Tieres auf. Spinnen besitzen also eine ähnliche extraintestinale Verdauung wie die Laufkäfer oder Wanzen.

Sogar räuberische Arten wie diese wehrhafte Wespe fallen der Gartenkreuzspinne *(Araneus diadematus)* zum Opfer. In der Bildmitte ist eine Chelicere der Spinne sichtbar. ›

^
Enoplognatha ovata ist eine häufige Kugelspinne an Waldrändern, wo sie in ihrem zwischen Zweigen oder Halmen aufgespannten Netz auch grosse, wehrhafte Insekten fängt.

Das Beutespektrum europäischer Radnetzspinnen (Araneidae) besteht zu 60 bis 80 Prozent aus Zweiflüglern (Fliegen und Mücken), daneben auch aus Blattläusen und Hautflüglern (Nentwig 1985). Bodennetzbauende oder jagende Spinnen erbeuten am Boden lebende Arten. Die bekannteste Spinne, die in fast allen Lebensräumen vorkommende Gartenkreuzspinne *(Araneus diadematus)*, fängt auch grössere und wehrhafte Beute wie Bienen und Wespen.

Baldachinspinnen (Linyphiidae) konstruieren keine gleichmässigen Radnetze, sondern unregelmässige Spinnfädengeflechte. Sie sind mit über 400 Arten die artenreichste Spinnenfamilie. Sie konstruieren als Fangnetz meist horizontal ausgerichtete Teppiche (Baldachine). Darüber angebrachte Stolperfäden

Mit Gift immobilisierte Beute wird in Seide eingepackt als Lebendvorrat aufgehoben.
v

^
Eine Kürbisspinne *(Araniella cucurbitina)* hat mithilfe eines zwischen Eichenblättern aufgespannten, einfachen Netzes eine Fliege gefangen.

bringen anfliegende Beutetiere ins Taumeln und zum Abstürzen, sodass diese auf das darunterliegende Geflecht fallen. Die unter dem Netz wartende Spinne lähmt dann die Beute mit einem Biss durch den Baldachin hindurch.

Springspinnen (Salticidae) oder Krabbenspinnen (Thomisidae) lauern ihrer Beute auf und überfallen sie. Eine häufige, sehr unterschiedlich gefärbte Vertreterin ist die Veränderliche Krabbenspinne *(Misumena vatia)*. Das Weibchen kann seine Färbung dem Untergrund anpassen: Sitzt es auf einer gelben Blüte, ist sein Körper gelb. Wechselt das Tier jedoch auf eine weisse Blüte, verlagert sich der gelbe Farbstoff innerhalb von Stunden ins Innere des Körpers und die Spinne wird weiss. Zwischen diesen Farben gibt es viele Übergangsformen.

Ebenfalls zu den Spinnentieren zählen die Milben, von denen ein Teil räuberisch lebt und andere Tiere aussaugt. Eine für Milben riesige Art (vier Millimeter) ist die Rote Samtmilbe *(Trombidium holosericeum)*, die am Boden Insekteneier und andere kleine Beute sucht und mit ihrem Rüssel ansticht. Die Larven dieser Art leben parasitisch an Insekten (siehe Kapitel 8.4).

^
Eine Baldachinspinne *(Neriene radiata)* in Wartestellung unter dem Netz (links). Im rechten Bild sind die über dem Baldachin gelegenen Stolperfäden einer Baldachinspinne deutlich sichtbar.

Eine schön gezeichnete Farbvariante der Veränderlichen Krabbenspinne *(Misumena vatia)* wartet am Blattrand auf Beute.
v

Die Weibchen der Wolfsspinnen tragen ihren Eikokon angesponnen mit sich herum (links: *Pardosa lugubris*). Nach dem Schlüpfen verweilen die Jungspinnen noch eine Zeit lang auf dem Rücken des Muttertieres (rechts: *Pardosa amentata*).

Eine entsprechend der Blütenfarbe weiss gefärbte Veränderliche Krabbenspinne hat sich mit einer gefangenen Fliege auf die Blütenunterseite zurückgezogen, um dort ihre Beute auszusaugen.

Die Rindenspringspinne *(Marpissa muscosa)* baut kein Netz, sondern pirscht sich an ihre Beute heran und überfällt sie im Sprung. Sie kann aber auch Fäden spinnen, zum Beispiel als Sicherungsfaden vor dem Sprung.

Ein Laufkäfer ist in die Fäden der Kugelspinne *Enoplognatha ovata* geraten.

Die Rote Samtmilbe *(Trombidium holosericeum)* ist weit verbreitet und saugt zum Beispiel Insekteneier aus.

8.3 Parasitoide

Schon früh war das Phänomen der Parasitierung durch «Ichneumonen» (Schlupfwespen im weitesten Sinn) bekannt. Allerdings war der berühmte deutsche Entomologe Julius T.C. Ratzeburg (1844) der Meinung, dass nur bereits kranke und damit sowieso dem Tod geweihte Insekten von «Ichneumonen» befallen würden. Diese seien daher nur beschränkt nützlich, indem sie unter anderem die «Säfte (der kranken Larven), welche nahe daran sind, die Luft mit Ausdünstung und Gestank zu verpesten», in «lebende, gesunde, thierische Massen» überführten. Er erkannte aber auch, dass hohe Parasitierungsraten bei schädlichen Waldinsekten (Raupen, Borkenkäfer) auf das bevorstehende Ende einer Massenvermehrung schliessen liessen. Heute ist die wichtige Rolle von Parasitoiden – zusammen mit den räuberischen Akteuren – bei der Regulation von pflanzenfressenden Insekten unbestritten (vergleiche Kapitel 9.6).

Bei den Parasitoiden leben nur die Larven parasitisch, die Adulttiere ernähren sich zum Beispiel von Honigtau oder Pollen. Das Weibchen legt in oder auf den Körper des Wirts ein Ei. Daraus schlüpft eine Larve, die sich danach vom Wirt ernährt. Je nachdem, ob die Larve im Innern oder an der Körperoberfläche des Wirts frisst, spricht man von Endo- oder Ektoparasitoiden. Weiter unterscheidet man die einmalige Parasitierung eines Wirts durch einen Parasitoiden, den Superparasitismus (mehrmalige Parasitierung durch dieselbe Art), den Multiparasitismus (mehrmalige Parasitierung durch verschiedene Arten) und den Hyperparasitismus (Parasitierung eines Parasitoiden). Da ein Wirt während einer längeren Zeit als Nahrung dienen muss, wird er bei der Parasitierung (der Eiablage) nicht getötet. Das parasitierte Tier lebt vorerst scheinbar noch unbehelligt weiter und wird nur allmählich verzehrt (koinobionte Parasitoide). Zuerst werden Haemolymphe (Körperflüssigkeit) und weniger wichtige Gewebe wie Fettkörper konsumiert und erst gegen Schluss auch die wichtigen Organe. Eine erfolgreiche Parasitierung führt aber letztlich unweigerlich zum Tod des Wirts.

Die Wirtslarven sind ihren Feinden nicht völlig schutzlos ausgeliefert. Befällt ein Schmarotzer einen Wirt ausserhalb seines üblichen Spektrums, werden Ei oder Larve durch Abwehrzellen des Wirts häufig eingekapselt und getötet. Wenn sich hingegen eine parasitische Art gemeinsam mit einem Wirt entwi-

Weibchen einer Riesenschlupfwespe *(Rhyssa persuasoria)* an einem Fichtenstamm. Deutlich sichtbar ist der lange Legestachel, der für die Parasitierung von tief im Holz lebenden Wirten nötig ist. ›

ckelt hat (Koevolution), wird diese Immunreaktion des Wirts zum Beispiel durch Viren, die bei der Eiablage durch den Parasitoiden mitinjiziert werden, unterdrückt (Vinson 1990).

Bei zahlreichen Arten vollziehen die Adulttiere ein sogenanntes «Host Feeding», das heisst, sie stechen einen Wirt mit dem Ovipositor an und lecken den austretenden Körpersaft auf, ohne aber ein Ei abzulegen.

Parasitoide Insekten sind in Wäldern besonders häufig, da Pflanzen mit komplexer Architektur wie Bäume und Sträucher mehr Arten beherbergen als krautige Pflanzen oder Gräser. Dadurch ist auch das Angebot von Wirtstieren vielfältiger.

Schlupfwespen

Zu den Schlupfwespen im weitesten Sinn zählen zahlreiche Hautflügler wie die Echten Schlupfwespen, Brackwespen, Zehrwespen oder Erzwespen. Parasitische Wespen machen weltweit fast ein Zehntel aller Insekten aus. Allein von den Brackwespen gibt es in Europa über 5000 Arten. Angepasst an die Körpergrösse ihrer Wirte, schwankt die Grösse der parasitischen Wespen von wenigen Zehntelmillimetern bis zu einigen Zentimetern.

Einige der auffälligsten und grössten Schlupfwespen parasitieren holzbewohnende Insekten, vor allem Larven von Bock- und

Eine Riesenschlupfwespe beim Parasitieren einer im Holz verborgenen Holzwespenlarve. Während des Bohrvorgangs wird die Legescheide langsam als Schlaufe zurückgeklappt und nur der eigentliche Bohrstachel dringt ins Holz ein (a bis c). Am Schluss steckt der Stachel bis zum Anschlag im Holz und die Legescheide ist nach hinten ausgestreckt (d).

^
Die Schlupfwespe *Dolichomitus mesocentrus* auf der Suche nach einer Bockkäferlarve an einem stehenden Baum: Betrillern der Holzoberfläche mit den Fühlern (a), Ansetzen des Legestachels exakt zwischen den Fühlerspitzen (b), Beginn des Einbohrvorgangs (c). Die Legescheide dient anfänglich noch der Führung des dünnen Legestachels und wird nachher nach hinten weggeklappt. Der eigentliche Legestachel ist im rechten unteren Bild als dünner Stift sichtbar, der entlang dem Körper zum Holz verläuft.

Prachtkäfern sowie Holzwespen. Die mit bis vier Zentimeter Körperlänge (ohne Stachel) grösste Art, die Riesenschlupfwespe *(Rhyssa persuasoria)*, ist spezialisiert auf die Parasitierung von Holzwespenlarven, die sich im Holz von frisch abgestorbenem Nadelholz entwickeln. Sie lässt sich bei der Suche nach den tief im Holz fressenden Holzwespenlarven vor allem durch Geruchsstoffe leiten, die vom Larvenkot und den symbiotischen Pilzen

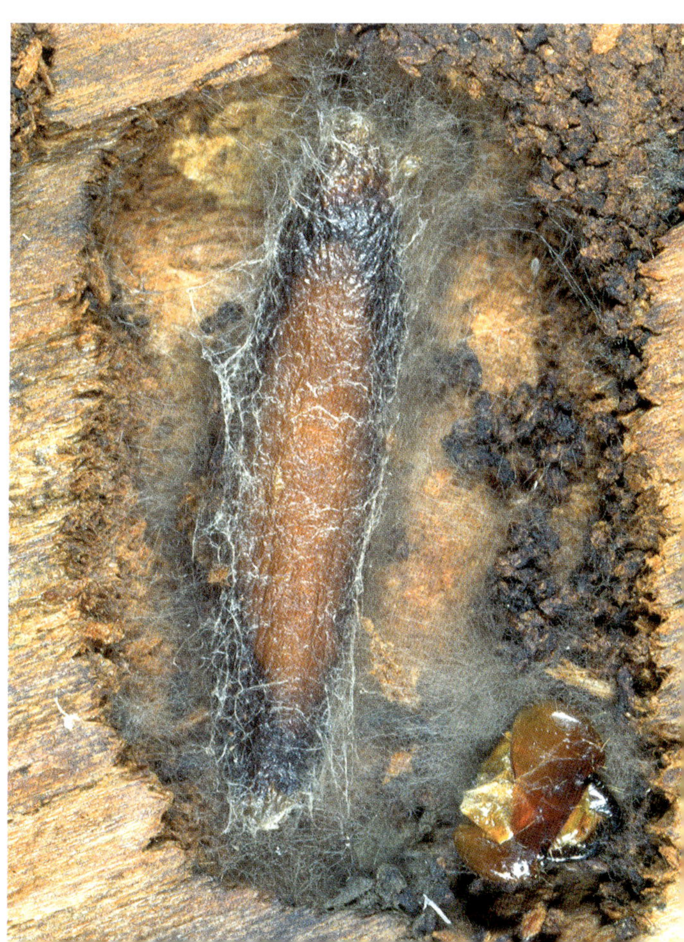

Eine Schlupfwespenpuppe und die übrig gebliebene Kopfkapsel ihres Wirts, einer Bockkäferlarve (rechts unten). >

ausgehen (Spradbery 1977). Mit Sinneszellen an ihren langen Fühlern und an der Spitze des Legestachels lokalisiert sie auf der Oberfläche des Holzes den Aufenthaltsort der Larve. Wird sie fündig, treibt sie ihren bis zu fünf Zentimeter langen Eiablagestachel ins Holz und vermag so Larven bis Legestachel-Länge im Holz zu erreichen. Aus den an den Holzwespenlarven abgelegten Eiern schlüpfen die Parasitoidenlarven und beginnen, ihren Wirt langsam zu verzehren. Nach einem Jahr schlüpfen die adulten Wespen und nagen sich ihren Weg durchs Holz ins Freie.

Typische Parasitoide von Bockkäfern sind die *Dolichomitus*-Arten. Sie finden und parasitieren den Wirt auf ähnliche Weise wie die Riesenschlupfwespe. Weitere Parasitoide von holzbewohnenden Insekten sind bei den Gegenspielern von Borkenkäfern (Kapitel 9.3) aufgeführt.

Neben den grossen, parasitischen Wespen bei den Holzinsekten stellt eine Vielzahl kleiner, unscheinbarer Arten aus verschiedenen parasitischen Wespenfamilien den blatt- und nadelfressenden Raupen von Schmetterlingen und Blattwespen nach. Bei einer Massenvermehrung von Schädlingen spielen diese Schlupfwespen eine wichtige Rolle bei der Regulation der Raupenpopulationen. Die Schlupfwespe *Phobocampe unicincta*

Auch verschiedene Brackwespenarten (hier *Atanycolus genalis*) parasitieren Bockkäferlarven.

Diese vermutlich von Brackwespenlarven parasitierte Spannerraupe hat sich an einem Seidenfaden abgeseilt. Aus dem noch lebenden, frei hängenden Körper bohren sich die Larven aus und verpuppen sich unmittelbar auf der Körperoberfläche.

Parasitische Brackwespenlarven haben eine Schwammspinnerraupe *(Lymantria dispar)* verlassen und sich daneben in weissen Kokons verpuppt. Daraus schlüpfen schliesslich die adulten Wespen *(Protapanteles porthetriae)*.

Eine Schlupfwespe *(Eridolius hofferi)* lauert bei einer Kolonie der Breitfüssigen Birkenblattwespe *(Craesus septentrionalis)* auf die Möglichkeit, eine Raupe zu parasitieren. Durch die Schreckstellung der Raupen und das rhythmische Schnippen ihrer Hinterkörper wird sie immer wieder abgeschreckt.

^
Von unbekannten ektoparasitischen Wespenlarven befallene Schwärmerraupe.

Dieses Eigelege einer Bremse wurde praktisch vollständig von Vertretern der Familie Scelionidae parasitiert. Die winzigen Wespen schlüpfen eben aus.
v

(= *P. disparis*) und verschiedene Brackwespen (Gattung *Protapanteles*) sind typische Parasitoide von Schwammspinnerraupen. Sie können allerdings ihrerseits in hohem Masse von Hyperparasitoiden parasitiert sein. Weitere wichtige, parasitoide Gegenspieler von blattfressenden Schadinsekten finden sich in der Gattung *Bracon* und bei den Zehrwespen.

Auch kleine Insekteneier sind nicht vor den winzigen parasitischen Erzwespen von wenigen Zehntelmillimetern Grösse sicher. Diese Wespen gehören zu den kleinsten Insekten überhaupt. Die Wespe *Anastatus japonicus* beispielsweise legt ihre Eier in diejenigen des Schwammspinners. Im parasitierten Ei findet anschliessend die ganze Wespenentwicklung von der Larve bis zum Adulttier statt.

Nicht verwandt mit den eigentlichen parasitischen Schlupfwespen (Terebrantes) sind die Wegwespen (Pompilidae). Diese Spinnenspezialisten lähmen ihre Wirtstiere mit einem Stich (Idiobionten) und deponieren diese einzeln – mit je einem Ei versehen – in einem Versteck. Einige wenige Wegwespen-Arten (*Dipogon* spp.) legen Nester mit mehreren

^
Goldwespen (*Chrysis* sp.) entwickeln sich parasitisch in Nestern von Wildbienen.

Zellen hintereinander an und versorgen die Eier mit je einer gelähmten Krabbenspinne.

Die farbigen, metallisch glänzenden Goldwespen (Chrysididae) schmarotzen in Nestern von Solitärbienen und verschiedenen Wespen. Sie legen ihre Eier in frisch angelegte Brutzellen ihrer Wirte. Die schlüpfenden Larven ernähren sich von den Wirtslarven und den angelegten Vorräten.

Parasitische Fliegen

Neben den räuberischen gibt es auch parasitische Fliegen. Im Gegensatz zu den Schlupfwespen besitzen die Weibchen parasitischer Fliegen keinen Legestachel. Sie deponieren die Eier auf der Körperoberfläche des Wirts. Meist dringen aber die Larven nach dem Schlüpfen ins Körperinnere des Wirtes ein und entwickeln sich endoparasitisch. Interessant ist, wie die in der Hämolymphe des Wirts lebenden Larven zu Sauerstoff kommen: Sie docken mit ihren Atemöffnungen (Stigmen) an einem Stigma oder einem grossen

Ein *Dipogon*-Weibchen hat als eine der wenigen im Wald lebenden Wegwespenarten ihre Larven mit Krabbenspinnen *(Diaea dorsata)* versorgt. Die parasitischen Larven sind am Hinterleib der beiden Spinnen gut sichtbar. >

‹ Aus dem Kokon einer parasitierten Puppe des Kleinen Nachtpfauenauges *(Saturnia pavonia)* schlüpfen statt des Falters mehrere Raupenfliegen *(Exorista grandis)*.

Raupe des Kleinen Nachtpfauenauges mit weissen Eiern der Raupenfliege *Exorista grandis* (vorne rechts und Mitte oben).
⌄

‹ Raupenfliegen haben oft ein stark beborstetes Hinterleibsende. Diese Fliege *(Leskia aurea)* schlüpfte aus einem Wespen-Glasflügler *(Synanthedon vespiformis)*.

Tracheenast des Wirts an oder benutzen das Einbohrloch im Wirtskörper.

Die für die Regulation von potenziellen Schadorganismen im Wald wichtigste Fliegengruppe ist diejenige der Raupenfliegen (Tachinidae), auch Schmarotzerfliegen oder Tachinen genannt. Die Larven dieser Endoparasiten entwickeln sich meist in Schmetterlingsraupen, aber auch in anderen Insekten, während sich die adulten Fliegen von Nektar und Honigtau ernähren. In Europa gibt es gegen 900 Arten von Raupenfliegen. Einige davon wie *Compsilura concinnata* sind extrem polyphag und können sich in über 100 verschiedenen Wirtsarten entwickeln. Andere parasitieren nur ganz wenige, nah verwandte Arten.

Einige Raupenfliegen wie die Igelfliege *(Tachina fera)* parasitieren grössere Schmetterlingsraupen. Wirte dieser in lichten Wäldern und an Waldrändern vorkommenden Art sind vor allem Eulen (Noctuidae), Glucken (Lasiocampidae) und Trägspinner (Lymantriinae), also Schmetterlingsgruppen mit für die Waldwirtschaft potenziell bedeutenden Schädlingen. Wichtige Parasitoide des schon erwähnten Schwammspinners sind *Blepharipa pratensis* und *Parasetigena silvestris*. Deren Weibchen können Tausende von Eiern legen. Die geschlüpften Larven dringen in die Raupenkörper ein und fressen sie von innen her auf. Die durch diese beiden Arten verursachte Mortalität der Schwammspinnerraupen kann über 50 Prozent betragen (Hoch *et al.* 2001). Allein *P. silvestris* kann mehr als zwei Drittel der Gesamtparasitierung verursachen (Bogenschütz und Kammerer 1995). Wie

^
Die Raupenfliege *Cylindromyia brassicaria* entwickelt sich endoparasitisch in Baumwanzen.

Entwicklung der Raupenfliege *Blepharipa schineri* in einer Schwammspinnerraupe: Das Fliegen-Ei wird auf der Oberfläche der Raupe abgelegt (a), die daraus geschlüpfte Larve entwickelt sich anschliessend endoparasitisch im Raupenkörper. Am Ende der Larvenentwicklung verlässt sie den nun geschrumpften Wirt (b) und verpuppt sich in der Bodenstreu (c). Nach der Überwinterung schlüpft im nächsten Frühling die Fliege (d).
v

a

c

Eine parasitische Tachine *(Carcelia lucorum)* hat die Raupe eines Braunen Bären *(Arctia caja)* verlassen und sich daneben verpuppt. Rechts die geschlüpfte adulte Raupenfliege.

Der Trauerschweber *Hemipenthes maura* parasitiert Puppen von Raupenfliegen, die sich ihrerseits parasitisch in Schmetterlingsraupen entwickeln.

die Puppenräuber (siehe Kapitel 8.1) wurden diese Raupenfliegen zur Schwammspinner-Bekämpfung in die USA exportiert.

Ein Vertreter einer anderen Fliegenfamilie (Bombyliidae) zeigt ein klassisches Beispiel von Hyperparasitismus: Der Trauerschweber *Hemipenthes maura* parasitiert die Puppen einiger der oben erwähnten parasitischen Raupenfliegen. Ein solcher Hyperparasitismus kann sich negativ auf die Regulationsfähigkeit von Raupenfliegen bei Massenvermehrungen von schädlichen Schmetterlingsraupen auswirken.

8.4 Echte Parasiten

Die echten Parasiten sind immer deutlich kleiner als ihre Wirte, wie zum Beispiel die Tierläuse an Wirbeltieren oder die Milben an Schmetterlingen oder Käfern. Parasiten töten ihren Wirt im Normalfall nicht ab, schwächen ihn aber und machen ihn damit anfällig für

^
Zecken *(Ixodes ricinus)* zwischen den Borsten eines zusammengerollten Igels (oberhalb der Schnauze). Das Körpergewicht einer Zecke nimmt beim Saugen um bis das 200-Fache zu.

Ein ausgewachsenes Zeckenweibchen lauert an einem Blattrand auf ein Säugetier.
v

Dreimal parasitische Larven der Roten Samtmilbe *(Trombidium holosericeum)*: an einem Rüsselkäfer *(Otiorhynchus apenninus)*, an einem Schmetterling *(Melanargia galathea)* und an einem Weberknecht *(Phalangium opilio)*.

Die eingeschleppte Varroamilbe *(Varroa destructor)* saugt an adulten Bienen und deren Brut.

Einige Gnitzen saugen nicht an Warmblütern, sondern an anderen Insekten, wie hier *Forcipomyia eques* an den Flügeladern einer Florfliege *(Chrysopa perla)*. Sie benötigt die Wirts-Hämolymphe für die eigene Eireifung.

Krankheiten. Im Allgemeinen leben bei den Parasiten sowohl Larven als auch adulte Tiere parasitisch.

Während sich räuberische Milben durchaus auf die Populationsdynamik ihrer Beutetiere auswirken können (z. B. bei Borkenkäfern), spielen parasitische Milbenarten bei der Regulation ihrer Wirte eine untergeordnete Rolle. Diese roten oder blassen Spinnentiere sieht man häufig an Tagfaltern, Käfern, Heuschrecken oder Weberknechten. Die bekanntesten Milben sind einerseits die Varroamilbe, die in Honigbienenvölkern grosse Schäden anrichtet. Ebenfalls berüchtigt ist der Holzbock *(Ixodes ricinus)*, eine zu den Milben gehörende Zecke, die nicht nur Tiere, sondern auch den Menschen befällt und schwere Krankheiten wie Hirnhautentzündung oder Borreliose übertragen kann (siehe Kapitel 15.1).

Auffällig sind die Larven der Roten Samtmilbe *(Trombidium holosericeum)*, die sich an verschiedenste Insekten heften und an ihnen saugen. Ihre Nymphen und die adulten Tiere leben aber räuberisch (siehe Kapitel 8.2).

Unter den Insekten leben die Tierläuse und Flöhe blutsaugend auf Säugetieren und Vögeln und sind häufig auf bestimmte Wirtsarten spezialisiert. Die Eier der Tierläuse werden als Nissen bezeichnet – bekannt von den Kopfläusen des Menschen. Fächerflügler (Strepsiptera) leben endoparasitisch im Hinterleib von Zikaden, Wespen und Bienen. Man spricht von stylopisierten Bienen, wenn sie von *Stylops melittae* oder anderen Fächerflüglern befallen sind. Ein Befall ist gut daran erkenntlich, dass der vordere Körperteil des Parasiten zwischen den Segmenten des Wirts herausragt.

Bei den Zweiflüglern (Diptera) leben beispielsweise die flach abgeplatteten Lausfliegen (Hippoboscidae) als Ektoparasiten vom Blut von Säugern und Vögeln. Sie halten sich mit den kräftigen Krallen in deren Fell oder an den Federn fest. Flügellose Arten werden durch Körperkontakt übertragen. Die Larvenentwicklung erfolgt im Mutterleib der Fliege (Viviparie). Eine häufige Art in Wäldern ist die Hirschlausfliege *(Lipoptena cervi)*. Sie befällt Wildtiere wie Reh und Hirsch, aber auch Wildschwein oder Dachs und saugt sich an ihrer Haut fest. Nach dem Festsetzen auf einem Wirt werfen die Hirschlausfliegen die nun überflüssigen Flügel ab. Gelegentlich werden auch Menschen angeflogen und gestochen.

Eine weitere Kategorie bilden die meist an Warmblütern blutsaugenden Fliegen und Mücken. Hier wird das Blut nicht für die Larvenentwicklung benötigt, sondern dient als Proteinquelle für die Eiproduktion der Weibchen. Zu dieser Gruppe gehören bekannte Plagegeister wie Stechmücken (Culicidae), Gnitzen (Ceratopogonidae), Kriebelmücken (Simuliidae) oder Bremsen (Tabanidae).

Einige Fliegenarten entwickeln sich parasitisch in Wunden von Wirbeltieren. Die Krötengoldfliege *(Lucilia bufonivora)* legt ihre Eier auf gesunde Kröten und Frösche ab. Die geschlüpften Larven dringen durch die Atemöffnungen in den Kopf des Tieres ein. Anders als bei den meisten Parasiten führt dieser Befall zum Tod des Wirts.

^
Eine Hirschlausfliege *(Lipoptena cervi)* wartet auf ein Wildtier. Rechts eine Hirschlausfliege mit bereits abgebrochenen Flügeln auf einem Menschenarm.

Gegenspieler von Borkenkäfern

9

Im letzten Kapitel wurden Räuber und Parasitoide von Insekten im Allgemeinen vorgestellt. Da Borkenkäfer sowohl in Europa als auch weltweit als die wichtigsten Schadorganismen in Nadelwäldern gelten (siehe Kapitel 14.3), werden hier deren natürliche Feinde gesondert vorgestellt.

Die Bedeutung von Spechten als Vertilgern von Borkenkäferbruten war schon im 19. Jahrhundert bekannt. Auch über die Lebensweise von Schlupfwespen war man schon früh im Bilde. Aber erst ab Mitte des 20. Jahrhunderts entstanden gezielte Untersuchungen zu räuberischen und parasitischen Insekten und Milben bezüglich ihrer Bedeutung bei der Regulation von Borkenkäferpopulationen. Mittlerweile sind in Europa rund 300 wirbellose Antagonisten von Borkenkäfern bekannt. Der aktuelle Kenntnisstand über die natürlichen Feinde von Borkenkäfern ist in Wegensteiner *et al.* (2015) zusammengefasst.

In diesem Kapitel liegt das Schwergewicht auf den Gegenspielern des in Europa wichtigsten Borkenkäfers, des Buchdruckers *(Ips*

Der Ameisenbuntkäfer *(Thanasimus formicarius)* ernährt sich sowohl als Larve als auch als erwachsener Käfer von Borkenkäfern. Hier hat er einen Buchdrucker *(Ips typographus)* erbeutet. >

typographus). Die gleichen oder nahe verwandte Antagonisten sind aber auch bei anderen nadel- und laubholzbewohnenden Borkenkäferarten anzutreffen.

9.1 Beute- und Wirtsfindung

Wie entdecken räuberische und parasitische Insekten von Borkenkäfern besiedelte Bäume? Wie finden Schlupfwespen auf der Rindenoberfläche die exakte Stelle, wo sie ihren Legestachel ansetzen müssen, um eine unter der Rinde verborgene Borkenkäferlarve zu parasitieren? Diese Orientierung erfolgt ausschliesslich auf chemisch-geruchliche Weise. Die räuberischen Insekten, vor allem Käfer und Fliegen, werden durch vom Baum produzierte Duftstoffe wie zum Beispiel Äthanol und α-Pinen wie auch durch Pheromone zu den befallenen Bäumen gelockt. Pheromone sind artspezifische Duftstoffe – Monoterpene wie cis-Verbenol oder Ipsdienol, die von den Borkenkäfern zum Anlocken ihrer Artgenossen produziert werden. Die Käfer produzieren vor allem zu Beginn der Besiedlung eines Baumes Aggregationspheromone, also Duftstoffe, die Artgenossen anlocken. Diese dienen gleichzeitig den Räubern als Kairomone – Duftstoffe, die auch Räuber anlocken. Dadurch treffen diese oft fast gleichzeitig mit den Borkenkäfern bei frisch befallenen Bäumen ein und legen dort ihre Eier ab. Den schlüpfenden Larven stehen schon von Anfang an Eier und junge Larven von Borkenkäfern als Nahrung zur Verfügung. Zu diesen primären Antagonisten gehören beispielsweise der Ameisenbuntkäfer oder die Langbeinfliegen.

Im Gegensatz dazu reagieren die meisten parasitischen Wespen bei ihrer Suche nach geeigneten Wirten nicht auf Pheromone, welche die Borkenkäfer nur während der Besiedlungsphase produzieren, sondern

Ein Ameisenbuntkäfer hat einen Buchdrucker erbeutet. Er dreht das Beutetier mit der Bauchseite zu sich, trennt den Körper zwischen Brust und Hinterleib auf und klappt Kopf und Brustteil nach hinten. Anschliessend werden zuerst die vorderen Teile und danach der Hinterleib ausgefressen. Es bleibt nur der leere Panzer zurück.

^
Die auffällige, rosarot gefärbte Larve des Ameisenbuntkäfers streift in den Gängen von Borkenkäfern umher und frisst deren Larven und Puppen.

auf flüchtige Substanzen (oxidierte Monoterpene), die in den Frassgängen der Borkenkäfer von Pilzen und Mikroorganismen hergestellt werden. Diese entwickeln sich im Abfall und Kot der Käfer. Dadurch treffen die Parasitoiden erst dann am befallenen Käferbaum ein, wenn ihre Wirte im richtigen Stadium für die Parasitierung sind, also vor allem ältere Larven oder Puppen. Im Gegensatz zu den Larvalparasitoiden müssen Adultparasitoide gleichzeitig wie ihre Wirte, also die adulten Borkenkäfer, eintreffen. Deshalb benutzen sie wie die Räuber die Borkenkäfer-Pheromone als Kairomone, um Bäume zu finden, wo die Käfer gerade anfliegen und sich einbohren.

Haben die Larvalparasitoiden erst einmal einen befallenen Baum entdeckt, müssen sie die genaue Stelle lokalisieren, wo sie ihren Legestachel ansetzen müssen, um eine darunterliegende Larve mit einem Ei zu belegen. Dazu nutzen sie höchstwahrscheinlich dieselben Duftstoffe wie für das Auffinden der befallenen Bäume, indem sie auf kleinste Unterschiede in deren Konzentrationen reagieren.

Innerhalb eines von Borkenkäfern befallenen Stammes ist die Verteilung von räuberischen und parasitischen Insekten unterschiedlich: Die räuberischen Käfer und Fliegen besiedeln vorzugsweise die unteren Stammabschnitte, während die Parasitoiden häufig durch die limitierte Länge ihres Legestachels auf die dünnere Rinde im oberen Stammbereich oder auf Äste beschränkt sind. Diese Aufteilung ist nicht strikt, verringert aber die Konkurrenz zwischen Räubern und Parasitoiden.

9.2 Räuber

Buntkäfer

Die auffälligste der fast 70 räuberischen Käferarten ist zweifellos der schwarz-rot-weiss gefärbte Ameisenbuntkäfer *(Thanasimus formicarius)* aus der Familie der Buntkäfer (Cleridae). Er ernährt sich sowohl als Larve als auch als adulter Käfer von verschiedenen Borkenkäferarten. Über 20 verschiedene Arten, vorwiegend auf Nadelbäumen, stehen dabei auf seinem Speiseplan (Gauss 1954). Der erwachsene Käfer überwältigt adulte Borkenkäfer, wenn diese auf der Rindenoberfläche landen, um sich einzubohren, oder solche, die eben aus der Rinde schlüpfen. Dabei reagiert der Räuber vor allem auf Bewegung. Er schneidet die Beute zwischen Brust und Hinterleib entzwei und frisst sich kopfüber in die beiden Körperhälften. Zurück bleibt nur der leere Panzer des Beutetieres. Adulte Ameisenbuntkäfer leben vier bis zehn Monate, was für Insekten ziemlich lange ist. Das Weibchen legt im Frühling und Sommer 100 bis 300 Eier in Rindenritzen ab. Die geschlüpften Larven dringen in die Borkenkäfergänge ein und fressen dort je nach ihrer Grösse Eier, Larven oder Puppen ihrer Beutetiere. Nach ein bis zwei Monaten verlassen sie zur Verpuppung die Borkenkäfergänge. Die meisten wandern auf der Rinde abwärts zur Stammbasis, wo sie sich in der äusseren Borke oder im Boden verpuppen. Die übrigen verpuppen sich in der Borke in der Nähe ihres Entwicklungsortes. Die Mehrheit der Käfer schlüpft noch im Herbst, ein Teil jedoch erst im nächsten Frühling. Während seiner Larvenzeit verzehrt ein Ameisenbuntkäfer etwa 50 Beutetiere (Mills 1985), als adulter Käfer mit bis zu fünf adulten Borkenkäfern pro Tag sogar ein Mehrfaches

Entwicklung des Ameisenbuntkäfers: Nach der Paarung (a) erfolgt die Eiablage in Rindenritzen. Die geschlüpfte Larve entwickelt sich in den Borkenkäfergängen. Am Ende der Entwicklung fertigt sie eine mit weissem Sekret ausgekleidete Puppenwiege (b), wo sie sich verpuppt (c). Nach ein bis zwei Monaten schlüpft der fertige Käfer (d).

davon. Dies macht Ameisenbuntkäfer zu sehr effektiven Vertilgern von Borkenkäfern. Unter den Buntkäfern gibt es noch andere räuberische Arten.

Weitere räuberische Käfer

Während die Familie der Jagdkäfer (Trogositidae) in Nordamerika mehrere wichtige Borkenkäferjäger aufweist, sind in Europa nur zwei räuberische Arten bekannt. Die häufigste ist *Nemozoma elongatum.* Sie wurde als Gegenspieler von 16 Borkenkäferarten, sowohl auf Nadel- als auch Laubbäumen, beschrieben. Besonders wichtig ist sie als Antagonist des Kleinen Buchenborkenkäfers *(Taphrorychus bicolor)* sowie des Kupferstechers *(Pityogenes chalcographus),* der sich in frischen Ernteresten von Nadelbäumen, aber auch in den Ästen geschwächter Jungbäume entwickelt. *Nemozoma elongatum* lässt sich auf der Suche nach Beutetieren vom Bohrmehl der Borkenkäfer auf der Rinde leiten. Der kleine Räuber vermag zwar auf der Rindenoberfläche keine Borkenkäfer zu erbeuten, er passt aber mit seinem langgestreckten Körper bestens in die Käfergänge und kann dort die eingebohrten Borkenkäfer erfolgreich packen und fressen. Seine Eier legt er

Borkenkäferräuber aus vier verschiedenen Käferfamilien: (a) der auch in der biologischen Bekämpfung eingesetzte Flache Rindenglanzkäfer (*Rhizophagus grandis;* Monotomidae); (b) der sowohl auf Nadel- wie auch Laubholz häufige Jagdkäfer *Nemozoma elongatum* (Trogositidae); (c) der mit seiner abgeflachten, schmalen Form gut in Borkenkäfergänge passende Kurzflügler *Nudobius lentus* (Staphylinidae); (d) der meist auf Eiche zu findende Vierfleckige Rennkäfer (*Dromius quadrimaculatus;* Carabidae).

meistens auf der Rinde rund um die Einbohrlöcher von Borkenkäfern ab. Die geschlüpften Larven dringen ins Brutsystem ein und fressen dort Larven, Puppen und Jungkäfer. Jede Larve dieses Jagdkäfers frisst während ihrer Entwicklung 30 bis 50 Borkenkäferlarven (Dippel 1996). Die Tiere überwintern im Larvenstadium.

Eine weitere Art aus der Familie der Jagdkäfer ist *Temnochila caerulea*, die vor allem in Südeuropa als Gegenspieler des Zwölfzähnigen Kieferborkenkäfers *(Ips sexdentatus)* bekannt ist.

Daneben gibt es zahlreiche Prädatoren aus 13 weiteren Käferfamilien, die sich räuberisch von Borkenkäfern ernähren. Von den nur wenige Millimeter grossen Rindenglanzkäfern (Monotomidae) sind in Europa zehn Arten als natürliche Feinde von Borkenkäfern bekannt, alle aus der Gattung *Rhizophagus*. Diese Rindenglanzkäfer ernähren sich von Eiern oder Larven der Borkenkäfer und anderer Insekten unter der Rinde. Eine der häufigsten Arten, *Rhizophagus depressus*, verzehrte in Zucht während ihrer zehnwöchigen Larvenentwicklung 14 Borkenkäferlarven (Hérard und Mercadier 1996). Ein seltenes Beispiel für einen auf eine einzige Borkenkäferart spezialisierten Räuber ist *Rhizophagus grandis*. Er ernährt sich ausschliesslich von Larven des Riesenbastkäfers *(Dendroctonus micans)* und wird in Frankreich zur Bekämpfung dieser Borkenkäferart eingesetzt.

Auch bei den Glanzkäfern (Nitidulidae) gibt es räuberische Arten. Während der Larvalentwicklung werden Dutzende von Borkenkäferlarven vertilgt. *Corticeus*-Arten aus der Familie der Dunkelkäfer (Tenebrionidae) dringen durch die Einbohr- oder Luftlöcher der Borkenkäfer in die Brutgänge ein. Sie sind aber

Unter der Rinde eines Kieferstamms zeigt sich eine typische Artengemeinschaft von Rindenfressern und ihren Feinden: zwei noch hellbraun gefärbte Jungkäfer des Zwölfzähnigen Kiefernborkenkäfers *(Ips sexdentatus)*, eine rosarote Larve des räuberischen Ameisenbuntkäfers, zwei Larven des Blauen Kiefernprachtkäfers *(Phaenops cyanea)* mit verbreitertem Kopfteil und die cremefarbige Larve des Räubers *Temnochila caerulea*.

sogenannt fakultative Räuber, das heisst, sie ernähren sich auch von Pilzen oder Insektenresten.

Unter den zahlreichen Arten der Kurzflügler (Staphylinidae) sind insbesondere *Placusa depressa* und *Nudobius lentus* als Borkenkäferräuber bekannt. Vor allem die zweite Art ist öfter in Pheromonfallen für Fichtenborkenkäfer zu finden, da sie auf dieselben Pheromone reagiert. Weitere räuberische Käfer gibt es bei den Stutz- (Histeridae), Raubplatt- (Silvanidae), Rinden- (Zopheridae) oder Laufkäfern (Carabidae).

^
Das unscheinbare Adulttier der Langbeinfliege *Medetera signaticornis* lebt von Milben und Kleinstinsekten, ihre Larven dagegen sind bedeutende Räuber in Borkenkäferbruten.

Räuberische Fliegen

Über 30 Fliegenarten sind als Räuber von Borkenkäfern bekannt (Kenis *et al.* 2004). Einige Arten aus den Familien der Lanzenfliegen (Lonchaeidae) und vor allem der Langbeinfliegen (Dolichopodidae) gehören zu den wichtigsten Feinden von Borkenkäfern. Aber nur ihre Larven ernähren sich räuberisch von Borkenkäferbruten. Die meisten adulten Fliegen leben nicht räuberisch oder saugen nur kleine, weichhäutige Insekten aus. Die wichtigsten Vertreter der Langbeinfliegen gehören zur Gattung *Medetera*, von der zehn räuberische Arten als Gegenspieler des Buchdruckers bekannt sind, insbesondere *Medetera signaticornis*. Die Langbeinfliegen gehören zu den ersten Antagonisten, die bei einem frisch befallenen Baum eintreffen. Sie paaren sich auf der Rindenoberfläche und jedes Weibchen legt anschliessend bis 120 Eier in Rindenrisse und unter Rindenschuppen in der Nähe der Einbohrlöcher der Borkenkäfer. Die Fliegen bevorzugen dabei eher stehende als liegende Bäume und untere Stammabschnitte gegenüber höher liegenden. Nach dem Schlüpfen wandern die jungen Larven in die Brutgänge und ernähren sich von Eiern

Eine *Medetera*-Fliegenlarve (oben) hat eine Borkenkäferlarve von *Dendroctonus ponderosae* (unten) angeritzt und schlürft deren Körperinhalt aus.
v

^
Die Larven der knapp vier Millimeter langen Lanzenfliege *Lonchaea bruggeri* sind gefrässige Räuber in Borkenkäferbruten.

und Larven der Borkenkäfer, indem sie mit ihren Mundhaken die Haut der Beute aufreissen und deren Körperinhalt ausschlürfen. Für das Wechseln von einem Borkenkäfergang zum andern sind die Fliegenlarven auf die Frasstätigkeit der Borkenkäfer angewiesen, da sie nicht in der Lage sind, sich selber durch den Bast zu fressen. Sie verzehren während ihrer Entwicklung je nach Grösse der Beuteart 5 bis 20 Larven (Hopping 1947). Entweder verpuppen sich die Larven am Ende des Sommers und die Fliegen schlüpfen noch vor dem Winter, oder die Larven überwintern in den Brutbäumen.

Von den Lanzenfliegen lebt nur die Gattung *Lonchaea* unter der Baumrinde. Die Lebensweise dieser Fliegen ist nicht vollständig geklärt, einige ernähren sich saprophag von Abfallstoffen, andere, vor allem solche auf Nadelholz, leben räuberisch von Eiern, Larven und sogar Adulttieren von Borkenkäfern. Sie sind sehr verschwenderisch und töten mehr als die fünf, sechs Larven, die sie für ihre Entwicklung benötigen (Morge 1961). Wenn keine Borkenkäferlarven mehr vorhanden sind, leben sie auch kannibalistisch. Noch immer werden auch in Europa neue, bisher unbekannte Arten gefunden. Erst vor wenigen Jahren wurde in der Schweiz eine für die Wissenschaft neue Lanzenfliegen-Art beschrieben: *Lonchaea helvetica* (MacGowan 2001).

Neben den erwähnten beiden Familien gibt es unter den Fliegen weitere Borkenkäfer-Räuber bei den Raubfliegen (Asilidae), Waffenfliegen (Stratiomyidae), Zitterfliegen (Pallopteridae) und den Echten Fliegen (Muscidae).

Die ökologische Bedeutung vor allem der Langbeinfliegen wird sehr hoch eingestuft. Sie sind sowohl in Laub- als auch in Nadelwäldern oftmals die häufigsten Gegenspieler, die in Brutsystemen von Borkenkäfern anzutreffen sind. Ihre Vertilgungsrate von Beutetieren steigt mit zunehmendem Angebot («functional response»), was zu Mortalitäten von bis zu 90 Prozent allein durch Fliegenlarven der Gattung *Medetera* führen kann (Hopping 1947).

Andere räuberische Insekten

Einige weitere Gruppen von Insekten ernähren sich mindestens fakultativ von Borkenkäfern. Die trotz ihres Namens nicht mit den Fliegen verwandten Kamelhalsfliegen (Raphidioptera) sind typische Waldinsekten, deren Larven auf der Rindenoberfläche leben und dort Insekteneier fressen. Sie bevorzugen die dickborkige, Deckung gewährende Rinde der unteren Stammhälfte. Borkenkäferlarven können sie nur vertilgen, wenn die Rinde durch Spechteinschläge oder den Reifungsfrass der Borkenkäfer gelöst ist und sie dadurch in die Brutbilder der Borkenkäfer eindringen können. Ihre Bedeutung bei der Regulation von Borkenkäfern ist deshalb eher gering, umso mehr, als sie auch die von anderen Räubern abgelegten Eier fressen. Die wichtigsten Kamelhalsfliegen sind *Puncha ratzeburgi* sowie *Phaeostigma notata*, eine typische Art in subalpinen Nadelwäldern bis hinauf zur Waldgrenze.

Scoloposcelis pulchella aus der Familie der Blumenwanzen (Anthocoridae) ist die bekannteste der wenigen Wanzenarten, die sich von Borkenkäfern ernähren.

Milben

Als Borkenkäferräuber weniger auffällig sind die zu den Spinnentieren gehörenden Raubmilben. Betrachtet man Brutbilder von Borkenkäfern unter der Lupe, entdeckt man häufig eine reichhaltige Milbenfauna. Allein beim Buchdrucker, der diesbezüglich am besten untersuchten Borkenkäferart, fand man 38 Mil-

Ein Weibchen von *Puncha ratzeburgi* mit der für die Kamelhalsfliegen charakteristisch lang ausgezogenen Vorderbrust.

Eine Larve von *Phaeostigma notata* verzehrt einen noch weichen Jungkäfer eines Kupferstechers *(Pityogenes chalcographus)*. Mithilfe des Haftorgans am Ende ihres Hinterleibs kann sich die Larve gut auf der Unterlage festhalten, was ihr bei der Fortbewegung auf der Rindenoberfläche zugutekommt.

^

Eine *Dendrolaelaps*-Milbe saugt an einem Ei eines Buchdruckers. Die winzigen Milben werden nur etwa einen halben Millimeter gross, was im Vergleich zum Ei des Käfers gut zum Ausdruck kommt.

benarten (Moser *et al.* 1989), bei der amerikanischen Art *Dendroctonus frontalis* sogar 96 Arten (Moser und Roton 1971). Die Mehrzahl dieser Milben lebt allerdings von Pilzen, Nematoden oder anderen Organismen. Diese winzigen Milben benützen die Borkenkäfer lediglich als Vektoren (Transportvehikel; siehe Kapitel 11.1), um von einem Baum zum anderen zu gelangen und neue Nahrungsquellen zu erschliessen. Nur einige wenige Arten leben räuberisch von Borkenkäfern und saugen deren Eier, Larven und Puppen aus. Wichtige Gattungen sind *Iponemus, Pyemotes, Proctolaelaps* und *Dendrolaelaps.* Die beiden ersten sind Parasitoiden-ähnlich, da für die Entwicklung ihrer Larven ein einziges Borkenkäfer-Ei genügt. Auch die adulten Milben saugen an Larven und Puppen von Borkenkäfern. Die Bedeutung von Milben bei der Regulation von Borkenkäfern wird wohl stark unterschätzt. Es wurden schon Absterberaten von Borkenkäfereiern von bis zu 90 Prozent beobachtet (Gäbler 1947).

9.3 Parasitische Wespen

Alle Stadien der Borkenkäfer – also Eier, Larven, Puppen und adulte Käfer – können spezialisierten Parasitoiden zum Opfer fallen. Ganz selten werden die Eier parasitiert, wohl ihrer geringen Grösse wegen. Nur die winzige *Trichogramma semblidis* als einziger echter Eiparasitoid von Borkenkäfern durchläuft ihre gesamte Entwicklung in einem Ei eines Eschenbastkäfers (*Hylesinus* spp.). Die meisten Parasitoiden entwickeln sich dagegen ektoparasitisch an Larven oder Puppen von Borkenkäfern. Für die Eiablage stechen fast alle Arten ihren Ovipositor durch die Stammrinde.

Damit sind die Parasitierungsmöglichkeiten durch die Länge des Ovipositors und die Rindendicke gegeben. Haben sie erfolgreich einen Wirt gefunden, lähmen sie ihn durch eine Giftinjektion und legen anschliessend ein Ei auf seine Körperoberfläche. Einige wenige Arten schlüpfen aber auch durch die Einbohrlöcher der Borkenkäfer und parasitieren die Larven von den Muttergängen aus. Somit spielt die Rindendicke für sie keine Rolle. Nach dem Schlüpfen fressen die parasitischen Wespenlarven den Körperinhalt ihrer Wirte auf und lassen nur Hülle und Kopfkapsel zurück.

Schliesslich gibt es noch Adultparasitoide. Sie überfallen die sich ein- oder ausbohrenden Borkenkäfer und injizieren ihnen ein Ei, indem sie ihren Ovipositor durch deren Halsschild oder die Flügeldecken stechen. Die parasitierten Borkenkäfer bohren sich normal ein und beginnen, Eier zu produzieren. Dies allerdings in geringerem Ausmass, weil die parasitische Larve im Käfer während ihrer Entwicklung den Körperinhalt des Wirts nach und nach auffrisst und der Käfer schliesslich abstirbt. Die Larve verpuppt sich noch im Innern des Käfers und die adulte Wespe verlässt diesen durch ein selbst genagtes Loch am Körperende des Käfers. Durch ein Einbohrloch eines Borkenkäfers gelangt sie schliesslich aus der Rinde ins Freie.

Ein interessantes Phänomen ist der sogenannte Kleptoparasitismus, der offenbar bei parasitischen Wespen von Borkenkäfern nicht selten ist (Mills 1991): Arten, die weniger erfolgreich beim Aufspüren von Wirtslarven sind, stehlen anderen parasitischen Arten ihren Wirt. Sie warten, bis die andere Art eine Larve aufgespürt hat und sich anschickt, ihren Ovipositor in die Rinde zu stechen. Darauf drängt der Kleptoparasitoid den Entdecker ab und setzt seinerseits an derselben Stelle zur Parasitierung an.

Parasitische Wespen sind im Allgemeinen stärker auf bestimmte Borkenkäferarten spezialisiert als die Räuber. Vor allem Ei- und Adultparasitoide haben ein sehr kleines Wirtsspek-

Mit ihrem langen Eiablagestachel vermag die Brackwespe *Coeloides bostrichorum* auch Larven unter dickerer Rinde zu parasitieren.

trum. Der Adultparasitoid *Tomicobia seitneri* befällt zum Beispiel praktisch ausschliesslich Käfer des Buchdruckers. Die Larvalparasitoiden, also die Mehrheit der parasitischen Wespen, sind allerdings weniger wählerisch und akzeptieren sogar Wirte aus verschiedenen Gattungen (Oligophagie). Die adulten Wespen nehmen als Nahrung nur Pollen, Nektar und Honigtau zu sich. Diese Energie erhöht ihre Eiproduktion und verlängert die Lebensdauer.

Brackwespen

Eine wichtige Schlupfwespenfamilie sind die Brackwespen (Braconidae). Es sind rund 60 europäische Arten bekannt, die Borkenkäfer parasitieren. Dabei unterscheiden sich die Arten auf Laub- und Nadelbäumen. Es gibt einige wichtige Adultparasitoide, die meisten Arten leben aber ektoparasitisch an ausgewachsenen Larven. Eine der häufigsten Arten, *Coeloides bostrichorum,* befällt Borkenkäfer auf verschiedenen Nadelhölzern, bevorzugt in tieferen Lagen. Ihr Eiablagestachel ist mit fünf Millimetern einer der längsten aller parasitischen Wespen von Borkenkäfern. Dadurch kann sie auch Larven erreichen, die anderen Wespen wegen der dicken Rinde verwehrt bleiben. *Dendrosoter protuberans,* ein anderer Vertreter dieser Familie, parasitiert ein breites Spektrum von Borkenkäfern auf Laubbäumen.

Pteromaliden

Die andere wichtige und überaus vielfältige Familie von Schlupfwespen sind die Pteromaliden (Pteromalidae). Sie beinhalten rund 35 Arten von Borkenkäfer-Parasitoiden, fast alle sind Larvalparasitoide. Es gibt jedoch auch Adultparasitoide sowie fakultative und ob-

Der Schlupferfolg des Buchdruckers in diesem Brutbild dürfte sehr gering gewesen sein: Praktisch alle Larven sind parasitiert, und statt Borkenkäferpuppen liegen die Kokons der Brackwespe *C. bostrichorum* in den Puppenwiegen.

Die Weibchen der Pteromalide *Roptrocerus xylophagorum* dringen durch die Einbohrlöcher von Borkenkäfern in deren Brutsysteme ein und parasitieren die Käferlarven.

ligatorische Hyperparasitoide, die ihrerseits parasitische Wespen befallen. Einige Arten nutzen ein überaus breites Spektrum von nadel- und laubholzbewohnenden Borkenkäfern. Eine der häufigsten Arten ist *Roptrocerus xylophagorum*. Sie befällt Borkenkäfer aus mindestens zehn Gattungen, darunter auch ökonomisch wichtige Arten wie den Sechszähnigen Kiefernborkenkäfer *(Ips acuminatus)*, den Buchdrucker, den Nordischen Fichtenborkenkäfer *(Ips duplicatus)* und die beiden Waldgärtnerarten (*Tomicus* spp.). *Roptrocerus xylophagorum* unterscheidet sich von allen anderen Parasitoiden dadurch, dass diese Wespe für die Parasitierung durch die Einbohrlöcher der Borkenkäfer schlüpft und von den Muttergängen aus die Larven parasitiert. Dies gelingt ihr vor allem bei hohen Brutdichten, weil dann die Larvengänge aus

Die Larven von ektoparasitischen Schlupfwespen fressen zuerst aussen an der Borkenkäferlarve (oben). Gegen Ende ihrer Entwicklung bleibt nur noch die Haut und die Kopfkapsel des aufgezehrten Wirts übrig (unten).

Die knapp fünf Millimeter grosse Pteromalide *Rhopalicus tutela* ist eine der häufigsten Parasitoidenarten und befällt Borkenkäfer sowohl auf Nadel- als auch auf Laubholz.

Platzmangel auch in der Nähe der Muttergänge verlaufen. Bei geringen Dichten zweigen die Larvengänge fast rechtwinklig von den Muttergängen ab, was *R. xylophagorum* den Zugang zu den Wirten verwehrt. Ebenfalls erfolgreich ist dieser Parasitoid in den sternförmigen Brutbildern des Kupferstechers, deren Larvengänge näher an die Muttergänge heranreichen. Allerdings ist diese Wespenart auch in der Lage, durch dünne Rinde hindurch zu parasitieren.

Einige Pteromaliden-Arten befallen adulte Borkenkäfer. Der häufigste Vertreter ist *Tomicobia seitneri*, welcher Käfer der Gattung

Der Adultparasitoid *Tomicobia seitneri* hat sich auf einen Käfer des Buchdruckers gesetzt, um ihm durch den Halsschild hindurch ein Ei zu injizieren (oben). Rund zwei Wochen frisst die Larve im Innern des Käfers, bevor sie sich verpuppt. Anschliessend schlüpft die ausgewachsene Wespe durch ein Loch aus der leer gefressenen Käferhülle.

Ips parasitiert. Die Larven entwickeln sich im Körperinnern der Wirte, und die fertigen Wespen verlassen deren Körper durch ein selbst genagtes Loch. Die Bedeutung dieses Antagonisten ist allerdings bescheiden, da die parasitierten Käfer noch eine Zeit lang weiter Eier produzieren und weil *T. seitneri* selber vom Hyperparasitoiden *Mesopolobus typographi* parasitiert werden kann.

Neben den beiden erwähnten parasitischen Wespenfamilien gibt es noch etwa 30 weitere Borkenkäfer-Parasitoide (Wegensteiner *et al.* 2015). Die meisten sind kleine, weniger als einen halben Zentimeter grosse Arten; fast alle sind Larvalparasitoide. Speziell bei den Eurytomiden gibt es einige fakultative Hyperparasitoide.

^
Die winzige, nur gut zwei Millimeter grosse Art *Entedon methion* aus der Familie Eulophidae parasitiert Eier von Borken- und Nagekäfern (Anobiidae). Sie dringt dazu durch die Einbohrlöcher in die Brutgänge ein.

9.4 Spechte

Neben den wirbellosen natürlichen Feinden von Borkenkäfern müssen auch die Spechte erwähnt werden. Obwohl auch andere Vögel sporadisch Borkenkäfer im Flug oder auf der Rindenoberfläche erwischen, haben die Spechte eine herausragende Bedeutung. Als einzige Vögel vermögen sie auch unter der Rinde verborgene Käfer und ihre Larven zu erreichen (siehe Kapitel 7.1). Die Nutzung von Borkenkäfern als Nahrung ist je nach Spechtart saisonabhängig. Im Winter sind andere Nahrungsquellen wie Raupen oder Ameisen Mangelware oder schlecht zugänglich, sodass bei einigen Spechtarten die Borkenkäfer bis 99 Prozent der Nahrung ausmachen können (Baldwin 1968). Zudem ist der Energiebedarf der Spechte zur Aufrechterhaltung der Körpertemperatur im Winter viel höher.

Spechte tragen direkt und indirekt zur Mortalität von Borkenkäfern bei. Einerseits picken sie Käfer von der Rindenoberfläche und hacken Larven, Puppen und Jungkäfer aus der Baumrinde heraus. Anderseits fallen abgehackte Rindenplatten mit der darunterliegenden Borkenkäferbrut zu Boden, wo die Brut entweder vertrocknet, von Vögeln aufgepickt oder von räuberischen Insekten und Kleinsäugern gefressen wird. Die unter der von Spechten durchlöcherten Rinde am Baum verbleibende Brut trocknet schneller aus, stirbt wegen Kälteeinbrüchen oder starken Temperaturwechseln oder ist für andere Vögel als Nahrung zugänglich.

In Fichtenwäldern ist der Dreizehenspecht ein wichtiger natürlicher Feind von Borkenkäfern. Er löst befallene Rindenstücke vom Stamm, sorgsam darauf achtend, dass diese nicht hinunterfallen und die Larven verschütten. Dann pickt er die nun freiliegenden Larven heraus. Magenuntersuchungen haben gezeigt, dass ein Dreizehenspecht pro Wintertag rund 3200 Käferlarven vertilgt (Wimmer und Zahner 2010). Einerseits locken befallene Bäume die Spechte aus der Umgebung an, anderseits führt ein über längere Zeit anhaltender, grossflächiger Befall zu einer höheren Reproduktion und damit zu einer Zunahme der Spechtpopulation. Entsprechend gross kann der Einfluss der Spechte auf die Borkenkäferpopulationen sein, vor allem in höheren Lagen mit nur einer Käfergeneration. In tieferen Lagen bleibt die Vermehrungsrate der Borkenkäfer aber meist höher als diejenige der Spechte. Bei einem Ausbruch des Fichtenborkenkäfers *Dendroctonus rufipennis* in den USA belief sich die Käfermortalität durch Spechte, insbesondere des Dreizehenspechts, auf rund 50 Prozent. Diese Mortalität fiel vor allem in den Wintermonaten an (McCambridge und Knight 1972).

Ein interessantes Phänomen wurde bei Spechten in Nordamerika festgestellt: Sie trugen auf der Suche nach Larven von *Dendroctonus brevicomis*, einem Kiefern-Borkenkäfer, die Rinde bis auf eine Restdicke von zirka einem halben Zentimeter ab. Dies hatte zur Folge, dass es auch parasitischen Wespen mit kurzem Ovipositor gelang, die verbliebenen Larven erfolgreich zu parasitieren. Dies konnte die lokale Parasitierungsrate bis um das Zehnfache erhöhen (Otvos 1979).

9.5 Pathogene

Wie andere Insekten werden auch Borkenkäfer von verschiedenen Pilzen, Viren, Einzellern oder Nematoden befallen. Die wichtigsten und auch auffälligsten Krankheitserreger sind die Pilze. Ihre Sporen keimen auf der Kutikula der Körperhülle, die Hyphen wachsen durch den Insektenpanzer ins Innere und breiten

Der Dreizehenspecht (links Weibchen, rechts Männchen) besiedelt vorwiegend totholzreiche Fichtenwälder. Er ist ein typischer Feind von Borkenkäfern.

^
Ein vom Pilz *Beauveria bassiana* befallener Buchdrucker.

sich im ganzen Körper aus, sodass der befallene Käfer noch in den Frassgängen unter der Rinde abstirbt. Dann wächst das Pilzmyzel durch die Kutikula hindurch nach aussen, überwuchert den Käfer und bildet zur Verbreitung wiederum Sporen. Zahlreiche Pilzarten sind mit Borkenkäfern vergesellschaftet. Die wichtigste Art beim Buchdrucker ist *Beauveria bassiana*, in geringerem Umfang befällt auch *Metarhizium anisopliae* diesen Borkenkäfer (Keller *et al.* 2004). Der Befall durch diese Pilze endet für die Käfer tödlich. Die Infektionsraten vor allem gegen Ende einer Massenvermehrung können 90 Prozent und mehr betragen (Wegensteiner *et al.* 2015). Die Wirkung von tödlichem Pilzbefall bei Larven und Käfern im Brutbild ist nicht zu unterschätzen.

Andere Pathogene wie Viren und Einzeller (z. B. Bakterien, Protozoen, Mikrosporidien, Amöben) werden von Borkenkäfern beim Fressen aufgenommen und vermehren sich im Darmgewebe, dessen Zellen sie durch Toxine zerstören. Viren sind ziemlich wirtsspezifisch, über ihre Verbreitung und Wirkung auf Borkenkäfer ist aber noch wenig bekannt. Ähnliches gilt für Bakterien und andere Mikroorganismen, die unter Laborbedingungen längerfristig hohe Mortalität verursachen (Wegensteiner *et al.* 2015).

Nematoden oder Fadenwürmer stechen mit ihren zu einem hohlen Stilett geformten Mundwerkzeugen das Gewebe von Wirtstieren an und saugen es aus. Die höchstens wenige Millimeter langen Tiere sind eigentlich parasitisch, werden aber meist zu den Pathogenen gezählt. Nematoden dringen durch die Haut, die Mund- oder Afteröffnung ins Körperinnere ihres Wirtes, wo sie Zellen anstechen und aussaugen. Die befallenen Wirte können ihre Entwicklung jedoch vollenden. Im erwachsenen Käfer produzieren die Nematoden Eier, und die jungen Larven entwickeln sich im Käfer bis zum letzten Larvenstadium. Dann wandern sie in den Enddarm und werden mit dem Kot ausgeschieden. Nach einer letzten Häutung paaren sich die nun erwachsenen Nematoden, und die Weibchen suchen sich einen neuen Wirt. Bei anderen Arten sind nur einzelne Larvenstadien parasitisch, und die anderen halten sich freilebend in den Brutbildern auf. Borkenkäfer können von Hunderten von Nematoden befallen sein, was sich auf die Fitness und die Reproduktionsfähigkeit der Käfer auswirkt oder sogar zu deren Tod führen kann. Der Beitrag von Nematoden zur Regulation von Borkenkäfern ist unklar, dürfte aber eher bescheiden sein.

9.6 Bedeutung der natürlichen Gegenspieler

Obwohl Spechte die auffälligsten Gegenspieler von Borkenkäfern sind, wird ihnen keine entscheidende Rolle bei der Regulation von Borkenkäfer-Ausbrüchen zugeschrieben. Dies hat verschiedene Gründe: (i) Die Generationen von Borkenkäfern und Spechten verlaufen nicht synchron, (ii) die Vermehrungsrate der Spechte ist viel geringer als diejenige der Borkenkäfer und kann auch bei üppigem Beuteangebot nicht gesteigert werden, (iii) die Brut- und Schlafplätze der Spechte in einem Wald sind infolge Territorialität begrenzt, und (iv) je nach Angebot und Saison wechseln die meisten Spechte auf andere Beute. Anderseits sind sie durch ihre Mobilität in der Lage, schnell von angrenzenden Waldgebieten in Bestände mit Borkenkäferbefall einzufliegen.

Der Jagdkäfer *Temnochila caerulea* mit einem Zwölfzähnigen Kiefernborkenkäfer als Beute. Die in Mitteleuropa seltene Art gilt als Charakterart von Urwäldern.

So war in Befallsgebieten Skandinaviens die Spechtdichte bis zu 21-mal höher als in Vergleichsgebieten (Fayt *et al.* 2005), und in Nordamerika erhöhte sie sich während eines Befalls des Borkenkäfers *Dendroctonus rufipennis* um den Faktor 50 (Koplin 1969). Die grösste Bedeutung entfalten Spechte jedoch zwischen den Massenvermehrungen bei tiefer Populationsdichte der Borkenkäfer. Sie verlängern diese Latenzperiode, indem sie den Beginn von Ausbrüchen verzögern und den Zusammenbruch der Borkenkäferpopulationen beschleunigen.

Obwohl es eine Vielzahl von Untersuchungen über die Mortalität von Borkenkäfern durch räuberische und parasitische Arthropoden sowie Pathogene unter Labor- und Freilandbedingungen gibt, kann ihre Wirkung nicht generell in Zahlen gefasst werden. Die räuberischen Insekten und Milben werden aber als sehr bedeutend betrachtet und können bei Borkenkäfern hohe Absterberaten verursachen. Räuber sind nicht auf bestimmte Arten fixiert und ernähren sich auch von alternativer Beute. Deshalb ist immer eine gewisse Grunddichte von räuberischen Insekten vorhanden, die im Falle einer Borkenkäfer-Massenvermehrung schnell auf das üppige Angebot reagieren können. Räuber sind auch immer in höheren Dichten vorhanden als Parasitoide und verzehren meist sowohl während ihrer Entwicklung als auch im ausgewachsenen Zustand Beutetiere. Auch die eher spezialisierten Parasitoiden können sehr schnell auf eine Zunahme von Borkenkäfern reagieren, wie eine Untersuchung in geworfenem Fichtensturmholz in Gebirgswäldern zeigte (Wermelinger *et al.* 2013b): Die Zahl der Borkenkäfer und Parasitoiden nahm nach dem Sturm sehr schnell und praktisch synchron zu und fiel nach drei bis vier Jahren wieder zusammen, da die Rinde des liegenden Sturmholzes sowohl für Käfer als auch parasitische Wespen zu trocken wurde. In tieferen Lagen erfolgt die Austrocknung der Rinde noch schneller. Die Befallsrate von Borkenkäfern durch Parasitoide beträgt in Einzelfällen bis 100 Prozent (Sachtleben 1952). Trotzdem wird den Parasitoiden eine geringere Bedeutung zugeschrieben als den Räubern.

Die Gesamtwirkung aller antagonistischen Organismen hängt von zahlreichen Faktoren ab: Witterung, Zeitpunkt innerhalb einer Massenvermehrung, Wechselwirkungen zwischen Antagonisten (Spechte und räuberische Arthropoden fressen auch andere räuberische oder parasitische Insekten), Jahreszeit, lokale Besonderheiten und nicht zuletzt die Bekämpfungsmassnahmen des Menschen. Natürliche Feinde inklusive Pathogene können bei einem grossflächigen Angebot von geschwächten Wirtsbäumen und bei genügend hoher Borkenkäferdichte eine Massenvermehrung nicht verhindern, sie spielen aber beim Zusammenbruch der Käferpopulationen und in den Latenzphasen zwischen den Ausbrüchen zusammen mit der Temperatur und der Befallsdisposition der Wirtsbäume (siehe Kapitel 14.3) eine grosse Rolle.

Ökologische Bedeutung von Waldameisen

10

In einem Wald leben Dutzende verschiedener Ameisenarten. Die meisten sind klein und leben im Holz, in der Streu, im Boden oder sogar in den Baumkronen. Dieses Kapitel befasst sich aber ausschliesslich mit den grossen, hügelbauenden Waldameisen der Gattung *Formica*, die besonders vielfältige Funktionen im Ökosystem Wald haben. In der Schweiz leben fünf *Formica*-Arten im Wald: die Grosse Rote Waldameise *(F. rufa)*, die Kahlrückige oder Kleine Waldameise *(F. polyctena)* und die drei Gebirgswaldameisen *F. lugubris, F. paralugubris* und *F. aquilonia*. Die ebenfalls zur sogenannten *Formica-rufa*-Gruppe zählende *F. pratensis* besiedelt vorwiegend offene Habitate. Alle Arten haben zwar grundsätzlich eine ähnliche Lebensweise, unterscheiden sich aber in Volksgrösse, Königinnenzahl oder Nahrungszusammensetzung. Im Folgenden beziehen sich die meisten An-

Für Waldameisen sind Blattläuse in zweifacher Hinsicht wichtig: Der Honigtau bestimmter Blattlausarten liefert die ausserordentlich wichtige, kohlehydratreiche Betriebsenergie für die Arbeiterinnen. Zudem sind Blattläuse als Beutetiere eine Proteinquelle für die Brut und die Königin. >

gaben auf *F. polyctena* und *F. rufa*. Biologie, Ökologie und Bedeutung von Waldameisen wurden in der Vergangenheit vor allem in Deutschland sehr umfassend untersucht und sind im Standardwerk von Gösswald (2012) zusammengefasst, auf dem viele Angaben in diesem Kapitel beruhen.

10.1 Lebensweise und natürliche Feinde

Das Ameisenvolk

Waldameisen haben ein hoch entwickeltes Sozialverhalten. Sie leben in einem straff organisierten Staat, der aus verschiedenen sozialen Kasten mit klar definierten Aufgaben besteht. Im Zentrum jedes Volkes stehen eine oder mehrere Königinnen. In gewissen Nestern der sogenannt monogynen *F. rufa* gibt es nur eine Königin. Stirbt die Königin monogyner Völker, geht in der Folge das Ameisenvolk ein. Andere *F. rufa*-Nester und Nester weiterer Arten können bis zu Hunderten, bei *F. polyctena* sogar bis zu Tausenden von Königinnen haben – dies sind polygyne Nester. Königinnen sind nur bis zum Hochzeitsflug geflügelt, danach werfen sie die Flügel ab und verbleiben zeitlebens im Nest, wo sie von den Arbeiterinnen gefüttert und gepflegt werden. Ihre Hauptaufgabe ist die Produktion von Eiern – mindestens 30 pro Tag. Aus befruchteten (diploiden) Eiern entstehen weibliche Tiere, aus unbefruchteten (haploiden) die Männchen. Die Befruchtung der Eier hängt unter anderem vom Alter der Königin und der Nesttemperatur ab. Erstaunlich ist, dass die Königinnen auf ihrem Hochzeitsflug so viel Sperma aufnehmen, dass dieses für ihr ganzes Leben reicht. Und Königinnen können bis zu 20 Jahre alt werden! Die Königin steuert die Entwicklung ihres Volkes neben der Nachkommenproduktion auch durch das Ausstossen von Pheromonen (Duftstoffen): Diese lösen das Pflegeverhalten der Arbeite-

Jungköniginnen sind nur bis zu ihrem Hochzeitsflug geflügelt. Nach der Paarung werfen sie die Flügel ab und verbringen den Rest ihres Lebens mit Eierlegen im Nest.

Eine Arbeiterin der Schwachbeborsteten Waldameise *(Formica aquilonia).*

rinnen aus und unterdrücken wahrscheinlich auch deren Geschlechtsreifung.

Die andere weibliche Kaste bilden die Arbeiterinnen. Sie besitzen grundsätzlich die gleiche genetische Ausstattung wie die Königin, sind aber kleiner und haben meist verkümmerte Geschlechtsorgane. Arbeiterinnen übernehmen während ihres bis zu drei Jahre dauernden Lebens Aufgaben im Innen- und Aussendienst. Junge Arbeiterinnen sind zuerst im Innendienst tätig. Ihre Hauptaufgabe besteht darin, sich um die Brut im Nest zu kümmern. Sie überziehen die Eier mit Speichel, um sie feucht zu halten, Pilzbefall zu verhindern und die zusammenklumpenden Eier besser transportieren zu können. Sie bereiten die eingetragene Beute auf, füttern damit die Larven und lagern diese zusammen mit den Puppen je nach Entwicklungsstand um. Auch die Königinnen, die ja das Nest nicht mehr verlassen, werden von den Arbeiterinnen gefüttert. Sie kümmern sich aber auch um den Unterhalt und die Reparatur des Nestes, regulieren seine Temperatur und entsorgen die

Ein Männchen der Gebirgswaldameise *Formica lugubris* macht sich für den Abflug bereit. Drohnen sind immer geflügelt, sie sterben kurz nach ihrem Begattungsflug.

leeren Puppenhüllen. Auch das Verteidigen des Nest gegen Angreifer gehört zu ihren Aufgaben. Die verschiedenen Aufgaben werden – zeitlich noch feiner unterteilt – von spezialisierten Arbeiterinnen übernommen.

Ältere Arbeiterinnen wechseln vom Innen- in den Aussendienst, wo sie in erster Linie für die Nahrungsbeschaffung verantwortlich sind. Sie jagen Insekten, melken den Honigtau von Blattläusen und transportieren die Nahrung zum Nest. Ausserdem besorgen sie Materialien für den Nestbau und verrichten den Tragedienst der Nestbewohner, wenn ein Teil des Volkes in ein anderes Nest umzieht. Der Übertritt vom Innen- zum Aussendienst kann zeitlich stark variieren und muss nicht unbedingt abschliessend sein.

Die Männchen sind während ihres kurzen Adultlebens immer geflügelt und haben lediglich die Aufgabe, nach dem Verlassen des Nestes die schwärmenden Königinnen zu begatten. Kurz danach sterben sie.

Die Grösse eines Volkes hängt von der Ameisenart und den Umweltbedingungen ab. Die grössten Völker bildet *F. polyctena*. Ein grosses Nest kann 500 000 bis fünf Millionen Individuen zählen. Während der Winterruhe von November bis Februar sind bei Waldameisen nur adulte Arbeiterinnen und Königinnen vorhanden. Nur wenige verbleiben in der Nestkuppel, die meisten befinden sich in Kältestarre in den unterirdischen Nestkammern. In dieser Zeit sind die Ameisen praktisch inaktiv und leben ausschliesslich von den körpereigenen Fettreserven.

Ernährung

Die emsigen Waldameisen («Emse» ist ein altes Wort für Ameise) haben einen vielfältigen Speiseplan. Ihre Nahrung besteht zu etwa einem Drittel aus Insekten und zu zwei Dritteln aus Honigtau. Die Insektenbeute dient als

Auch grössere und wehrhafte Tiere können den Ameisen zum Opfer fallen. Hier *Formica polyctena* mit einem Käfer.

Proteinquelle für die Aufzucht der Nachkommen und für die Königinnen, der Honigtau liefert die Betriebsenergie für die Arbeiterinnen. Der Jahresbedarf eines grossen Waldameisennestes mit einer Million Tieren liegt bei rund 30 Kilogramm Insekten (das entspricht etwa 10 Millionen erbeuteten Insekten) sowie etwa 500 Kilogramm Honigtau von Blattläusen. Dazu kommt noch etwas pflanzliche Nahrung. Waldameisen sind keine spezialisierten Jäger. Sie holen sich diejenigen Beuteinsekten, die am häufigsten und einfachsten zu erbeuten sind: Blattläuse, Zweiflügler und Schmetterlingsraupen. Informationen über besondere ergiebige Jagdgründe werden an andere Arbeiterinnen weitergegeben. Bei grösseren Beutetieren erfolgt die Jagd koordiniert, indem die Jagdameisen mit Duftstoffen Verstärkung herbeirufen und das Beuteobjekt gemeinsam stellen, festhalten, erlegen und abtransportieren. Ferner wird auch grösseres Aas verwertet und bei Nahrungsmangel die eigene, besonders die verspätet heranreifende Brut gefressen.

Honigtau ist die Kohlehydratquelle der Ameisen. Sie ernten dieses Ausscheidungsprodukt der Blattläuse – insbesondere von Rindenläusen (Lachnidae) – in den Baumkronen. Die Blattläuse werden regelrecht gemolken: Durch Betrillern mit den Fühlern regen die Waldameisen die Blattläuse zum Ausscheiden von mehr Honigtau an.

Etwa die Hälfte der Nahrung wird in flüssiger oder weicher Form im Kropf zum Nest transportiert (Horstmann 1974). Der Kropf wird auch sozialer Magen genannt, da dessen Inhalt im Nest hervorgewürgt und an die Innendienst-Ameisen übergeben wird, die ihn für sich und die Brut verwenden. Dieser Austausch von Nahrung wird Trophallaxis genannt. Eine Kropffüllung wird an rund 80 Ameisen weitergegeben. Erst wenn der Kropf entleert ist, öffnet sich der Durchgang zum eigenen Magen und die Aussendienst-Arbeite-

Wo sich Gelegenheit bietet, wird auch Aas als Nahrung angenommen wie hier eine tote Blindschleiche.

^
Unter den Mitgliedern eines Waldameisenvolkes herrscht ein reger Austausch von Nahrung (Trophallaxis). Bei diesem Kontakt werden in chemischer Form auch wichtige Informationen weitergegeben, zum Beispiel über Nahrungsart, Befindlichkeit der Königin, Entwicklung der Brut oder Nestparasiten.

rin kann selber Nahrung verdauen. Zusammen mit der Nahrung werden chemische Signalstoffe ausgetauscht, die Informationen über Königinnen, Nahrung und Feinde beinhalten.

Reproduktion und Entwicklung

Zeitig im Frühjahr erscheinen die Arbeiterinnen und kurz darauf auch die Königinnen auf der Nestoberfläche, um sich zu sonnen und Wärme zu tanken. Langsam steigt die Aktivität der Ameisen und sie reparieren wo nötig das Nest. Die Königin erzeugt als Erstes die Geschlechtstiere, also Jungköniginnen und Männchen. Dazu legt sie sogenannte Wintereier in der Kuppelperipherie ab. Dort wird

Eine Arbeiterin steigt mit prall gefülltem Hinterleib von einer Fichte herab, wo sie den Honigtau von Blattläusen geerntet hat.
v

Kahlrückige Waldameisen *(Formica polyctena)* beim Besuch einer Kolonie von Weidenblattläusen *(Pterocomma salicis).*

die Brut von den jüngsten Arbeiterinnen gepflegt und gefüttert. Die Arbeiterinnen leben immer noch von ihren Reserven und beziehen zu diesem Zeitpunkt noch kaum Nahrung von ausserhalb des Nestes. Sie füttern die geschlüpften Larven mit Ameisenmilch, einem sehr nahrhaften Sekret, das sie in Drüsen produzieren. Würde diese Milch fehlen, gäbe es aus den weiblichen Tieren Arbeiterinnen statt Königinnen und die männlichen würden absterben. Nach dem vierten Larvenstadium häuten sich die Larven zu Puppen, die in Kokons eingebettet sind. Nach insgesamt etwa fünfwöchiger Entwicklung schlüpfen die geflügelten Geschlechtstiere – Königinnen und Drohnen. Sie schwärmen im Mai/Juni bei günstigen Witterungsbedingungen aus und paaren sich. Die Begattung kann allerdings auch im Nest stattfinden.

Die Altköniginnen ziehen sich nach der Ablage der Wintereier ins Innere des Nestes zurück. Dies ist wichtig, da sie sonst mit den sich entwickelnden Geschlechtstieren in Konkurrenz stünden und von den Arbeiterinnen beim Füttern mit Ameisenmilch gegenüber der Brut bevorzugt würden. Zudem würde ein Pheromon der Altköniginnen das Heranreifen von neuen Königinnen verhindern.

Im Nestinnern widmet sich die Königin fortan der Produktion von Sommereiern. Auch diese Larven werden von den Arbeiterinnen gefüttert und gepflegt, allerdings erhalten sie keine Ameisenmilch. Während ihrer Entwicklung werden die Larven immer weiter nach oben getragen, und die Puppen werden schliesslich zum Ausreifen ins warme und trockene Wärmezentrum der Nestkuppel gebracht. Da die aus den Sommereiern schlüpfenden Larven ohne Ameisenmilch aufgezogen werden, entstehen aus ihnen immer ungeflügelte Arbeiterinnen. Ausserdem verhindert die Pheromonabgabe der sich in der Nähe befindenden Königinnen die Bildung von weiteren Königinnen. Die Arbeiterinnen-

Im Frühling entwickeln sich die Larven und Puppen der Geschlechtstiere dicht unter der Nestoberfläche.
∨

^
Eine Arbeiterin lagert in der Kuppelperipherie einen Puppenkokon um (im Volksmund oft fälschlich «Ameisenei» genannt).

Nachzucht dauert bis etwa September, dann legt das Volk Körpervorräte an und bereitet sich für den Winter vor. Ab Oktober beginnt die Einwinterung des Nestes, die Nestdecke wird mit Sand und Erde abgedichtet. Den Winter verbringen die Tiere in Gruppen eng zusammengedrängt in den unterirdischen Kammern des Erdnestes.

Natürliche Feinde von Ameisen

Obwohl die Waldameisen zur Verteidigung aus Drüsen am Hinterleib ameisensäurehaltiges Gift spritzen können, haben sie zahlreiche Feinde. Ihre wichtigsten Feinde sind – mindestens unter den Arthropoden – die Ameisen selber. Kolonien derselben Art haben dieselben Ansprüche und besetzen die gleiche ökologische Nische. Deshalb herrscht ein erbitterter Konkurrenzkampf zwischen den verschiedenen Völkern beim Verteidigen und Erweitern des Territoriums eines Volkes oder beim Verteidigen ergiebiger Blattlauskolonien.

Bei den Insekten gibt es einige spezialisierte Ameisenräuber, die Einzeltiere erbeuten, das Volk als Ganzes aber nicht gefährden. So graben die Larven von Ameisenjungfern (Myrmeleontidae) – die sogenannten Ameisenlöwen – Trichter in den sandigen Boden und verstecken sich am Trichtergrund. Gerät eine Ameise in einen solchen Trichter, wird sie vom Ameisenlöwen mit Sand beschossen und rutscht in die fangbereiten Zangen. Anschliessend saugt der Ameisenlöwe die Beute aus. Opfer der Ameisenlöwen sind vor allem kleinere Ameisenarten.

^

Waldameisen produzieren in Drüsen am Hinterleibsende ein ameisensäurehaltiges Gift, das sie einem Feind mehrere Dezimeter entgegenspritzen, aber auch für die Beutejagd verwenden.

An sandigen Stellen lauern die Larven von Ameisenjungfern (Myrmeleontidae), die sogenannten Ameisenlöwen. Am Trichtergrund vergraben warten sie auf hinunterrutschende Ameisen. Mit den langen Zangen (im rechten Bild links unten) wird die Beute ausgesaugt.

v

Eine überaus raffinierte Strategie haben die Sackkäfer (*Clytra* spp.) entwickelt. Die Weibchen lassen ein mit Schüppchen getarntes Ei auf einen Ameisenhaufen fallen, wo es von den Ameisen als Baumaterial betrachtet und ins Nest gebracht wird. Die geschlüpfte Larve ernährt sich, geschützt in einem kleinen Gehäuse, von Ameiseneiern und -larven. Weitere natürliche Feinde sind Milben, Kurzflügler-Käfer (Staphylinidae), verschiedene parasitische Schlupfwespen und Fliegen sowie auf Ameisen spezialisierte Spinnen.

Wichtige Feinde der Ameisen gibt es auch bei den Wirbeltieren (siehe Kapitel 7.1). Vor allem die sogenannten Erdspechte verzehren vornehmlich Ameisen. Dazu kommen Wildschweine und Dachse, welche die Ameisenhaufen nach Käferlarven durchwühlen. Die entstehenden Löcher zerstören die Neststruktur und es fliesst Regen ins Nest, was ein Ameisenvolk empfindlich schwächen kann.

Neben den eigentlichen Feinden gibt es noch Arten, die zwar in Ameisennestern leben, diese aber nicht direkt schädigen (Myrmekophilie). Sie profitieren von den stabilen Bedingungen im Ameisennest und geniessen einen relativen Schutz in dieser Umgebung. Der Übergang zum Ameisenfeind ist allerdings fliessend.

10.2 Das Ameisennest

Das Ameisennest wird häufig über einem alten Baumstrunk errichtet und besteht aus der oberirdischen, bis über einen Meter hohen Nestkuppel und dem unterirdischen Erdnest. Letzteres kann ein bis zwei Meter tief und ebenso breit werden. Flachere Nestkuppeln haben häufig ein tieferes Erdnest und umgekehrt. Für das Errichten eines Nestes werden gut besonnte Plätze an Waldrändern, Wegen und Lichtungen in Nadel- oder Laubwäldern bevorzugt. Nicht geeignet sind gleichförmige, dichte Buchenwälder. Ein einzelner Nadelbaum in Nestnähe kann für die Gewinnung

Eine typische, regelmässige Kuppel eines Waldameisennestes. Der unterirdische Teil ist ungefähr nochmals so gross. Ein Ameisenhaufen braucht mindestens ein paar Stunden pro Tag direkte Sonneneinstrahlung.

Zentrum des Ameisennestes ist meistens ein alter Strunk oder ein Stück Holz.

Harzklümpchen stabilisieren die Nestkuppel und wirken antiseptisch.

von Honigtau jedoch schon genügen, da dort ganzjährig Blattläuse (vor allem *Cinara*-Arten) zu finden sind.

Als Baustoff für die Nestkuppel dienen verschiedenste Materialien wie Koniferennadeln, Knospenschuppen, Astteilchen, Laub, aber auch lokal reichlich vorhandenes Fremdmaterial wie zum Beispiel Steinchen. Wo vorhanden, werden Harzteilchen eingearbeitet, die als Klebstoff für bessere Neststabilität sorgen und zugleich gegen Krankheitserreger wirken (Christe *et al.* 2003). Die Nesthaufen in Nadelwäldern sind grösser als in Laubwäldern, da mehr Baumaterial zur Verfügung steht. Im Innern des Nestes gibt es zahlreiche mit Gängen verbundene Kammern, in denen die Brut aufgezogen wird. Die Nestkuppel wird ständig umgeschichtet. Anhand eingefärbter Nadeln

^
Als Baumaterial dienen vorwiegend Nadeln, Holz- und Zweigstückchen, Knospen- und Zapfenschuppen oder Blattteile.
v

konnte man abschätzen, dass die Umschichtung einer Kuppel nur gut einen Monat dauert (Kloft 1959). Der Nestrand wird manchmal von einem Ring von Erdauswurf umgeben, unter welchen sich auch das Erdnest ausdehnt.

Thermoregulation

In einem voll funktionierenden Ameisennest herrscht von etwa März bis Oktober eine relativ konstante Temperatur von 25 bis 30 °C. Die Temperatur wird von den Ameisen aktiv in diesem engen Bereich aufrechterhalten. Diese sogenannte Thermoregulation basiert auf verschiedenen Möglichkeiten der Erwärmung und Kühlung. Eine wichtige Wärmequelle ist die Sonneneinstrahlung. Je grösser die Kuppel, desto mehr Strahlungsenergie kann sie aufnehmen und desto schneller erwärmt sie sich. Deshalb sind in dunklen, kühlen Wäldern die Ameisenhaufen oft grösser als in lichten, sonnendurchfluteten Wäldern. Im Frühling erfolgt durch die Ameisen ein aktiver Wärmetransport: Bei den ersten wärmenden Sonnenstrahlen begeben sie sich auf die Kuppeloberfläche und lassen sich erwärmen. Anschliessend ziehen sie sich in das noch kalte Innere des Nests zurück und kühlen dort aus, indem sie ihre Wärme an die Umgebung abgeben. Dieser Wärmetransport der Arbeiterinnen erfolgt so oft, bis die Solltemperatur erreicht ist. Zusätzlich erhöht auch die Stoffwechselwärme der Tiere die Nesttemperatur.

Im Sommer muss das Nest umgekehrt vor Überhitzung geschützt werden. Dazu dienen Ventilationsschächte, die von der Nestkuppel ins Innere des Nestes führen. Diese werden tagsüber je nach Bedarf geöffnet oder geschlossen. An kalten Tagen und nachts sind sie verschlossen.

Im Frühjahr sonnen sich die Waldameisen auf der Kuppeloberfläche. Mit der aufgetankten Wärmeenergie bringen sie das anfänglich noch kühle Nestinnere auf die Betriebstemperatur von 25 bis 30 °C.

Paarung von *Formica lugubris*. Die Königin (rechts) ist deutlich grösser als das Männchen (links).

10.3 Staatenbildung

Je nach Höhenlage zwischen April und Juli schwärmen die geflügelten Geschlechtstiere an warmen oder schwülen Tagen zu Tausenden aus den Mutternestern aus. Sie treffen sich oft an erhöhten Geländepunkten und paaren sich. Bei polygynen Nestern erfolgt die Begattung der Jungköniginnen manchmal auch schon im Nest. Nach dem Hochzeitsflug sterben die Männchen und die Königinnen werfen ihre Flügel ab, da sie diese von jetzt an nicht mehr benötigen. Jede Königin wird nur einmal im Leben begattet, die dabei aufgenommenen Spermien bleiben über Jahre befruchtungsfähig. Das weitere Schicksal einer Königin kann nun sehr unterschiedlich sein. Generell ist die Chance für ein erfolgreiches Etablieren als Königin in einem Nest sehr gering. Bei polygynen Arten wie der Kahlrückigen Waldameise haben diejenigen Jungköniginnen die besten Chancen, die im Nest begattet werden und dieses somit gar nie verlassen. Für solche, die einen Schwärmflug gemacht haben, ist es viel schwieriger, von einem bestehenden Nest als weitere Königin aufgenommen zu werden. Häufig werden sie getötet. Die Überlebenden bleiben entweder als zusätzliche Königinnen im Nest oder ziehen mit einem Teil der Arbeiterinnen aus, um Tochternester zu bilden. Durch die laufende Verjüngung mit neuen Königinnen ist die Lebensdauer von polygynen Kolonien praktisch unbeschränkt.

Zuweilen gibt es im Sommer auch die spontane Bildung von Tochternestern. Dazu tragen die Aussendienst-Arbeiterinnen 150 000 bis 200 000 Tiere aller Stadien an einen geeigneten Ort in der Nähe, wo ein neues Nest errichtet wird. Nicht nur Eier, Larven und Pup-

^ Die einzelnen Nester einer Kolonie sind miteinander durch Ameisenstrassen verbunden, auf denen Tiere und Nahrung ausgetauscht werden.

pen werden transportiert, sondern sogar die noch unerfahrenen Innendienst-Arbeiterinnen und die Königinnen (soziales Trageverhalten). Zwischen diesen Nestern gibt es «Ameisenstrassen» als Verbindungswege, die mit Duftspuren markiert sind und auf denen Nahrung, Brut und Adulttiere hin und her transportiert werden. Die Nester werden teilweise sogar nur saisonal als Sommer- und Winternester benutzt. Man spricht bei grossen Nestverbunden von Superkolonien. Eine Superkolonie von *F. lugubris* im Schweizer Jura bestand aus 1200 Nestern, verteilt auf 70 Hektar (Cherix und Bourne 1980).

Bei monogynen Völkern von *F. rufa* ist die Nestgründung komplizierter und gefährlicher. Ein monogynes Volk ist stark auf ihre einzige Königin fixiert und duldet keine weiteren, begatteten Königinnen im Nest. Sogar Abkömmlinge aus dem eigenen Nest werden getötet. Begattete Jungköniginnen betreiben deshalb einen sogenannten temporären Sozialparasitismus: Die *Formica-rufa*-Jungkönigin versucht, in ein Nest von Wirtsameisen (z. B. *F. fusca*) einzudringen und dort als neue Königin akzeptiert zu werden. Lebt die Königin der Wirtsameisen noch, muss die *Formica*-Königin diese zuvor töten. Meistens gelingt diese Übernahme aber nicht, und die Jungkönigin wird selber getötet. Hat sie jedoch Erfolg, beginnt sie als neue Nestkönigin Eier zu legen, aus denen *Formica*-Larven schlüpfen. Diese werden von den Arbeiterinnen der Wirtsameisen gepflegt und gefüttert, wie wenn es ihre eigenen Schwestern wären. Die neu entstandenen *Formica*-Arbeiterinnen integrieren sich in das Nest und beteiligen sich an allen Innen- und Aussendienstarbeiten. Langsam sterben

^ Bei der Begründung eines Tochternestes laufen die Innendienst-Arbeiterinnen nicht selber zum neuen Nest, sondern werden von erfahrenen Aussendienst-Arbeiterinnen getragen. Dazu verschränken die beiden Ameisen ihre Mandibeln ineinander und die getragene Ameise krümmt ihren Hinterleib während des Transports nach unten zur Trägerin.

die Wirtsameisen-Arbeiterinnen aus, und es bleiben nur die laufend neu entstehenden *Formica*-Arbeiterinnen mit ihrer Königin übrig. Aus dem Wirtsameisennest ist ein reines *Formica*-Nest entstanden, das allerdings nach dem Tod ihrer Königin ein paar Jahre später wieder erlischt.

Bei polygynen Völkern von *F. rufa* verläuft die Staatengründung wie oben für *F. polyctena* beschrieben.

10.4 Ökologische Funktionen

Einige Aspekte der Bedeutung von Waldameisen wurden bereits in früheren Kapiteln behandelt und sind hier nochmals kurz aufgeführt. Bei den heutigen, in Wirtschaftswäldern meist geringen Nestdichten mag diese Bedeutung gering erscheinen. In natürlichen Nadel- und Mischwäldern mit viel höheren Nestdichten können Waldameisen aber eine herausragende ökologische Rolle spielen.

Durch den Nestbau tragen Waldameisen zur physikalischen, chemischen und biologischen Verbesserung des Bodens bei. Die Erde wird gelockert, mit organischer Substanz durchmischt und mit Nährstoffen angereichert (Kapitel 6.1). Verbesserte Bodenatmung und Bodenfruchtbarkeit führen zu gesteigertem Wachstum von Bäumen, Sträuchern, Beeren und Pilzen sowie zu höherer Produktion von Samen und deren erfolgreicherer Keimung. So findet sich in der näheren Umgebung von Ameisenhaufen oft vermehrt Jungwuchs von Bäumen. Ameisen helfen auch beim Verbreiten der Samen von Kraut- und Holzpflanzen (Kapitel 2.2) oder dienen als Nahrung für Vö-

^

Waldameisen tragen auch zur Verbreitung von Pflanzensamen bei. Gehen diese beim Transport zum Nest verloren, können sie an einem neuen Ort keimen.

Der Erdauswurfring um das Nest herum zeigt, dass beim Bau des unterirdischen Nestteils der Boden gelockert und durchmischt wurde.

v

gel, insbesondere Spechte, und für weitere Wirbeltiere. Die Ameisensäure nutzen gewisse Vögel zur Gefiederbehandlung gegen Parasiten (Kapitel 7.1). Ameisenhaufen sind Lebensraum für unzählige andere Wirbellose wie Käfer, Springschwänze, Hautflügler, Fliegen, Silberfischchen und Milben. Solche Untermieter, die den Wirt nicht schädigen, werden Inquilinen genannt. In einem einzigen Liter Nestmaterial leben rund 200 myrmekophile Insekten (Gösswald 2012). Waldameisen halten Blattlaus-Kolonien wie Milchkühe und regen sie durch Betrillern mit den Fühlern zu stärkerer Honigtauproduktion an. Dies kommt auch den Honigbienen und in Form von Waldhonig dem Menschen zugute.

Regulation von Schadinsekten

Die wichtigste Rolle spielen Waldameisen bei der Regulation von anderen Insekten, speziell von Arten, die als potenzielle Schädlinge gelten. Da die Volksgrösse eines Ameisenhaufens oder einer Kolonie relativ konstant ist und nicht von der Häufigkeit einer bestimmten Beuteart abhängt, können Waldameisen sehr schnell auf Massenvermehrungen von Insekten reagieren. Ausserdem können sie sich bei Beutemangel vermehrt von Honigtau ernähren. Bei der Regulation von herbivoren Insekten spielt vor allem *F. polyctena* eine wichtige Rolle, da ihre Völker am individuenreichsten sind und Superkolonien mit hohen Nestdichten bilden können. Sind Insekten, speziell Schmetterlings- und Blattwespenraupen, im Aktivitätsradius eines Ameisennestes von rund 100 Metern in grosser Menge verfügbar, werden sie ausgiebig und manchmal über den eigentlichen Bedarf hinaus genutzt. Dann kann der Insektenanteil an der Nahrung von Waldameisen bis weit über 90 Prozent betragen (Gösswald 2012). Grosse *F. rufa*-Völker können in solchen Fällen täglich bis zu 100 000 Schmetterlingsraupen eintragen. In einem Eichenwald wurde während einer Massenvermehrung des Eichenwicklers *(Tortrix viridana)* geschätzt, dass

Grössere Beutetiere wie Schmetterlingsraupen erbeuten und verwerten die Waldameisen gemeinsam.

Selbst grosse, behaarte Raupen werden von Waldameisen überwältigt.

ein mittelstarkes *F. polyctena*-Volk von einer halben bis einer Million Tieren während der Raupenentwicklungszeit ein bis zwei Millionen Raupen eintrug, was zu einer deutlichen Reduktion der Frassschäden in der Nestumgebung führte (Horstmann 1976/77). Wellenstein (1954) führte umfangreiche Zählungen der erbeuteten Insekten durch und kam für mittelgrosse Ameisenhaufen auf eine durchschnittliche Zahl von 3,2 Millionen Beutetieren pro Jahr.

Die Bedeutung von Waldameisen bei der Regulation von Schadinsekten wurde schon im 19. und der ersten Hälfte des 20. Jahrhunderts von berühmten deutschen Forstzoologen hervorgehoben (für eine Zusammenfassung siehe Gösswald 1984 und 2012). Zahlreiche Beispiele speziell in Kiefernkulturen sind belegt, wo um Ameisenhaufen herum grüne Oasen in den sonst von Schmetterlings- und Blattwespenraupen kahl gefressenen Wäldern verblieben. Die Grösse dieser grünen Inseln und somit die Wirkung eines Ameisenhaufens wird auf maximal ein Hektar geschätzt (Wellenstein 1954). Nicht nur das Eintragen von Raupen, Puppen und Faltern, sondern auch die Vernichtung der von den Faltern abgelegten Eier führen lokal zu einem markanten Rückgang von Schadpopulationen. In Schadengebieten wurden auch schon aktiv und erfolgreich Ameisenvölker zur Bekämpfung von Schadinsekten angesiedelt. Da viele Waldameisen wärme- und sonnebedürftig sind, war dies vor allem in lichten Kiefernkulturen erfolgreich.

Ähnliche Beispiele erfolgreicher Regulation durch Waldameisen gibt es auch in Laubwäldern, so zum Beispiel bei Raupen des Herbstspanners *(Epirrita autumnata)* an Birken (Laine und Niemelä 1980) oder bei den mit Brennhaaren ausgestatteten Raupen des Eichenprozessionsspinners *(Thaumetopoea processio-*

nea). In Finnland wurden Ausschlussversuche mit Leimringen durchgeführt, die den Ameisen *(F. aquilonia)* den Zugang zu ihren Nahrungsbäumen verwehrten (Karhu 1998): Auf Bäumen mit Ameisenbesuch war die Herbstspanner-Population nur halb so gross wie auf Bäumen ohne Ameisen. Ebenso sank die Population der Blattlaus *Euceraphis punctipennis* – einer Blattlausart, die von den Ameisen nicht gehegt, sondern gefressen wird – um drei Viertel. Im Gegensatz dazu wuchsen Populationen der wegen des Honigtaus gehegten Birkenblattlaus *Symydobius oblongus* auf Bäumen mit Ameisenbesuch um ein Vielfaches. Praktisch identische Resultate lieferte eine Untersuchung in einem Mischwald in England mit *F. rufa* als Räuber des Kleinen Frostspanners *(Operophtera brumata)* und der Ahornlaus *Drepanosiphum platanoidis* (Skinner und Whittaker 1981). Diese Populationen nahmen stark ab, die von den Ameisen gehegte Borstenlaus *Periphyllus testudinaceus* nahm hingegen zu.

Trotz all dieser Beispiele von markanten Effekten auf Schadorganismen sind Waldameisen keine Garantie gegen Massenvermehrungen von herbivoren Insekten. Ihre Wirkung bei einer Massenvermehrung von blatt- oder nadelfressenden Raupen ist dann gross, wenn die Raupendichte sich auf hohem Niveau befindet und wenn es eine Raupenart ist, die sich im Frühjahr entwickelt, also dann, wenn der Nahrungsbedarf der Ameisen am grössten ist. Waldameisen – vor allem *F. polyctena* – helfen massgeblich mit, Schadpopulationen in Schach zu halten und allfällige Ausbrüche zu beenden. Art und Menge der Beutetiere haben umgekehrt kaum einen Einfluss auf die Volksgrösse und Nesterzahl der Ameisen (Horstmann 1976/77).

Vor- oder Nachteil für den Baum?

Die mannigfaltigen Auswirkungen von Waldameisen auf Pflanzen und assoziierte Organismen können durchaus kontrovers sein. So sind Ameisen bei ihrem Beuteerwerb nicht wählerisch und vertilgen auch Antagonisten von Herbivoren. Ihre Hege von Blattläusen führt zu einem enormen Wachstum der Blattlauskolonien, da die höhere Saugtätigkeit dieser Läuse auch zu deren stärkeren Vermehrung führt und weil die Ameisen die Kolonien vor Feinden schützen. Die grösseren Läusekolonien entziehen den Wirtspflanzen mehr Assimilate.

Ameisen erhöhen in unmittelbarer Nestnähe das Nährstoffangebot für Pflanzen, was nicht nur für das Baumwachstum von Vorteil

Ameisen fördern gewisse Blattläuse für die Honigtaugewinnung, nutzen sie aber wie hier auch als Beute. >

ist, sondern auch für blattfressende Insekten: So führte die bessere Stickstoffversorgung von Birken in Finnland zu einer stärkeren Vermehrung der Raupen des Herbstspanners. Ein experimenteller Ausschluss von Waldameisen *(F. aquilonia)* mit Leimringen zeigte aber, dass der grossräumige positive Effekt der Raupenvertilgung der Ameisen den auf die unmittelbare Nestumgebung beschränkten negativen Effekt der Raupenförderung deutlich überwog (Karhu und Neuvonen 1998).

Nicht nur mögliche Schadorganismen, sondern auch deren natürliche Feinde wie diese Schlupfwespe gehören zum Beutespektrum der Waldameisen.

11 Transport von Organismen

Lebewesen, die anderen Arten als Transportvehikel dienen, werden wissenschaftlich als Vektoren bezeichnet. Diese Beziehung wird Phoresie genannt. Bei einigen Organismen ist die Beziehung zwischen dem Vektor und der transportierten Art intensiv und es profitieren beide davon, sodass man von einer Symbiose sprechen kann. Typische Gruppen von Wirbellosen, die Insekten als Vektoren benützen, sind Milben, gewisse Hautflügler und Kieferläuse (Mallophaga). Daneben gibt es auch viele pathogene Viren, Bakterien, Einzeller, Pilze oder Fadenwürmer, die von Insekten transportiert und so zum Beispiel auf Pflanzen übertragen werden. Wenn Arten sich an oder in einem Wirt mittragen lassen und sich gleichzeitig von ihm ernähren, fällt dies unter Parasitismus (siehe Kapitel 8.2 und 8.3) und wird hier nicht als Phoresie bezeichnet.

Ein mit zahlreichen Milben übersäter Kerbhalsiger Zunderschwamm-Schwarzkäfer *(Bolitophagus reticulatus)*. Diese wirken nicht als Parasiten, sondern benutzen den Käfer als Vektor, um sich zu neuen Lebensräumen transportieren zu lassen. >

11.1 Vektoren von Wirbellosen

Milben sind kleine, flügellose Gliederfüsser und dadurch in ihrer aktiven Verbreitungsfähigkeit eingeschränkt. Speziell Arten, die sich in kurzlebigen Habitaten entwickeln, verbreiten sich deshalb phoretisch, indem sie sich an grösseren, geflügelten Insekten festklammern oder mit einem aus Sekret gebildeten Stielchen an deren Oberfläche heften. Dank ihrer Vektoren gelangen sie auf diese Weise in neue Lebensräume. Die Milben schaden dem Vektor während des Transports nicht, da sie sich in einem inaktiven, meistens einem sogenannten Wandernymphenstadium befinden.

Phoresie ist auch bei Milben verbreitet, die unter der Rinde in den Gängen von Holzinsekten leben. Borkenkäfer zum Beispiel sind oft von Milben besetzt, die sich von den Käfern zu neuen Bäumen tragen lassen und durch die Einbohrlöcher der Käfer in deren Brutgänge gelangen, wo sie sich von Pilzen und Abfallstoffen ernähren und sich vermehren. Beim bekanntesten europäischen Borkenkäfer, dem Buchdrucker *(Ips typographus)* fand man in einer Untersuchung, dass 30 Prozent aller Käfer von phoretischen Milben besetzt waren (Moser und Bogenschütz 1984). Nach ihrer Vermehrung heften sich die Milben der nächsten Generation wieder auf oder unter den Deckflügeln oder an der Brust von Borkenkäfern fest. Etliche dieser Milbenarten leben allerdings parasitisch von den Eiern ihres Vektors. Zudem können Borkenkäfer räuberische Milben transportieren, die sich von insektenpathogenen Nematoden ernähren. Somit besteht eine symbiotische Beziehung zwischen den Käfern und den Raubmilben: Die Käfer transportieren die Milben zu neuen Lebensräumen, die Milben eliminieren Pathogene der Borkenkäfer. Interessanterweise sind einige phoretische Milben der Familie Tarsonemidae selber Vektoren, nämlich von Bläuepilzen (Bridges und Moser 1986). Diese

Aaskäfer wie der Schwarzfühlerige Totengräber *(Nicrophorus vespilloides)* sind oft Vektoren von symbiotischen Milben, die sich von den Käfern zu frischem Aas transportieren lassen. Als Gegenleistung saugen die Milben Fliegeneier aus, deren Maden mit den Käferlarven konkurrieren.

^
Die Weibchen des Schwarzblauen Ölkäfers *(Meloe proscarabaeus)* legen riesige Mengen von Eiern in den Boden. Nur ein kleiner Teil der Larven schafft es aber, sich an Wildbienen anzuheften und von ihnen in ein Bienennest getragen zu werden. In den folgenden Larvenstadien ernähren sie sich dort räuberisch von der Bienenbrut.

Pilze sind beim Abtöten eines von Borkenkäfern befallenen Baumes mitbeteiligt.

Ebenfalls eine symbiotische, phoretische Beziehung besteht zwischen Aaskäfern (Silphidae) und räuberischen Milben (Macrochelidae). Aaskäfer an frischen Kadavern tragen auf den Flügeldecken oder an den Hinterbeinen häufig Milben mit sich, die sich am Aas von den Käfern lösen und sich dort räuberisch von Fliegeneiern ernähren. Die Fliegeneier stehen schon früh zur Verfügung, da die Fliegen etwas früher zu den Kadavern gelangen als die Käfer (siehe Kapitel 5.1). Die Käfer profitieren von den Milben, weil diese die konkurrierenden Fliegenlarven reduzieren. Ähnliches gilt auch für Dung- (Aphodiidae) und Mistkäfer (Geotrupidae), welche die Milben zu den zerstreut in der Landschaft liegenden Kothaufen bringen und ebenfalls davon profitieren, dass die Milben die Eier der konkurrierenden Dungfliegen aussaugen. In Österreich wurden über 50 phoretische Milbenarten auf rund 80 verschiedenen Vektoren – vor allem Käfern – gefunden (Kofler und Schmölzer 2000). Weitere beliebte Vektoren von Milben sind Hummeln oder Bienen.

Auch andere Wirbellose lassen sich von Insekten transportieren. Der winzige Pseudoskorpion *Lamprochernes nodosus* klammert sich oft an den Beinen von Fliegen fest und lässt sich phoretisch in neue Lebensräume bringen. Die Kieferläuse sind kleine, flügellose Insekten, die vor allem an Vögeln Blut saugen. Sie benutzen Lausfliegen (Hippoboscidae) als Vektoren, um von einem Wirt zum andern wechseln zu können.

Auch die Junglarven vieler Ölkäfer (Meloidae) gelangen phoretisch zu ihren Wirten. Die Weibchen des Schwarzblauen Ölkäfers *(Meloe proscarabaeus)* beispielsweise legen Zehntausende von Eiern in den Boden. Die geschlüpften, sogenannten Triungulinuslarven klettern auf eine Blüte und warten auf blütenbesuchende Wildbienen. An diesen klammern sie sich fest und lassen sich ins Nest tragen, wo die folgenden Larvenstadien der Käfer die Eier und den zugehörigen Nektar- und Pollenvorrat der Bienen fressen.

Gewisse Schlupfwespen der Familie Scelionidae benutzen die unterschiedlichsten Insekten als Vektoren. Adulte Wespen hängen sich an trächtige Weibchen von Nachtfaltern oder auch der Gottesanbeterin *(Mantis religiosa)* und lassen sich zu deren Eiablageplätzen tragen. Dort parasitieren sie anschliessend die Eier ihres Vektors (Clausen 1976). Im Gegensatz zur symbiotischen Beziehung bei den Aaskäfern ist dies eher eine parasitische Beziehung, da zwar nicht die Vektoren, aber deren Eier parasitiert werden.

11.2 Vektoren von Pilzen

Als Vektoren von Pilzen und Pathogenen sind vor allem blutsaugende Insekten bekannt, welche Humankrankheiten übertragen. Verschiedene Waldinsekten transportieren ebenfalls Pilze und Mikroorganismen, die für die menschliche Gesundheit aber ohne Bedeutung sind. Praktisch alle Insektenarten, die sich in frischem Holz entwickeln, übertragen sogenannte Ambrosiapilze, die ihren Larven helfen, die schwer abbaubaren Holzbestandteile zu verdauen. Die Beziehung zwischen diesen Insekten und dem Pilz ist ebenfalls symbiotisch: Der Pilz erlaubt den Larven, sich von Holz zu ernähren. Im Gegenzug wird er von den fliegenden Adulttieren in neue Lebensräume transportiert.

Von den in Mitteleuropa vorkommenden zehn Holzwespen (Siricidae) sind neun Arten mit Pilzen vergesellschaftet (Bachmaier 1966). Die Riesenholzwespe *(Urocerus gigas)* zum Beispiel besiedelt verschiedene Nadelhölzer (siehe Kapitel 4.2). Das Weibchen trägt Hyphen des Schichtpilzes *Amylostereum chailletii* in speziellen Taschen (Mycetangien) an der Basis des Ovipositors. Bei der Eiablage gleitet das Ei an den Mycetangien vorbei und wird dabei mit dem Pilz geimpft. Mithilfe des Ablagestachels wird das Ei im Holz abgelegt. Dort beginnt der Pilz zu wachsen, und das Pilzgeflecht breitet sich aus. Beim Fressen nehmen die Holzwespenlarven Pilzmyzel auf, das sie befähigt, Zellulose, Lignin und andere Holzbestandteile abzubauen. Trotz der Symbiose mit dem Pilz dauert die Entwicklung der Riesenholzwespe aber mindestens drei Jahre. Nach dem Schlüpfen nagen sich die adulten Holzwespen ins Freie. Dabei gelangen Pilzfragmente in die Mycetangien, wo sie sich einnisten. Bei der Eiablage des ausgeflogenen Weibchens wird der Pilz auf einen neuen Baum übertragen.

Bei den Borkenkäfern sind zwar die meisten Arten Rindenbrüter, doch gibt es auch einige Arten, die sich im Splintholz entwickeln. Die Ambrosiakäfer der Gattung *Trypodendron* tragen in ihren Mycetangien Pilzhyphen, die sie bei der Eiablage ins Holz übertragen. Die sich entwickelnden Larven ernähren sich ausschliesslich vom Pilzmyzel. Die Larven ma-

Holzwespen sind Vektoren von Pilzen, die für ihre Larven lebenswichtig sind. Die Weibchen transportieren den Pilz in speziellen Taschen vom Ort ihrer Entwicklung zu einem neuen Baum. Im Bild ist eine Riesenholzwespe *(Urocerus gigas)* dabei, ihren Eiablagestachel (schwarzer Stift in Körpermitte) ins Holz zu treiben.

240

^
Eiablagestachel der Riesenholzwespe: oben und unten die beiden Scheiden, dazwischen der eigentliche Legebohrer. Durch diesen gleiten nach dem Einstich ins Holz die mit Pilzsekret geimpften Eier. Trotz der spiralförmigen Strukturen am Legestachel dreht sich die Wespe beim Einbohren nicht um ihre Achse.

Die Larven der Riesenholzwespe ernähren sich in erster Linie vom Pilz *Amylostereum chailletii*, der vom Muttertier bei der Eiablage übertragen wird.
v

Brutbild des Linierten Nutzholzborkenkäfers *(Trypodendron lineatum)*. In den kurzen, vom horizontalen Muttergang abzweigenden Larvengängen entwickeln sich die Larven. Sie ernähren sich ausschliesslich vom in diesen Stollen wachsenden Pilz, den das Muttertier bei der Eiablage ins Holz gebracht hat. Fremde Pilzarten werden vom Muttertier eliminiert.

chen deshalb im Gegensatz zu den rindenbrütenden Borkenkäfern nur kurze Gänge, da sie vom nachwachsenden Pilzrasen leben und nicht vom Holz. Auch Werftkäfer (Lymexylidae) bringen einen Pilz ins Holz, der ihren Larven als Nahrung dient (siehe Kapitel 4.2).

Von gewissen rindenbrütenden Borken- und Bockkäfern ist auch bekannt, dass sie Vektoren von pflanzlichen Krankheitserregern sind, sich aber nicht von diesen ernähren. So überträgt der bekannteste Borkenkäfer Mitteleuropas, der Buchdrucker, Bläuepilze, welche die Wasserleitgefässe (Xylem) der Bäume verstopfen und damit beim Absterben eines Baumes nach Borkenkäferbefall mitbeteiligt sind. Wichtige Überträger von Baumkrankheiten sind die Ulmensplintkäfer (*Scolytus* spp.), die den Ulmenwelke-Erreger verbreiten, und der Bäckerbock *(Monochamus galloprovincialis)* als Vektor des Kiefernholznematoden (siehe Kapitel 14.4).

12 Erhalten der Waldvitalität

Wie in der menschlichen Bevölkerung gibt es auch in einem (natürlichen) Wald immer geschwächte, kranke, alte und tote Individuen. Solche Bäume gehören zu jedem gesunden Wald und sind nicht Zeichen einer kranken Population. Geschwächte oder unter Stress stehende Bäume haben jedoch eine verminderte Abwehrfähigkeit gegenüber Krankheiten oder Insektenbefall. Insekten können meist nur geschwächte Bäume in einem Ausmass besiedeln, dass diese absterben. Dadurch werden selektiv die schwächeren Bäume befallen, während die «fitteren» verschont bleiben. So erhöht sich die durchschnittliche Vitalität eines Bestandes.

Die Vitalität eines Baumes ist nicht einfach zu definieren. Häufig wird der relativ einfach zu erfassende Belaubungsgrad als Mass genommen. Entsprechend wird die Kronenverlichtung, also der Blatt- oder Nadelverlust, als stellvertretende Variable für den Vitalitätsverlust verwendet. Beispielsweise an Extremstandorten gibt es jedoch Baumindividuen mit nur wenigen Nadeln oder Blättern und

Insektenbefall kann zum selektiven Absterben von geschwächten Bäumen führen. Dies erhöht die durchschnittliche Vitalität eines Bestandes. >

minimem jährlichem Wachstum. Diese haben aber unter Umständen seit Jahrhunderten widrigste Bedingungen überdauert und sind sehr vital.

Eliminieren geschwächter Bäume

Borkenkäfer sind beim selektiven Besiedeln von schwachen oder verletzten Bäumen die wirkungsvollsten Akteure im Wald. Interessanterweise sind es vor allem Nadelbäume, die trotz ihrer Fähigkeit der Harzabwehr am häufigsten den Angriffen von Borkenkäfern ausgesetzt sind. Harz ist für die meisten Insekten toxisch. Wenn sich rindenbrütende Borkenkäfer in vitale Nadelbäume einzubohren versuchen, sind Letztere meist in der Lage, die Angreifer mit im Holz gespeichertem Harz auszuschwemmen, zu verkleben oder zu vergiften. Gelingt dies nicht, reagieren die Bäume mit zusätzlicher Harzproduktion und versuchen damit, die Käferbruten zu vergiften. Je schwächer ein Baum, desto eingeschränkter ist diese Fähigkeit und desto einfacher kann er von den Käfern besiedelt und schliesslich abgetötet werden (vergleiche Kapitel 14.3). Allerdings können nur einige wenige Borkenkäferarten lebende Bäume besiedeln. Bei Fichten ist dies vor allem der Buchdrucker *(Ips typographus)*, bei jungen Nadelbäumen der Kupferstecher *(Pityogenes chalcographus)*. Kiefern mit reduzierter Abwehr werden unter anderem vom Sechszähnigen Kiefernborkenkäfer *(Ips acuminatus)* befallen und eliminiert. Bei den Rüsselkäfern (Curculionidae) ist der Weisstannenrüssler *(Pissodes piceae)* ein Beispiel für solche Selektionseigenschaften: Er befällt vor allem unterdrückte, geschwächte Weisstannen, die in der Folge absterben.

Bei Laubbäumen können zum Beispiel blattfressende Schmetterlingsraupen die schwächeren Bäume eliminieren. Frostspanner (*Erannis defoliaria* und *Operophtera brumata*) oder Schwammspinner *(Lymantria*

Borkenkäfer (hier *Ips typographus*) besiedeln bevorzugt geschwächte oder unter Stress stehende Nadelbäume. Bei solchen ist die Abwehrfähigkeit reduziert, und die Käfer können sich einfacher einbohren.

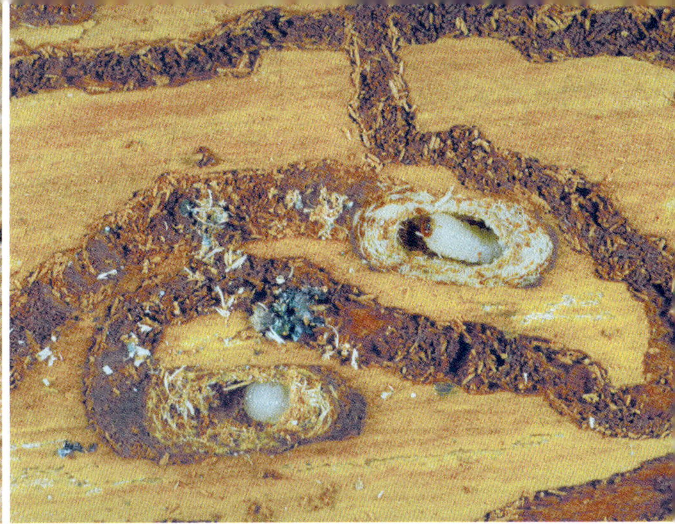

Der Weisstannenrüssler *(Pissodes piceae)* befällt vor allem unterdrückte Weisstannen. Der Frass seiner Larven führt zum Unterbruch des Saftstroms in der Rinde und damit zum Tod des Baumes.

dispar) vermögen bei einer Massenvermehrung die Bäume völlig zu entlauben. Diese reagieren, indem sie aus ihren Reserven ein neues Blattwerk produzieren. Damit verringern sie jedoch diese Reserven, und vor allem nach mehreren aufeinanderfolgenden Jahren starken Frasses sterben die schwächsten Bäume ab, wenn ihre Reserven erschöpft sind. Die vitaleren überleben.

Der Tod schwacher Bäume macht deren Nährstoffe für den restlichen Bestand wieder verfügbar und schafft Platz und Licht für den Aufwuchs junger, gesunder Bäume. Diese nehmen mit der Zeit den Platz und die Funktionen der toten Bäume ein. In solchen Lücken keimen und wachsen zuerst viel mehr Pflanzen, als am Schluss überleben. Während des Einwachsens der Lücke werden die unterdrückten und geschwächten Bäume durch die zunehmende Konkurrenz um Licht, Wasser und Nährstoffe, aber auch durch Insektenbefall eliminiert. So kann beispielsweise ein längerer, starker Befall von unterdrückten Jungfichten durch Fichtengallenläuse (vor al-

Eine gesunde Fichte kann einbohrende Borkenkäfer mit Harz abwehren. Nur bei hohen Populationsdichten können die Käfer diese Abwehr überwinden.

lem *Adelges*-Arten) dazu führen, dass die Gallenbildung an den Trieben die Wuchsleistung der Fichten stark reduziert und die Pflanzen schliesslich absterben.

Selektion von Baumarten

Bei einer natürlichen, nicht vom Menschen gelenkten Waldentwicklung setzen sich diejenigen Baumarten durch, die unter den gegebenen Bedingungen am konkurrenzfähigsten sind. Neben Standortfaktoren wie Klima, Boden, Wasser- und Nährstoffangebot bestimmt auch der Selektionsdruck durch Pathogene, Wild oder Insekten das lokale Vorkommen der Baumarten. Bäume, die zwar ansamen, unter den gegebenen Verhältnissen aber nur wenig vital sind, werden von Insekten bevorzugt befallen und sterben entweder als direkte Folge des Frasses oder verlieren den Konkurrenzkampf gegen andere Baumarten wegen ihrer zum Beispiel insektenbedingt geringen Wuchsleistung.

Auch durch das Übertragen von Krankheiten können Insekten in die Selektion von Baumarten eingreifen. Ein eindrückliches Beispiel sind die Ulmensplintkäfer (*Scolytus*-Arten): In ganz Europa führten sie durch das Übertragen eines eingeschleppten Pilzes, des Erregers der Ulmenwelke, zu einem markanten Rückgang der Ulmen (siehe Kapitel 14.4). Allgemein tragen Insekten dazu bei, dass sich nur standortgerechte und widerstandsfähige Baumarten etablieren und vermehren können.

Dauernder, starker Befall von Gallen der Roten Fichtengallenlaus *(Adelges laricis)* kommt vor allem bei schlechtwüchsigen jungen Fichten vor. Dies verstärkt den Kümmerwuchs und führt zum Ausdünnen des Jungwuchses.

Durch Trockenheit, Pilz- oder Mistelbefall geschwächte Bäume wie diese Waldkiefer werden oft von Borkenkäfern befallen und abgetötet. Dies erhöht die Verfügbarkeit von Licht, Wasser und Nährstoffen für die umgebenden Konkurrenten.

13

Gestalten von Ökosystemen

Alle Organismen beeinflussen auf irgendeine Weise ihre Umwelt. Arten, welche die Verfügbarkeit von Ressourcen für andere Arten physisch verändern, werden in Anlehnung an das englische «ecosystem engineers» als Ökosystem-Ingenieure bezeichnet. Gemäss Definition verändern, erhalten oder schaffen sie Habitate und können ganze Lebensräume gestalten. Im Allgemeinen wirken sich diese Veränderungen positiv auf die Artenvielfalt eines Gebietes aus. Ein bekanntes Beispiel von «ecosystem engineering» ist der Biber. Er fällt Bäume, kann durch seinen Dammbau über lange Zeit ganze Landteile unter Wasser setzen und verändert dadurch Flora und Fauna.

Gewisse Arten von Borkenkäfern befallen selektiv bestimmte Baumarten und Altersstufen und können damit die Zusammensetzung und Entwicklung eines Waldes massgeblich steuern. Der Buchdrucker *(Ips typographus)* befällt fast ausschliesslich Fichten und begünstigt damit andere Baumarten wie Weisstanne und Laubbaumarten. >

Eine Mauerbiene (*Osmia* sp.) benutzte den leeren Gang einer Bockkäferlarve, um darin ihre Brut anzulegen. Der Bockkäfer hat also einen für diese Wildbienenart wertvollen Lebensraum geschaffen.

13.1 Von Kleinhabitaten bis Grosslebensräumen

Waldinsekten können ihre Umwelt in unterschiedlicher Weise und in wechselndem Ausmass gestalten und verändern.

Viele Arten schaffen eher unauffällig und kleinräumig neue Habitate für andere Organismen. In den Nestern von Waldameisen (Kapitel 10) leben zum Beispiel zahlreiche Inquilinen («Untermieter») und profitieren von den sicheren und konstanten Umweltbedingungen eines Ameisenhaufens. Auch Pflanzengallen sind oft von Inquilinen besiedelt, die selber keine Gallen erzeugen können und deshalb auf fremde Gallbildner angewiesen sind. Alte, verlassene Eichengallen dienen bestimmten Grabwespen oft als Brutraum. Die Raupen gewisser Wickler (Tortricidae) rollen zu ihrem Schutz und als Nahrung Blätter zusammen. Diese Röhren bieten Unterschlupf für weitere Organismen wie Spinnen, Käfer oder Ohrwürmer. Viele holzbewohnende Insekten (Kapitel 4.4) schaffen durch ihre Larvengänge und Ausbohrlöcher die nötigen Kleinhabitate für das Brutgeschäft zahlreicher Wildbienenarten.

Einige Insekten verändern hingegen grossflächig ganze Landschaften. Geschieht dies relativ abrupt, wird dies als biotische, ökologische Störung bezeichnet – als Pendant zu den abiotischen Störungen wie Sturm, Feuer oder Hochwasser. Biotische Störungen, speziell solche durch Insekten, unterscheiden sich wesentlich von abiotischen: Sie sind häufig räumlich synchron (zum Beispiel durch die Witterung ausgelöst), haben teilweise ein periodisches Auftreten und wirken eher selektiv, da oft nur eine oder wenige Baumarten betroffen sind (Cooke *et al.* 2007). Aus menschlicher Sicht werden diese Arten vorwiegend

Der Schwammspinner *(Lymantria dispar)* ist ein Ökosystem-Ingenieur, der Laubwälder grossflächig beeinflussen kann. Nach einem vollständigen Kahlfrass durch die Raupen gelangt mitten im Sommer Licht und Wärme auf den Boden (Bild: Gorduno TI, 21.7.1992). Dies begünstigt die Entwicklung der Bodenvegetation, von der wiederum viele weitere Organismen profitieren. Ausserdem erhöht sich die Aktivität der Mikroorganismen im Boden, und die Bodenwasserverhältnisse verändern sich.

als Schädlinge und nicht als Lebensraumgestalter wahrgenommen. Herbivore Insekten beschleunigen im Allgemeinen die Sukzession von Pflanzen. Pionierpflanzen investieren in schnelles Wachstum und stecken wenig Energie in die physische und chemische Abwehr gegen Herbivore, während Baumarten der späteren Sukzessionsphasen einen beträchtlichen Teil ihrer Assimilate in solche Abwehrmechanismen leiten (Davidson 1993). Selektiver Frass an bestimmten Baumarten kann diese Sukzessionen aber auch verzögern oder verhindern, indem Nicht-Wirtspflanzen auf Kosten der Wirtspflanzen gefördert oder empfindliche Pflanzen auf Kosten toleranter Pflanzen zurückgedrängt werden.

Durch eine ein- oder mehrjährige Massenvermehrung von laubfressenden Insekten mit vollständiger Entlaubung der Bäume gelangen vorübergehend mehr Licht und Wärme auf den Boden. Vom vermehrten Lichteinfall und der Wachstumsreduktion der befallenen Bäume profitieren die Bodenvegetation und verschiedene andere Baumarten, was die Struktur und Baumartenzusammensetzung eines Waldes beeinflusst. Die üppige Bodenvegetation begünstigt weitere Nutzniesser. So erhöht sich für das Wild das Äsungs- und für die pollen- und nektarfressenden Insekten das Blütenangebot. Ausserdem gelangt wegen des fehlenden Kronendachs mehr Niederschlag auf den Boden, und die Verdunstung (Evapotranspiration) durch die Bäume wird vermindert. Mindestens kurzfristig wird dadurch der Wassergehalt des Bodens erhöht, aber auch die Auswaschung von Nährstoffen gefördert (Schowalter 2012). Ein grossflächiger Befall beeinflusst den CO_2-Haushalt eines Waldes nachhaltig, indem dieser vorübergehend von einer Kohlenstoffsenke zu einer -quelle wird.

13.2 Einfluss auf die Konkurrenzverhältnisse von Pflanzen

Eine weitere Beeinflussung des Pflanzenwachstums durch Insekten kann die Veränderung der Konkurrenzverhältnisse sein. Die verschiedenen Pflanzenarten stehen miteinander in dauernder Konkurrenz bezüglich Nährstoffe, Wasser und Licht. Diese Konkurrenzverhältnisse können durch Insekten beeinflusst werden, die durch den Verzehr von Blattfläche oder durch Entzug von Phloemsaft das Wachstum und die Reproduktion von Kraut- und Gehölzpflanzen einschränken. Damit wird die Konkurrenzstärke der betroffenen Pflanzen gegenüber nicht befallenen Arten vorübergehend geschwächt, was die lokale Häufigkeit der Pflanzenarten und damit die Artenzusammensetzung verändert.

Durch langsame oder plötzliche, abiotische oder biotische Änderungen der Rahmenbedingungen verändern sich auch die Artenverhältnisse der Pflanzen. Dies kann durch abrupte ökologische Störungen wie Sturm, Feuer oder Lawinen geschehen, aber auch biotische Ursachen haben, wenn zum Beispiel bestimmte Baumarten infolge Befall durch blatt- oder rindenfressende Insekten (v. a. Borkenkäfer) selektiv absterben.

Insbesondere in Gebirgswäldern erfolgt die Wiederbewaldung nach ökologischen Störungen langsam. Während die schnell wachsenden Pioniergehölze mit leichten Flugsamen die Störungsflächen meist schnell besiedeln, dauert es bei den Hauptbaumarten länger, und ihre Keimlinge müssen sich gegen die bereits etablierten Pionierarten durchsetzen. Grossblättrige Krautpflanzen wie Alpen-Milchlattich, Huflattich, Alpendost oder Pestwurz können den Boden komplett abdecken und behindern dadurch das Wachstum der beschatteten Baumkeimlinge. Die Dominanz dieser Krautflora kann durch Insekten lokal verringert werden. In manchen Jahren sind blattfressende Käfer (*Oreina* spp., *Chrysolina* spp.) aus der Familie der Blattkäfer (Chryso-

Der Lärchenwickler *(Zeiraphera griseana)* ist ein kleiner, unscheinbarer Nachtfalter der Lärchenwälder. In gewissen inneralpinen Tälern zeigen seine Populationen auffallende, regelmässige und zyklische Dichteschwankungen.

melidae) so zahlreich, dass sie die riesigen, beschattenden Blätter derart perforieren, dass die darunterliegenden Keimlinge verschiedener Baumarten mehr Licht erhalten und so langsam der wachstumshemmenden Krautschicht entwachsen können.

13.3 Der Lärchenwickler im Engadin

Der Graue Lärchenwickler *(Zeiraphera griseana)* zeigt als Beispiel, wie grossräumig und nachhaltig Insekten die Waldentwicklung beeinflussen können. Seine Populationsdichten durchlaufen in den Tälern des europäischen Alpenbogens regelmässige Zyklen von 8 bis 10 Jahren. Im Engadin wurde dieser Nachtfalter in der zweiten Hälfte des 20. Jahrhunderts intensiv untersucht, und er ist weltweit zu einem der berühmtesten Beispiele einer Tierart mit zyklischen Populationsschwankungen geworden (Baltensweiler und Fischlin 1988).

Geschichtliches

Die erste Erwähnung einer damals in der Schweiz noch unbekannten «Krankheit», die grossflächig ganze Lärchenwälder rot werden liess, stammt von 1820 aus Ardon im Wallis (Coaz 1894). Aber erst 1857 konnte diese Erscheinung dem eigentlichen Urheber zugeschrieben werden, als Forstinspektor Davall «die Phaläne dem forstlichen Publikum zur näheren Kenntniss brachte» (Davall 1857). Als Phalänen wurden damals die Nachtfalter

Die jungen Raupen ernähren sich zuerst im Innern eines zusammengesponnenen Nadelbüschels von jungen Nadeln (a). Später fressen sie an den zusammengesponnenen Nadelbüscheln von der Spitze her (b). Im letzten Stadium bewegen sie sich im Schutz von Gespinsten entlang der Zweigachse und fressen von der Aussenseite her an den Nadeln (c). >

bezeichnet («haarigter, raucher Nachtvogel», Brockhaus 1811). Davall führte eine in diesem Jahr stattfindende «Verheerung» der Lärchen von Sitten bis ins Oberwallis und in die Seitentäler auf die Raupen von «*Tortrix pinicolana*» zurück. Auch im Oberengadin färbten sich alle paar Jahre mitten im Sommer die Lärchenbestände an den Talhängen rotbraun. Der erste Bericht aus Graubünden 1855 betrifft den Raum Zernez, und 1894 beschrieb der damalige Schweizer Oberforstinspektor Johann Coaz erstmals die zyklischen Gradationen (Massenvermehrungen) in den Gebieten Ober- und Unterengadin sowie Münstertal, aber auch in der Landschaft Davos (Coaz 1894). Diese Massenvermehrungen wurden als ernsthafte Bedrohung der Lärchenwälder betrachtet, da in der Folge jeweils eine mehr oder weniger grosse Anzahl Bäume abstarben.

Fünfzig Jahre später, als sich nach dem Zweiten Weltkrieg der Tourismus in der Schweiz langsam wieder zu erholen begann, war eben eine Gradation des Lärchenwicklers im Gange, und die Tourismusbranche drängte auf eine Behandlung der unschön aussehenden Wälder mit dem damals neuen, als Wundermittel betrachteten Insektizid DDT (welches versuchsweise später auch eingesetzt wurde). Dieses Begehren setzte 1948 eine über sechs Jahrzehnte dauernde Langzeitstudie in Gang, die vor allem von Werner Baltensweiler von der ETH Zürich geprägt wurde. Im Verlaufe der Untersuchungen entstanden über 130 wissenschaftliche Arbeiten, und der Lärchenwickler veränderte sich in der Wahrnehmung der Gesellschaft vom Schädling zum Lebensraum-Gestalter und faszinierenden Studienobjekt.

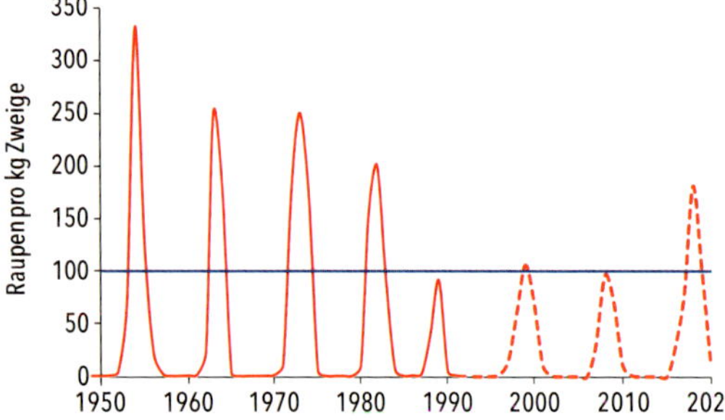

Zyklische Populationsschwankungen des Lärchenwicklers im Oberengadin. Die Periodizität liegt bei durchschnittlich 8,5 Jahren, die Schwelle für eine sichtbare Verfärbung der Lärchenbestände bei 100 Raupen pro Kilogramm Zweige. Die ausgezogene rote Kurve basiert auf quantitativen Daten, die gestrichelte Linie auf visuellen Schätzungen im Feld (aus Wermelinger *et al.* 2018).

Ökologie des Lärchenwicklers

Der Graue Lärchenwickler ist ein kleiner Falter von zwei Zentimeter Flügelspannweite aus der Familie der Wickler (Tortricidae). Seine Raupen erreichen eine Länge von anderthalb Zentimetern. Die Biologie dieses Schmetterlings wurde im Engadin im Detail untersucht (Maksymov 1959). Die Eier überwintern in Diapause unter Flechten und unter Zapfen- oder Rindenschuppen. Mitte Mai schlüpfen die Räupchen, und die ersten zwei Stadien fressen an der Basis im Innern junger Nadelbüschel. Im dritten und vierten Larvenstadium frisst die Raupe in einem oben offenen Wickel, der aus einem Nadelbüschel zusammengesponnen wird. Wenn die angefressenen Nadeln zu verdorren beginnen, wechselt sie jeweils zu einem neuen Nadelbüschel. Anfang Juli befindet sich die Raupe im fünften und letzten Stadium. Sie frisst zuerst die Wickelspitze ab, konstruiert danach ein Gespinst entlang der Zweigachse und frisst von dort aus seitlich an weiteren Nadelbüscheln. Dieses Stadium ist am destruktivsten, da die Raupe die angebissenen, schnell vertrocknenden Nadeln laufend wechselt. Während ihrer Entwicklung befällt eine Raupe zwischen 10 und 20 Nadelbüschel, wovon jeweils nur die Hälfte der Nadelmasse verzehrt wird (sogenannter Luxusfrass). Bei einer Massenvermehrung verfärben sich die Bestände wegen

^
Bei einer Massenvermehrung wandern die Raupen ruhelos auf den Zweigen herum, nagen viele Nadeln nur an und hinterlassen verdorrende Nadeln und mit Kot durchzogene Gespinste.

Auf dem Höhepunkt einer Gradation verfärben sich die angebissenen, vertrocknenden Lärchennadeln rotbraun, was bei trockener Witterung besonders deutlich zum Ausdruck kommt. Im Vordergrund befinden sich nicht betroffene Arven (Val Bever GR, 1.8.1999)
v

der verdorrten Nadeln mitten im Sommer rotbraun, wobei die Ausprägung auch von der Witterung abhängig ist. Am Ende der rund vierwöchigen Entwicklung lässt sich die Raupe zu Boden fallen und durchläuft in der Streu eine einmonatige Puppenphase. Ab Ende Juli bis in den September hinein schlüpfen die Falter und schwärmen in der Dämmerung bis Mitternacht, im späten Herbst bei kühlen Bedingungen am Mittag. Auf diesen Flügen findet die Paarung statt, und die Weibchen legen anschliessend während rund drei Wochen – je nach Gradationsphase – bis 300 Eier ab.

Als natürliche Feinde galten im 19. Jahrhundert die Vögel, speziell Meisen, weshalb die Jagd auf die Zugvögel im südlichen Nachbarland beklagt wurde (Coaz 1894). Vögel fressen vor allem bei einer Massenvermehrung des Lärchenwicklers viele Raupen, ebenso wie die im Engadin häufigen Waldameisen (*Formica* spp.). Diese erbeuten vorwiegend Raupen im letzten, nicht mehr im Nadelwickel lebenden Stadium sowie die Raupen am Boden, bevor sie sich verpuppen. Die intensive Forschungstätigkeit brachte zudem eine grosse Zahl von Parasitoiden ans Licht (Delucchi 1982). Ausser dem Falter können alle Stadien des Lärchenwicklers (Ei, Raupe, Puppe) von parasitischen Schlupfwespen (insbesondere Ichneumonidae) und Raupenfliegen (Tachinidae) parasitiert werden. Auch Krankheiten wie Virosen treten auf.

Die Populationszyklen

Ab 1949 wurde die Populationsdynamik des Lärchenwicklers speziell im Oberengadin intensiv untersucht. Es zeigte sich, dass die Massenvermehrungen sich mit einer Periodizität von durchschnittlich 8,5 Jahren wiederholen (Baltensweiler und Fischlin 1988). Die Populationsdichten (Abundanzen) verändern sich dabei innerhalb von vier bis fünf Generationen um einen Faktor von bis 30 000! Auf dem Höhepunkt (Kulmination) befinden sich auf einer Lärche über 20 000 Raupen, und man kann ihren Kot zu Boden rieseln hören. Die Bäume sind dann von Gespinstfäden der Raupen durchzogen, die sich auf der Suche nach neuer Nahrung vom Wind auf andere Äste oder Bäume verwehen lassen. Wie der Populationsaufbau erfolgt auch der Zusammenbruch innnerhalb nur weniger Generationen. Die Mortalität der Raupen infolge Antagonisten, Konkurrenz und Hunger erreicht beim Populationszusammenbruch 99,98 Prozent (Baltensweiler und Fischlin 1988).

Die Verfärbung der Bestände wird erst ab einer Schwelle von rund 100 Raupen pro Kilogramm Zweige sichtbar, wenn etwa 10 Prozent der Nadeln geschädigt sind (Auer

‹ An den Stirnseiten von gelagerten Lärchenstämmen im Val Bever im Engadin (oben) und im Lötschental (unten) sind die regelmässig wiederkehrenden, schmalen Jahrringe der Lärchenwicklerausbrüche gut sichtbar.

1975; siehe Grafik Seite 252). Die regelmässigen Zyklen beschränken sich auf die Optimumsgebiete zwischen 1700 und 2000 Metern über Meer. Auch für das Oberwallis beschrieb Davall (1857), dass die Hänge jeweils nur auf einer Höhe von 300 bis 360 Metern über dem Talboden (1350 m ü.M.) verrötet waren. Interessanterweise sind diese Zyklen nicht auf das Engadin und das Wallis beschränkt, sondern finden in vielen weiteren inneralpinen Tälern in Frankreich, Italien und Österreich statt.

Weil die Lärche eine nadelwerfende, winterkahle Baumart ist, vermag sie den Ausfall der Nadeln zu kompensieren, indem sie nach dem Kahlfrass im Sommer nochmals austreibt. Dabei greift sie auf die im Holz gespeicherten Reservestoffe zurück. Das hat zur Folge, dass das Wachstum des Baumes in diesem und den folgenden rund drei Jahren eingeschränkt ist. Dies schlägt sich auch im Zuwachs des Stammes nieder. Wenn man eine Holzscheibe eines alten Lärchenstammes aus dem Engadin oder einen Lärchenbalken von einem alten Walliser Holzhaus betrachtet, fallen diese schmalen Jahrringe auf. Der Abstand zwischen den schmalsten Jahrringen beträgt meistens acht bis zehn Jahre – der Zyklus des Lärchenwicklers. Im Jahr der maximalen Entnadelung fällt der Jahrring meistens sogar ganz aus (Weber 1997). Solche Jahrringstudien haben auch gezeigt, dass die Zyklen des Lärchenwicklers schon sehr lange existieren. Anhand von Lärchenholzproben lebender Bäume und Balken historischer Gebäude vorwiegend aus dem Walliser Lötschental konnten die Lärchenwicklerzyklen über 1200 Jahre mit einer durchschnittlichen Frequenz von 9,3 Jahren rekonstruiert werden (Esper *et al.* 2007). Dies zeigt, dass die Lärche und der Lärchenwickler schon lange zusammen existieren.

Neunjähriger Modellzyklus der Wechselwirkungen zwischen dem Wirtsbaum Lärche und dem Lärchenwickler.

Was steuert die Zyklen?

Die verblüffende Regelmässigkeit der Zyklen wirft die Frage nach deren Regulationsmechanismen auf. Bei der ersten Untersuchung einer Gradation im Engadin erkrankten die Raupen beim Populationszusammenbruch an einer Viruskrankheit. Diese Virose galt bis zur nächsten Massenvermehrung als wichtigste treibende Kraft der Populationsdynamik, und wenn die Forschung damals eingestellt worden wäre, würde diese Erklärung wohl noch heute gelten. Tatsächlich spielte die Virose bei den folgenden Gradationen kaum mehr eine Rolle. Dies zeigt, wie wichtig langfristige Untersuchungen sind. In der Folge wurden mehrere Prozesse entdeckt, die während einer Massenvermehrung ablaufen und an der Regulation der Zyklen beteiligt sind.

Negative Rückkopplung der Nadelqualität

Die Wechselwirkungen zwischen Lärchenwicklerraupen und ihren Wirtsbäumen wurden intensiv erforscht (Benz 1974). Es zeigte sich, dass auch die Zusammensetzung der Lärchennadeln – bedingt durch den Lärchenwicklerfrass – einen Zyklus durchläuft. Auf dem Höhepunkt einer Gradation wird der grösste Teil der Nadeln gefressen, oder sie vertrocknen, weil sie von den Raupen angebissen werden. Die Lärche kann in der Folge weniger Assimilate bilden, die für das Wachstum und die Bildung von Reserven benötigt werden. Wenn mehr als die Hälfte der Nadelmasse ausfällt, treibt die Lärche Ende Juli nochmals aus und produziert ein zweites Nadelkleid. Dies geht allerdings auf Kosten der Reserven, die durch die Photosyntheseleistung der neuen Nadeln bis zum Herbst nicht mehr aufgefüllt werden können. Die Lärche zögert zwar den Abwurf der Nadeln in solchen Jahren bis in den späten Herbst hinaus, um das Defizit etwas kompensieren zu können. Dabei läuft sie allerdings Gefahr, durch Frühfröste die noch grünen Nadeln zu verlieren, bevor diese ihre Nährstoffe und Energieträger ins wintersichere Holz und die Wurzeln transferieren können.

Für den Lärchenwickler selber bedeutet die hohe Raupendichte einen Dichtestress und der starke Raupenfrass eine Reduktion der Nahrungsgrundlage. Dadurch steigt die Mortalität der hungernden Raupen, und die aus ihnen entstehenden Falter produzieren im Herbst viel weniger Eier.

Im nächsten Frühling zeigen sich die Folgen der geringen Reserven der Lärchen: Sie treiben später aus, ihre Nadeln wachsen

‹ Fällt mehr als die Hälfte der Nadeln wegen Frass oder Vertrocknen aus, treibt die Lärche im August – nach dem Rückzug der Raupen zur Verpuppung in den Boden – nochmals neue Nadeln. Dies geht jedoch auf Kosten der im Holz eingelagerten Reserven und führt zusammen mit der während des Raupenfrasses stark reduzierten Assimilationsleistung dazu, dass sich der Austriebszeitpunkt und die Nadelqualität in den folgenden Jahren zum Nachteil der Raupen verändern.

langsamer und bleiben um 30 bis 70 Prozent kürzer. Der Gehalt an schwer verwertbaren Rohfasern ist höher und der Protein- und Stickstoffgehalt der Nadeln tendenziell tiefer als in normalen Jahren. Wie für alle im Frühling aus den Eiern schlüpfenden, blattfressenden Raupen ist auch für den Lärchenwickler das zeitliche Zusammenfallen (Koinzidenz) des Nadelaustriebs und des Schlüpfzeitpunkts der jungen Raupen entscheidend. In den Jahren nach einem Massenauftreten verschlechtert sich diese Koinzidenz, und den zum normalen, temperaturgesteuerten Zeitpunkt schlüpfenden Räupchen fehlen die frisch ausgetriebenen, zarten und stickstoffreichen Lärchennadeln. So verhungert mindestens der früh schlüpfende Teil der neuen Lärchenwickler-Population. Die überlebenden Raupen fressen Nadeln minderer Qualität, die schwer verdaubar sind und einen geringen Nährwert haben. Sie wachsen deshalb langsamer, erreichen ein niedrigeres Gewicht und erleiden eine höhere Mortalität. Die aus diesen Raupen entstehenden Falter weisen eine bis zu 90 Prozent tiefere Eiproduktion auf. Diese verzögerte Rückkopplung führt zu einem drastischen Rückgang der Populationsdichte.

Nach rund drei Jahren haben sich die Lärchen wieder erholt. Die Lärchenwicklerpopulation profitiert von der besseren Nahrungsqualität und nimmt wieder zu. Diese Wechselwirkungen zwischen dem Lärchenwickler und dem Wirtsbaum Lärche sind auch wichtig für die weiteren, nachstehend beschriebenen Prozesse.

Regulation durch natürliche Feinde

Natürliche Feinde sind vor allem parasitische Wespen und Fliegen, von denen über 100 Arten bekannt sind (Delucchi 1982). Deren Artenspektrum hängt von der Meereshöhe und der Gradationsphase ab. Zu Beginn einer Lärchenwicklergradation verursachen die Parasitoiden eine Mortalität von meist weniger als 10 Prozent, auf dem Kulminationspunkt 20 Prozent, und beim Zusammenbruch des Lärchenwicklers bis zu 80 Prozent (Baltensweiler 1968, Delucchi 1982). Die Zyklen der natürlichen Feinde hinken um etwa zwei Jahre hinter denjenigen des Lärchenwicklers nach. Dies wurde zuerst so interpretiert, dass die Populationen der Parasitoiden von denjenigen des Lärchenwicklers abhängen und nicht umgekehrt. Neuere Modelle mit Zeitreihenanalysen zeigen jedoch, dass mit einem einfachen Wirt-Parasitoiden-Modell (analog einem Räuber-Beute-Modell) 90 Prozent der Wachstumsraten des Lärchenwicklers erklärt werden können (Turchin *et al.* 2003). Wird die oben besprochene Rückkopplung der Nadelquali-

^
Lärchenwicklerraupe mit dem Ei einer parasitischen Schlupfwespe (vermutlich *Phytodietus griseanae*). Parasitische Insekten sind einer der wichtigsten Faktoren bei der Steuerung der Lärchenwicklerzyklen.

^
Die Arvenform des Lärchenwicklers entwickelt sich vor allem in diesjährigen, zusammengesponnenen Nadelbüscheln von Arven. Der helle Arven-Ökotyp mit orangegelber Kopfkapsel hat ein geringeres Vermehrungspotenzial als der Lärchen-Ökotyp.

tät der Lärchen mit einbezogen, ist die Übereinstimmung des Modells mit den Felddaten nur geringfügig besser. Die beobachtete zweijährige Phasenverschiebung ist geradezu typisch für oszillierende Räuber-Beute-Beziehungen (Lotka-Volterra's Gesetz). Die Parasitoiden sind somit ein sehr wichtiger Faktor in den Zyklen der Lärchenwickler-Populationen.

Fitness verschiedener Ökotypen

Der Lärchenwickler kennt zwei genetisch verschiedene Ökotypen (Rassen): die Lärchenform und die Arvenform (Arve = Zirbelkiefer). Die im letzten Stadium grauschwarz gefärbten Raupen der Lärchenform ernähren sich fast ausschliesslich von Lärchennadeln und erleiden auf Arven eine sehr hohe Mortalität. Ihre Eientwicklung ist deutlich schneller und die Raupenmortalität auf Lärchennadeln guter Qualität geringer als diejenigen der Arvenform (Day und Baltensweiler 1972). Infolge der kürzeren Eientwicklung ist die Lärchenform auch besser an den Austriebszeitpunkt der Nadeln angepasst (Koinzidenz), der bei der Lärche rund zwei Wochen früher erfolgt als bei der Arve. Zudem ist bei der Lärchenform die Eiproduktion höher als beim Arven-Ökotyp.

Die Raupen der Arvenform sind gelblich grau gefärbt und haben eine orangegelbe Kopfkapsel. Sie fressen an den Arventrieben des laufenden Jahres, gedeihen aber auch gut auf Lärche, Kiefer oder Fichte. Die Arvenform entwickelt sich deutlich langsamer und produziert weniger Eier als der Lärchentyp. Sie hat aber auf Lärchennadeln schlechter Qualität eine höhere Überlebensrate als die Lärchenform.

Die beiden Ökotypen haben somit eine unterschiedliche ökologische Fitness und die Falter der beiden Formen reagieren auf unterschiedliche Pheromone. Sie sind im Begriff, sich zu zwei verschiedenen Arten zu entwickeln. Zwischen den beiden Ökotypen gibt es zudem Intermediärformen (Übergangsformen), die sich auf beiden Baumarten entwickeln können.

Während einer Gradation ändern die Dominanzverhältnisse der beiden Ökotypen: Zu

Beginn einer Massenvermehrung herrscht zu 80 Prozent die dunkle Lärchenform vor, die sich auf den im Überfluss vorhandenen, qualitativ guten Lärchennadeln schneller entwickelt als die Arven- und die Intermediärformen. Nach dem Kahlfrass auf dem Höhepunkt einer Gradation treiben die Lärchen ihre Nadeln später und von geringerer Qualität aus, was die später schlüpfenden und auf diesen Nadeln besser überlebenden Arven- und Intermediärformen gegenüber der Lärchenform begünstigt. Die schlechte Nahrungsqualität lässt die Lärchenwicklerdichte insgesamt weiter abnehmen, vor allem aber sinkt der Anteil der Lärchenform auf 20 Prozent. Haben sich die Lärchen erholt, baut sich die spezialisierte, fittere Lärchenform erneut auf und beginnt wieder zu dominieren (Baltensweiler 1993a).

Es gibt in gewissen Gebieten der Alpen auf der Arve einen eigenen Zyklus der hellen Arvenform des Lärchenwicklers, der synchron und mit derselben Periodizität wie auf der Lärche abläuft (Dormont *et al.* 2006). Da die Arvenform nur die Nadeln der diesjährigen Arven-Triebspitzen frisst und damit keinen Neuaustrieb auslöst, werden diese Zyklen nicht wie beim Lärchen-Ökotyp von einer negativen Rückkopplung der Nahrungsqualität beeinflusst. Dies deutet ebenfalls auf eine Regulation der Zyklen durch Parasitoide hin.

Migration und Dispersion der Falter

Die Populationen des Lärchenwicklers zeigen während einer Gradation sowohl lokale Migration als auch grossräumige Dispersion (Baltensweiler und Rubli 1999). Auf lokaler Skala

Auf dem Höhepunkt einer Lärchenwickler-Gradation verfärben sich die Lärchenwälder jeweils mitten im Sommer rotbraun. Da dann die Falter die betroffenen Gebiete in grosser Zahl verlassen und sich ostwärts in benachbarte Täler verdriften lassen, setzen sich die Verfärbungen über den ganzen Alpenbogen hinweg Richtung Osten fort. Sie beginnen jeweils in den französischen Westalpen und enden nach rund vier Jahren im Südtirol und in Kärnten. (a) Val Guisane, Frankreich; (b) Saastal, Wallis; (c) Engadin, Graubünden; (d) Valle Aurina, Italien. Bilder aus den Jahren 1964 bis 1979.

tendieren die Falter, gegen die abends herrschenden Talwinde aufwärtszufliegen, und aggregieren so in den Optimumsgebieten, wo die regelmässigen Zyklen zu beobachten sind. Tritt dort ein Kahlfrass auf, weichen die Falter des Lärchenwicklers für die Eiablage wieder in tiefere Gebiete aus, wo die Lärchen von übermässigem Raupenfrass verschont geblieben sind. Haben sich die Bäume erholt, findet in den nächsten Jahren eine Rückwanderung in die Optimumsgebiete mit besserer Koinzidenz statt.

Auf einer grösseren räumlichen Skala spielt sich die Wind-Verfrachtung von Faltern über die inneralpinen Täler ab. Nach einer grossflächigen Entnadelung auf dem

Was treibt die 9-Jahreszyklen des Lärchenwicklers an?

Die bis zurück zur Römerzeit nachgewiesenen, regelmässigen Zyklen des Lärchenwicklers sind noch immer Gegenstand von Untersuchungen und Modellrechnungen, um die verschiedenen Steuerfaktoren dieser Populationsdynamik zu evaluieren. Es spielen mehrere dichteabhängige, im Text erläuterte Mechanismen zusammen, die wohl erst in ihrer Gesamtheit die Regelmässigkeit der Zyklen ermöglichen. Zusammengefasst dürfte ein solcher Zyklus folgenden Hintergrund haben:

In jeder Generation wandern die Lärchenwickler in höher gelegene Gebiete, wo sie sich in besonders günstigen Habitaten mit hoher Koinzidenz (Synchronisation) von Nadelaustrieb und Schlüpfzeitpunkt der Räupchen ansammeln und grosse Populationen aufbauen. Diese bestehen vorwiegend aus Raupen des dunklen Lärchen-Ökotyps mit hoher ökologischer Fitness. Die Regulation durch natürliche Feinde vermag zu diesem Zeitpunkt mit dem Anstieg nicht Schritt zu halten, und die Lärchenwickler-Populationen können sich mit jeder Generation mehr als verzwanzigfachen. Auf dem Höhepunkt der Gradation führen die riesigen Raupenmengen zu einer vollständigen Vernichtung der Nadeln und damit zum Hungertod vieler Raupen. In den folgenden Jahren sind Länge und Qualität der Lärchennadeln deutlich verringert, und der Nadelaustrieb erfolgt später. Dies begünstigt die unter diesen Bedingungen etwas fitteren Arven- und Intermediärformen des Lärchenwicklers. Die insgesamt hohe Raupenmortalität und die tiefere Reproduktion der Falter führen jedoch zu einem drastischen Rückgang der Lärchenwicklerpopulationen. Zudem kommt jetzt die Wirkung der angestiegenen Populationen von parasitischen Wespen voll zum Tragen, und die Mortalität der Raupen erreicht fast 100 Prozent. Viele Lärchenwickler wandern in tiefer gelegene Gebiete ab, wo sie zwar eine schlechtere Koinzidenz mit ihrem Wirt, aber genügend Nahrung vorfinden. Andere lassen sich mit Windunterstützung in benachbarte Alpentäler verfrachten. Nach etwa drei Jahren sind die Populationen des Lärchenwicklers auf einem Tiefpunkt angelangt, und der Austriebszeitpunkt und die Qualität der Lärchennadeln haben sich wieder normalisiert. Die helle Arvenform der Raupen tritt in den Hintergrund und wird von der sich selektiv paarenden, vermehrungsstarken Lärchenform abgelöst. Die Schlupfwespen-Populationen sind aus Wirtsmangel zusammengebrochen, und die Falter wandern von den tiefer gelegenen Gebieten wieder in die Optimumsgebiete ein, wo sie sich wieder optimal vemehren können.

Die grundlegenden Mechanismen laufen somit auf lokaler Ebene ab, vor allem basierend auf der Regulation durch natürliche Feinde, und auf der negativen Rückkopplung durch die Nahrungsqualität der Lärchennadeln. Die grossräumige Verfrachtung der Falter über den Alpenbogen hinweg stabilisiert und synchronisiert die Lärchenwicklerzyklen.

Höhepunkt einer Gradation verlassen Falter in Massen das Gebiet und werden vom Wind in benachbarte Täler verweht. Die zyklischen Schwankungen der Lärchenwicklerpopulationen kennt man deshalb nicht nur vom Wallis und Engadin, sondern auch von vielen weiteren Tälern im europäischen Alpenbogen. Die Zyklen sind allerdings zeitlich gegeneinander verschoben. Die ersten Gradationen sind jeweils im Westen der französischen Alpen (Briançonnais) zu beobachten, danach wandern die Kulminationsjahre mehr als 600 Kilometer über den Alpenbogen nach Osten: Seealpen, Aostatal, Wallis, Engadin, Veltlin, Dolomiten, Steiermark. Der gesamte zeitliche Versatz beträgt ungefähr vier Jahre. Mithilfe von Licht- und Pheromonfallen, die über den ganzen Alpenraum verteilt bis ins Mittelland aufgestellt wurden, konnte nachgewiesen werden, dass während der lokalen Gradationen unzählige Falter über die Alpenpässe in die östlichen, benachbarten Täler verfrachtet werden und beispielsweise auch im Schweizer Mittelland die dortigen lokalen Populationen ergänzen.

Innerhalb des Alpenbogens gibt es dabei zwei «Epizentren», die eine gewisse Eigendynamik aufweisen und deren eigene Ausbreitungswellen die West-Ost-Bewegung überlagern. Die beiden Herde sind das Briançonnais in Frankreich und das Engadin/Vinschgau in den Ostalpen (Baltensweiler und Rubli 1999, Johnson *et al.* 2004). Diese Gebiete zeichnen sich durch eine hohe sogenannte «Connectivity» aus – eine räumliche Nähe von günstigen Habitaten mit wenigen ungünstigen Zwischenhabitaten.

Die umfangreichen Migrationsbewegungen auf unterschiedlichen Skalen lassen die Wirkung des Ende der 1940er-Jahre geforderten Einsatzes von Insektiziden nutzlos erscheinen. Tatsächlich hatte die versuchsweise Anwendung von DDT und anderen Insektiziden 1963 im Goms und in Frankreich nur einen saisonalen Effekt und blieben ohne Einfluss auf die Zyklen (Auer 1974).

Bedeutung des Lärchenwicklers für den Lärchenwald

Schon früh wurde die Bedeutung des Lärchenwicklers als «Schädling» im Lärchenwald relativiert und vor allem im Zuwachsverlust des Holzes in den Jahren der Massenvermehrungen gesehen. Untersuchungen im Oberengadin zeigten, dass die Absterberate der

Auf dem Höhepunkt einer Gradation seilen sich die Lärchenwicklerraupen von den verbräunten Lärchen ab und fressen auf den jungen Arven und Fichten im Unterstand. Während die Lärche als nadelwerfende Baumart nach einem Befall neu austreibt, können die geschwächten Arven den Nadelfrass nicht kompensieren und sterben oft ab oder gehen infolge Sekundärbefall durch Insekten ein. Dies verhindert den Übergang der Lärchenwälder in Arvenwälder. >

Lärchen normalerweise unter einem Prozent liegt und der Zuwachsverlust vernachlässigbar ist (Baltensweiler und Rubli 1984). In sehr trockenen Jahren kann allerdings ein grösserer Anteil von Bäumen absterben, was lokal die nachhaltige Waldbewirtschaftung gefährden kann. Später sorgte man sich um die Wälder vor allem aus ästhetischen, touristischen Gründen (Auer 1974).

Der Lärchenwickler hat für die inneralpinen Lärchenwälder jedoch eine grosse ökologische Bedeutung. Vielerorts sind heute die Lärchen so dominant, weil sie von früheren, grösseren Störungen profitierten. Im Mittelalter wurden viele Fichten-/Arvenwälder gerodet, es gab Feuersbrünste in Kriegsjahren, und die Arven wurden gezielt für Täferholz genutzt. Zudem litt die Baumverjüngung dieser Wälder durch Beweidung und Streunutzung bis weit ins 19. Jahrhundert hinein (Coaz 1894). So konnte sich die Lärche als schnell wachsende, lichtbedürftige Pionierbaumart gut etablieren. Ein alter, dichter Lärchenwald kann sich selber aber kaum mehr verjüngen, und es entsteht üblicherweise wieder ein Wald mit schattentoleranten Baumarten wie Arve und Fichte, die ohne weitere Störungen als Schlusswald bestehen bleiben.

Die subalpinen Lärchenwälder und der Lärchenwickler hängen im Optimumsgebiet von 1700 bis 2000 Meter über Meer stark voneinander ab. Während der wiederkehrenden Ausbrüche des Lärchenwicklers werden die im Unterwuchs wachsenden Arven und Fichten immer wieder befressen. Da die Arvenform des Lärchenwicklers auf der Arve nur die Na-

Sterben die vom Lärchenwickler befressenen Arven nicht sofort ab, werden sie häufig vom Echten Kiefernrüssler *(Pissodes pini)* befallen.

deln an den Triebspitzen befällt, wird die Arve vor allem von den Raupen der intermediären Lärchenformen geschädigt. Diese seilen sich nach einem Kahlfrass der Lärchen zum Boden ab und gelangen so auf die Arven im Unterstand, wo sie an der gesamten Nadelmasse fressen. Während die Lärche die Entnadelung mit einem Neuaustrieb zu kompensieren vermag, kann die Arve dies nur bei unvollständiger Entnadelung und nur in sehr beschränktem Mass. Die stärksten Schädigungen erleiden dabei Arven, die kleiner als fünf Meter sind (Baltensweiler und Rubli 1984). Untersuchungen nach der Lärchenwickler-Massenvermehrung von 1972 zeigten, dass die Hälfte der mehr als zu 90 Prozent entnadelten Arven nach zwei Jahren tot waren, mit mutmasslich weiterer Mortalität in den folgenden Jahren (Baltensweiler 1975). Vor allem Pflanzen im Jungwuchsstadium sterben nach vollständiger Entnadelung sofort ab. Die überlebenden Arven werden geschwächt, und oft stirbt ein Teil des Gipfeltriebes ab. Häufig werden sie auch von Rüsselkäfern wie dem Echten Kiefernrüssler *(Pissodes pini)* oder Borkenkäfern und Pflanzenläusen befallen. Das Absterben der Arven begünstigt wiederum die Lärchenverjüngung, die vom entstehenden Raumangebot und vermehrten Lichteinfall profitiert. Diese Prozesse verhindern – oder verzögern zumindest – in den Optimumsgebieten des Lärchenwicklers das Aufkommen von Arven und damit den Übergang der Lärchenwälder in Lärchen-Arven-Schlusswälder.

Der beim Gradationshöhepunkt vorübergehend vollständige Ausfall der Lärchenbenadelung hat natürlich auch Auswirkungen auf andere Insekten wie weitere nadelfressende Schmetterlingsraupen oder auf Afterraupen von Blattwespen, die während der Lärchenwickler-Kulminationsjahre praktisch vollständig verschwinden (Lovis 1975). Damit beeinflusst der Lärchenwickler auch die Insektenfauna in den betroffenen Lärchenwäldern wesentlich.

Die Zyklen im Klimawandel

Die maximalen Raupendichten der letzten drei Zyklen (1989, 1999, 2009) erreichten im Engadin nicht einmal mehr die Hälfte der früheren Werte (siehe Seite 252), und deshalb blieben die grossflächigen Verfärbungen der Lärchenwälder an den meisten Orten aus. Dies zeigt sich auch in den Jahrringdichten im Wallis, die in dieser Zeit unverändert blieben (Esper *et al.* 2007). An der rund neunjährigen Periodizität änderte sich allerdings nichts. Die Gründe für die Dämpfung der letzten Zyklen dürften mit dem Klimawandel

Obwohl die Periodizität der Zyklen unverändert blieb, wurden die ersten grösseren Massenvermehrungen mit sichtbarem Befall nach rund 35 Jahren Unterbruch erst 2018 wieder sichtbar: Bever im Engadin (12.7.2018; oben) und Ausserberg im Oberwallis (2.7.2018; unten).

^
Ein Befall durch den Buchdrucker *(Ips typographus)* verändert lokal die Waldstruktur und schafft neue Lebensräume.

in Zusammenhang stehen. Wärmere Herbste und mildere Winter führen zu einer erhöhten Atmung der überwinternden Eier und damit zur Erschöpfung ihrer Energiereserven (Baltensweiler 1993b). Zudem könnte sich die entscheidende Koinzidenz des Nadelaustriebs und des Schlüpfens der Raupen im Frühling verschoben haben. Wenn ein Teil der Raupen vor dem Austrieb schlüpft und verhungert, wirkt sich dies stark auf die Populationsdichte aus. Die höheren Sommertemperaturen der letzten 30 Jahre dürften auch zu einer höheren Eimortalität in den folgenden Wintern geführt haben (Baltensweiler *et al.* 1971). Perioden mit unterdurchschnittlichen Temperaturen schlugen sich schon in früheren Jahrhunderten in geringeren Wachstumseinbussen bei Ausbrüchen des Lärchenwicklers nieder (Weber 1997).

13.4 Borkenkäfer erzeugen neue Lebensräume

Auch einige Borkenkäferarten sind Ökosystem-Ingenieure, sie sind aber vor allem als Schädlinge bekannt (siehe Kapitel 14.3). Indem sie in grösserem Umfang lebende Bäume zum Absterben bringen, verändern sie aber auch ganze Landschaften und schaffen Lebensräume für andere Organismen. Der Buchdrucker *(Ips typographus)* ist in fichtenreichen Wäldern Mitteleuropas das bekannteste Beispiel dafür. Üblicherweise besiedelt dieser Käfer nur geschwächte oder frisch abgestorbene Einzelbäume. Dadurch setzt er nicht nur Abbau und Recycling des Holzes in Gang (Kapitel 4.2), sondern schafft auch Kleinhabitate für viele nachfolgende, holzbewohnende Organismen wie Pilze und Insekten. Unter bestimmten Umständen kann es aber zu

^
Durch Borkenkäfer erzeugtes Totholz ist nicht nur Lebensgrundlage für viele Pilz-, Insekten- und Vogelarten, sondern auch ein wichtiges Strukturelement. Eine Zauneidechse und eine Ringelnatter sonnen sich auf einem aus der Bodenvegetation ragenden Baumstrunk.

Massenvermehrungen dieser Käfer kommen. Dann befallen sie grossflächig anscheinend gesunde Bäume und töten diese ab. Damit wird der Käfer einerseits für den Menschen zum Schädling, anderseits aber auch zu einem bedeutenden Ökosystem-Ingenieur, von dem nicht nur rinden- und holzverwertende Organismen profitieren, sondern auch eine Vielzahl weiterer Nutzniesser.

Schaffen von Totholz

Vom Buchdrucker besiedelte Stämme sind gleichzeitig das Habitat seiner zahlreichen räuberischen und parasitischen natürlichen Feinde (siehe Kapitel 9). Unter der von ihm durchlöcherten und teilweise losgelösten Rinde können sich Spinnen, Milben, Pilze und Mikroorganismen ansiedeln. Auch nach dem Abfallen der Rinde dienen die noch stehenden Stämme vielen Insekten – vor allem Käfern – und Spechten als Brutraum. Die leeren Gänge von Bock- und anderen Käfern nutzen in der Folge beispielsweise Wildbienen als Nisthöhlen. Von toten Bäumen mit Spechthöhlen profitieren nachfolgende Wirbeltiere, die selber keine Höhlen zimmern können – wie Meisen, Kleiber, Kauze, Tauben, Stare, aber auch Fledermäuse, Siebenschläfer und weitere Säugetiere. Stehende wie liegende Stämme werden oft von auffallend grossen Baumpilzen wie dem Rotrandigen Baumschwamm besiedelt. Unter und in liegendem Totholz überwintern viele Amphibien, und aus der Bodenvegetation ragende Baumstrünke dienen Reptilien zum Sonnen. Das sich über Jahrzehnte zersetzende Holz wird je nach Abbaugrad von den unterschiedlichsten Käfer-, Hautflügler-, Fliegen- und Mückenarten als

^
Sechzehn Jahre nach einem grossflächigen Befall durch den Buchdrucker sind die toten Bäume umgebrochen, und eine reichhaltige Vegetation von Krautpflanzen und Pioniergehölzen ist entstanden. Der neue Lebensraum bietet ein gutes Nahrungsangebot und vielfältige Deckungsmöglichkeiten für Vögel, Kleinsäuger und Wildtiere, bis nach einigen Jahrzehnten wieder ein geschlossener Fichtenwald entsteht.

Lebensraum genutzt (siehe Kapitel 4). In einer Untersuchung im Nationalpark Bayerischer Wald erwiesen sich die durch Borkenkäferbefall entstandenen Bestandesränder als Hotspots der Insekten-Biodiversität (Müller *et al.* 2008). Speziell die Wildbienen- und Wespenvielfalt war in den ehemaligen Befallsherden ungleich grösser als im intakten Wald.

Offene Habitate

Wo der Wald sich vorher als dichter Fichtenbestand präsentierte, entsteht nach einem Befall durch den Buchdrucker und dem Abfallen von Nadeln und Reisig (oder nach der Zwangsnutzung der befallenen Bäume) ein offenes, besonntes Habitat. Das löst ein starkes Wachstum von krautigen Pflanzen wie Himbeere, Brombeere, Walderdbeere, Weidenröschen oder Farn aus, bevor Pioniergehölze wie Weide, Birke, Vogelbeere und schliesslich wieder Fichte und andere Schlussbaumarten dominieren. Dieser Prozess kann je nach klimatischen Bedingungen Jahrzehnte dauern. In dieser Zeit unterscheidet sich die ehemalige «Käferfläche» völlig vom umgebenden Wald und bietet nicht nur pflanzenfressenden und blütenbesuchenden Insekten Nahrung, sondern ist auch Lebensraum einer spezifischen Kleinsäuger- und Vogelfauna. Zudem werden solche Flächen vom Wild als willkommene Äsungsflächen genutzt.

14 Wirtschaftliche Schäden

Insekten leisten nicht nur, wie in den vorausgehenden Kapiteln beschrieben, wichtige Ökosystem-Dienstleistungen («ecosystem services»). Wenn sie sich übermässig vermehren, können auch wirtschaftliche Schäden entstehen. Die Einstufung als Schaden ist immer auf den Menschen bezogen, ökologisch gesehen ist ein Befall durch Insekten ein normales Ereignis in der Walddynamik. Bei Zierpflanzen kann bereits die ästhetische Beeinträchtigung eines Einzelbaumes, beispielsweise Frassspuren, Vergilben oder Gespinstüberzüge, ein Schaden sein. Im Wald bestehen wirtschaftliche Schäden vorwiegend aus Wachstumseinbussen, Reduktion der Samenproduktion (siehe Kapitel 2.3), Absterben von Kronenteilen, ganzer Bäume oder gar Beständen, und womöglich wird die Schutzwirkung eines ganzen Waldes beeinträchtigt. Massenvermehrungen von Insekten sind meistens eine Reaktion auf ein übermässiges Angebot an Wirtspflanzen (Monokulturen) oder auf einen – auch nur vorübergehenden – Vitalitätsver-

Der Buchdrucker *(Ips typographus)* ist dasjenige Waldinsekt, das in Europa die grössten wirtschaftlichen Schäden verursacht. Der Befall von Fichten durch diesen Borkenkäfer führt meistens zum Absterben der Bäume. >

^
Ein Kahlfrass durch Schmetterlingsraupen kann für Nadelgehölze fatale Konsequenzen haben, da diese im Gegensatz zu Laubbäumen nicht nochmals austreiben können. Eine Raupe des Kiefernschwärmers *(Sphinx pinastri)* beim Fressen einer Kiefernnadel.

lust der Bäume. So übernehmen «Schädlinge» eine regulatorische Funktion, die aber im wirtschaftlich genutzten Wald unerwünscht ist. Potenziell schädliche Arten können über eine lange Zeit unauffällig oder sogar selten sein, um unter bestimmten Umweltbedingungen zu «explodieren». Solche Populationsschwankungen können episodisch oder (seltener) zyklisch sein (wie beim Lärchenwickler; Kapitel 13.3).

Weltweit vernichten tierische Schädlinge – grösstenteils Insekten – 18 Prozent der gesamten Produktion landwirtschaftlicher Kulturpflanzen (Oerke 2006). Dazu kommen die Verluste durch Vorratsschädlinge. Für den Wald als weniger intensiv bewirtschaftetes Produktionssystem gibt es nur zu vereinzelten Schadinsekten quantitative Angaben. Die globalen Verluste infolge Insektenbefall dürften jedoch deutlich tiefer liegen als im Agrarbereich und starken Schwankungen unterworfen sein.

Ein Befall durch Insekten kann sich direkt in einem Verlust an Pflanzenmasse, Assimilationsfläche, Photosyntheseprodukten oder ganzen Organen äussern (siehe Kapitel 2.3). Je nach Baumart, Alter und Jahreszeit können die Pflanzen dies auf unterschiedliche Weise mehr oder weniger gut kompensieren. Sämlinge und Jungpflanzen sind schneller geschädigt als grosse, ausgewachsene Bäume mit mehr Reservestoffen und deshalb besserem Kompensationsvermögen. Ein Frass im Frühling zur Zeit des aktiven Wachstums kann besser wettgemacht werden als im Sommer: Im Allgemeinen treiben Laubbäume nach einem Laubverlust von mehr als 50 Prozent im selben Jahr noch einmal aus (Hodkinson und Hughes 1982).

Insektenbefall kann auch indirekte Folgen haben, wie zum Beispiel die Begünstigung eines Sekundärbefalls durch andere Organismen oder eine beeinträchtigte Kohlehydratversorgung von Symbionten wie den Mykorrhizapilzen an den Wurzeln. Grossflächiger Befall kann auch zu höheren Stickstoffkonzentrationen im Abflusswasser ganzer Einzugsgebiete führen, sowohl durch Auswaschung aus Blättern, Rinde und Kot als auch durch den erhöhten Umsatz von organischer Bodensubstanz, ausgelöst durch die höhere Sonneneinstrahlung. Nicht zuletzt können Insekten als Überträger von Krankheiten wirtschaftliche Bedeutung erlangen.

Es gibt eine umfangreiche Literatur über die unzähligen Insektenarten, die an Waldbäumen fressen oder saugen. Die Mehrheit dieser «Forstinsekten» tritt jedoch kaum wirtschaftlich in Erscheinung. In den folgenden Abschnitten sind einige wichtige Arten er-

^
Die grossen, charakteristisch gefärbten Raupen des Schwammspinners *(Lymantria dispar)* haben ein überaus grosses Nahrungsspektrum, fressen aber vorzugsweise an Eiche, Buche und Edelkastanie. Jede Raupe verzehrt etwa einen Quadratmeter Blattfläche.

wähnt, die in Mitteleuropa in grossem Stil zu wirtschaftlichen Einbussen für den Waldbesitzer oder die Allgemeinheit führen können.

14.1 Blatt- und nadelfressende Insekten

Die Entlauber sind die grösste Gruppe der Waldinsekten mit Schädigungspotenzial. Auch wenn Laubbäume eine Entlaubung durch Insekten ziemlich gut überstehen, da sie nochmals austreiben und die verlorene Blattfläche mindestens teilweise wieder ersetzen können, werden sie durch den Befall geschwächt. Speziell bei mehrmaligem Kahlfrass in aufeinanderfolgenden Jahren sterben Kronenteile ab, was die Bäume anfällig für die Besiedlung durch Pilze und weitere Insekten macht. Nadelbäume überleben eine vollständige Entnadelung im Normalfall nicht (ausser die nadelwerfende Lärche).

Schmetterlingsraupen

Die wichtigsten Entlauber von Laubbäumen sind die Raupen von Schmetterlingen. Darunter fallen einige der «berüchtigtsten» Forstschädlinge Europas. Ein Beispiel ist der Schwammspinner *(Lymantria dispar)*, eine polyphage Raupe auf Eiche, Buche, Edelkastanie, Stein- und Kernobst und vielen anderen Gehölzarten. Die im Frühling frisch geschlüpften Räupchen entwickeln sich bis zum Sommer zu bis zu acht Zentimeter grossen Raupen mit charakteristisch rot und blau gefärbten Warzen. Auf dem Höhepunkt einer Massen-

Männchen (links) und Weibchen (rechts) des Schwammspinners. Die morphologisch verschiedenen Geschlechter zeigen auch ein unterschiedliches Verhalten: Während das Weibchen praktisch flugunfähig ist, fliegt das Männchen tagsüber auf der Suche nach Weibchen ruhelos in den Wäldern umher.

vermehrung (Gradation) sind pro Hektar zwei bis vier Millionen Raupen vorhanden (Duvigneaud 1974). Jede Raupe verzehrt während ihrer Entwicklung Laub von rund einem Quadratmeter Blattfläche, dazu kommen noch zu Boden fallende Frassreste (Doane und McManus 1981). Nach der Verpuppung produzieren die flugträgen Weibchen ein Gelege mit bis zu über tausend in Haarwolle eingepackten Eiern. Während in Mitteleuropa Schwammspinner-Gradationen in unregelmässigen Abständen stattfinden (im Tessin letztmals 1992/93), sind sie vor allem in Südosteuropa regelmässiger und häufiger, mit Befallsflächen von bis

Der Name «Schwammspinner» rührt daher, dass die Weibchen ihre Eier in Haarwolle gebettet in einem Gelege ablegen, das eine schwammähnliche Struktur hat. Nach dem Schlüpfen im Frühling verharren die jungen Räupchen noch einige Tage in unmittelbarer Nähe der Gelege.

zu Hunderttausenden Hektar. Im Tessin bleibt die Bedeutung dieser Raupen in den extensiv bewirtschafteten Edelkastanienwäldern gering. In den grossen Eichenwäldern Deutschlands und Südosteuropas hingegen führen Massenvermehrungen zu einer ausgeprägten Reduktion des Holzzuwachses und der Eichelproduktion. Der nachfolgende Sekundärbefall durch beispielsweise Prachtkäfer oder Eichenmehltau kann zu einem verbreiteten Absterben von Bäumen führen. Ein nicht unbedeutender Faktor in Siedlungsnähe ist auch die Belästigung von Personen durch die Raupen während einer Gradation. Die hyperaktiven Raupen wandern auf der Suche nach neuen Nahrungsquellen ruhelos umher, erklimmen alle möglichen Gegenstände und gelangen durch offene Fenster auch in Häuser. Der Schwammspinner wurde 1869 von Europa nach Nordamerika eingeführt, wo er als «gypsy moth» in kürzester Zeit zum wichtigsten Schädling an Laubbäumen wurde und allein in den drei Jahren 1993 bis 1995 Bekämpfungskosten im Umfang von über 7,5 Milliarden US-Dollar verursachte (Mayo *et al.* 2003).

Eine nahe Verwandte des Schwammspinners, die Nonne *(Lymantria monacha)* kann ebenfalls grossflächige Schäden verursachen. So führte diese Art im letzten Jahrhundert vor allem in Fichten- und Kiefernwäldern Osteuropas und Russlands bei Massenvermehrungen immer wieder zu grossflächigem Absterben von Bäumen und starken Wachstumseinbussen. Auch der Kiefernspinner *(Dendrolimus pini)* galt früher in Ostdeutschland als typischer Forstschädling mit Millionen Hektar geschädigter Kiefernwälder (Wellenstein 1978).

Heute werden die Raupen durch waldbauliche Massnahmen oder mit Insektiziden in Schach gehalten.

Verschiedene Spanner (Geometridae) führen sporadisch ebenfalls zu flächiger Entlaubung. Der Kleine und der Grosse Frostspanner (*Operophtera brumata* und *Erannis defoliaria*) sind notorische Entlauber verschiedener Laubbäume. Meistens bleibt es jedoch bei einem kurzfristigen optischen «Schaden», die Bäume erholen sich gewöhnlich auch nach einem Kahlfrass mit anschliessendem Neuaustrieb gut und die Zuwachsverluste bleiben gering. Frostspanner heissen die Falter, weil die Männchen in Mitteleuropa zu einer für Schmetterlinge sehr ungewöhnlichen Jahreszeit fliegen, nämlich ab Oktober bis in den Winter hinein. Es schwärmen nur die Männ-

Nach einer Massenvermehrung des Schwammspinners präsentiert sich dieser Edelkastanienwald im Tessin Mitte Juli völlig entlaubt. Zwei Wochen später treiben die Bäume nochmals aus und produzieren aus den Reserven neue Blätter. In intensiv bewirtschafteten Wäldern erleiden die dadurch geschwächten Bäume häufig einen Sekundärbefall durch andere Insekten oder Pilze. Bei mehrmaligem Befall oder ungünstiger Wasser- und Nährstoffversorgung können Bäume deshalb absterben. >

chen, die Weibchen sind flugunfähig. Bei den Eulen (Noctuidae) ist vor allem die Forleule *(Panolis flammea)* an Kiefern ein gefürchteter Schädling. In Ostdeutschland und Polen wurden zu Beginn des 20. Jahrhunderts 170 000 Hektar Kiefernwald kahl gefressen (Schwenke 1978).

Auch bei den Wicklern (Tortricidae) gibt es typische Entlauber. Die Raupen des Eichenwicklers *(Tortrix viridana)* fressen Eichenblätter, bevorzugt im oberen Teil der Baumkronen. Lang dauernder Befall führt zu Wachstumsreduktion, Schwächung und Prädisposition für Befall durch andere Insekten. Der Befall durch diese Raupen ist einer der vielen auslösenden Faktoren für das Eichensterben in Europa.

^ Kaum haben die Laubbäume im Frühling ausgetrieben, sind sie Ende Mai durch den Frass von Frostspannerraupen vorübergehend wieder kahl.

Blattwespen

Wirtschaftlich relevant sind die sogenannten «Afterraupen» von Blattwespen vor allem an Nadelgehölzen, die auf Frass viel empfindlicher reagieren als Laubgehölze. Insbesondere die Raupen von Buschhornblattwespen *(Diprion pini, Neodiprion sertifer)* verursachen in Kiefernkulturen ganz Europas immer wieder grössere Schäden. Die Gradationen sind jeweils mit ein bis vier Jahren Dauer eher kurz, können aber vor allem in den Kiefernwäldern Osteuropas Zehntausende von Hektaren betreffen. Die Rotgelbe Kiefern-Buschhornblattwespe *(N. sertifer)* befällt dabei eher jüngere, gut besonnte Bäume oder auch Zierkiefern in Gärten. Die Mortalität der Bäume bleibt jedoch mit maximal 10 Prozent im Allgemeinen

‹ Der Grosse Frostspanner (*Erannis defoliaria*, oben) und der Kleine Frostspanner (*Operophtera brumata*, unten) treten sporadisch in Massen auf und können Bestände von Laubbäumen vorwiegend in wärmebegünstigten Gebieten völlig kahl fressen. Im oberen Bild zeigt die Raupe des Grossen Frostspanners die für die Fortbewegung von Spannerraupen typische Hufeisenstellung.

^
Ein Befall durch die Pfaffenhütchen-Gespinstmotte *(Yponomeuta cagnagella)* sieht spektakulär aus, da die Raupen ganze Sträucher entlauben und mit Gespinsten überziehen können. Der Schaden bleibt jedoch meist ästhetischer Natur, da die Sträucher im Sommer nochmals austreiben.

Das Männchen der Rotgelben Kiefern-Buschhornblattwespe *(Neodiprion sertifer)* mit den für die ganze Familie der Buschhornblattwespen (Diprionidae) typischen, lang gefiederten Fühlern.
v

gering (Pschorn-Walcher 1982). Vor allem im letzten Jahrhundert trat die Grosse Kiefern-Gespinstblattwespe *(Acantholyda posticalis)* in Nord- und Osteuropa mit lang dauernden Gradationen in Erscheinung. Während des Zweiten Weltkriegs waren in Polen auf dem Höhepunkt einer Gradation 250 000 Hektar «Kiefernforste» befallen (Pschorn-Walcher 1982). Der Ausdruck «Kiefernforste» deutet darauf hin, dass dies grossflächig aufgeforstete Kiefern-Monokulturen waren, die für die Raupen ein unnatürlich grosses Angebot von wohl wenig vitalen Wirtspflanzen darstellten, das in dieser Form heute nicht mehr besteht.

Auf den Fichten Mitteleuropas sind es die Fichtengespinstblattwespe *(Cephalcia abietis)* in Altbeständen und die Kleine Fichtenblattwespe *(Pristiphora abietina)* in jüngeren

^
Die Stahlblaue Kiefern-Gespinstblattwespe *(Acantholyda erythrocephala)* hat schon Hunderte bis Tausende Hektar Kiefernkulturen befallen.

Eine Raupenkolonie der Rotgelben Kiefern-Buschhornblattwespe. Die Raupen verschonen nur die neusten, diesjährigen Nadeln.
v

^
Gut getarnt, fressen die grünen Raupen der Kleinen Fichtenblattwespe *(Pristiphora abietina)* an frischen Nadeln. Die Maitriebe sehen danach wie von Feuer versengt aus. Bei mehrmaligem starkem Befall können Jungfichten verbuschen.

Kulturen, die ihre Wirtspflanzen durch ihren Frass nachhaltig schwächen oder deformieren können. In der Schweiz blieben aber grossflächige Befälle durch Blattwespen bisher weitgehend aus.

Käfer

Neben Schmetterlingen und Blattwespen gibt es auch einige bekannte blatt- und nadelfressende Käfer. Der Frass von adulten Waldmaikäfern *(Melolontha hippocastani)* an Eiche, Ahorn, Buche und anderen Laubbäumen kann zwar die Bäume schwächen, ist aber kaum von Bedeutung. Hingegen führt der Frass ihrer Larven (Engerlinge) an den Wurzeln verschiedenster Jungbäume – beim Feldmaikäfer *(M. melolontha)* auch in landwirtschaftlichen Kulturen – gelegentlich zu grossen Schäden. Anekdotisch sei erwähnt, dass im Jahr 1473 das geistliche Gericht zu Lausanne im Namen sämtlicher geistlichen und göttlichen Instanzen die das Gebiet von Bern «überfallenden» Maikäfer ultimativ aufforderte, sich «von allen Orten, wo Nahrung wächst für Menschen und Vieh», zu entfernen, widrigenfalls sie vor den Bischof von Lausanne zitiert würden. Die «thörichte, unvernünftige Kreatur» scherte sich jedoch nicht um diese «Citation», und in der Folge wurden die «verfluchten, unreinen Uengern» (Engerlinge) in Gottes Namen verbannt und verflucht (Zürn 1901).

In manchen Jahren tritt der Buchenspringrüssler *(Orchestes fagi)* im Frühling auffällig in Erscheinung. Seine Larven fressen in den Blät-

Ein frisch geschlüpfter Käfer (links) des Buchenspringrüsslers *(Orchestes fagi)*. Seine Larven minieren und verpuppen sich in Buchenblättern. Bei starkem Befall verleihen die hellbraunen Minen dem Buchenwald ein bräunliches Aussehen (rechts). Der Befall bleibt jedoch meist ohne Konsequenzen für die Bäume.

tern Gänge (Minen) von der Blatt-Mittelrippe zur Spitze, wo sie sich verpuppen und auffällige braune Blattspitzen hinterlassen. Die Schädigung der Buchen bleibt allerdings gering und ist vor allem optisch auffällig.

14.2 Saugende Insekten

Pflanzensaftsauger stechen mit ihrem Saugrüssel ins Pflanzengewebe und saugen den flüssigen Inhalt auf. Spinnmilben saugen Blattzellen leer und reduzieren so die assimilationsfähige Blattfläche. Sie sind vor allem in der Landwirtschaft von Bedeutung. Andere Gruppen wie die Pflanzenläuse saugen in den Transportgefässen des Phloems (Bast, saftführender Teil der Rinde) Assimilate der Photosynthese. Im Wald spielen vor allem Blatt-, Schild- und Gallenläuse eine Rolle.

Die saugenden Insekten erreichen im Wald nicht dieselbe ökonomische Bedeutung wie die blattfressenden Insekten. Häufig ist ein Befall kleinräumig, oder es sind nur einzelne Bäume betroffen. Dies ist vor allem der Fall, wenn ein Baum unter leichtem Trockenstress leidet. Um dem Boden trotzdem Wasser entziehen zu können, erhöht die Pflanze im Gewebe den osmotischen Druck durch Anreichern der Zellen mit Zucker und stickstoffhaltigen, osmotisch aktiven Substanzen. Von dieser erhöhten Konzentration von Energieträgern und Nährstoffen profitieren die saugenden Insekten. Diese Saugtätigkeit schwächt die Pflanze und führt häufig zu Vergilbungs- und Welkeerscheinungen. Das kann zum Beispiel in Trockenjahren bei Fichten auftreten, wenn sich die Grosse Fichtenquirl-Schildlaus *(Physokermes piceae)* stark vermehrt. Meistens bleibt es bei grossen Bäumen allerdings bei Wachstumseinbussen. Die vergilbten Nadeln sterben jedoch ab und müssen im folgenden Jahr durch neue ersetzt werden. Ebenfalls Fichten – vor allem die Blaufichte («Blautanne») – schädigt die Fichtenröhrenlaus *(Elatobium abietinum)*. Sie saugt an den älteren Nadeln, die bei starkem Befall absterben; am Schluss bleibt oft nur der neuste Na-

Saugschäden durch Blatt- und Schildläuse machen die Pflanzen anfällig für Befall durch weitere Insekten. Links die Fichtenröhrenlaus *(Elatobium abietinum)* und rechts die braunen Kugeln der Grossen Fichten-quirl-Schildlaus *(Physokermes piceae)*, beide an Fichten. Der von den Läusen ausgeschiedene Honigtau wird schnell von schwarzen Russtaupilzen besiedelt.

Blattläuse wie die Holunderblattlaus *(Aphis sambuci)* haben ein grosses Vermehrungspotenzial. Ihre Erfolgsfaktoren sind: ungeschlechtliche Vermehrung (keine Partnersuche nötig), lebendgebärende Fortpflanzung (im Bild rechts), Wirtswechsel (Optimierung der Ernährung), Ausbildung geflügelter Tiere nach Bedarf und die Symbiose mit Ameisen.

^
Starker Befall durch die Weisstannentrieblaus *(Dreyfusia nordmannianae)* kann zum Tod von jungen Weisstannen führen.

deljahrgang übrig. Erfolgt dies über mehrere Jahre, schwächt dies auch grosse Bäume und macht sie für Sekundärbefall beispielsweise durch Borkenkäfer anfällig.

An Buchen tritt in gewissen Jahren die Buchenwolllaus *(Phyllaphis fagi)* stärker auf. Mehrjähriger Befall führt auch hier zu Zuwachsverlusten und bei Jungpflanzen zu Ausfällen.

Die zu den Fichtengallenläusen gehörige, vor mehr als 100 Jahren eingeschleppte Weisstannentrieblaus *(Dreyfusia nordmannianae)* durchläuft bei uns auf der Weisstanne einen Teilzyklus (für einen vollständigen Zyklus braucht es zusätzlich die Orientfichte). Diese Läuse saugen an den Nadeln und können in Weisstannen-Kulturen zu grossen Schäden und sogar zum Absterben junger Bäume führen.

14.3 Borkenkäfer und andere Rindenbesiedler

Insekten, die sich im Bast der Rinde entwickeln, sind für Bäume von grösserer Bedeutung als Blatt- oder Nadelfrass. Wird die Saftstromleitung im Phloem durch bastfressende Insekten um den ganzen Stamm herum unterbrochen, stirbt der Baum ab. Insekten im Splintholz zerstören zwar Teile der wasserführenden Gefässe, schwächen aber meistens nur die Strukturfestigkeit des Baums, ausser wenn sie mit Pathogenen vergesellschaftet

Der Buchdrucker befällt die Fichten meist in Gruppen. Man spricht von sogenannten «Käfernestern».

sind (siehe Kapitel 14.4). In Mitteleuropa verursachen vorwiegend Borkenkäfer bedeutende ökonomische Schäden.

Der Buchdrucker als wichtigstes Schadinsekt

Alle Borkenkäferarten, die lebende Bäume zum Absterben bringen können, besiedeln Nadelbäume. Meistens sind sie auf eine oder wenige Baumarten spezialisiert. Entsprechend der verbreiteten Verwendung der Fichte für die Holzproduktion hat der Buchdrucker oder Achtzähnige Fichtenborkenkäfer *(Ips typographus)* in Europa das grösste Schadenpotenzial – nicht nur unter den Borkenkäfern, sondern unter den Waldinsekten generell. Die Bedeutung der «Wurmtrockniss» (Verdorren der Bäume infolge Larvenfrass) wurde schon in den Anfängen der Forstentomologie im 18. Jahrhundert erkannt: «Der Augenschein lehret selbst, daß unter so vielerlei Insekten, welche sich von den ihrer Eigenschaft nach, verschiedenen Baumgeschlechtern nähren, kein einziges so schädlich und fürchterlich sey, als eben dieser Borkenkäfer» (Jäger 1784).

Für die Besiedlung suchen die Pioniermännchen der Borkenkäfer geeignete Wirtsbäume, normalerweise geschwächte Fichten. Dabei orientieren sie sich vor allem optisch und zusätzlich anhand von sogenannt «baumbürtigen» Duftstoffen. Gelingt es ihnen, sich trotz austretender Harztropfen, mit denen sich der Baum gegen die Angreifer zur Wehr setzt, in die Rinde einzubohren, legt dort je-

Trotz seiner Grösse von nur fünf Millimetern ist der Buchdrucker das Waldinsekt mit dem grössten Schadenpotenzial.

Ein neu begonnenes Brutbild: Im Zentrum liegt die Rammelkammer, wo die Paarung stattfindet. Jedes Weibchen hat begonnen, einen Muttergang zu nagen. In den Ei-Nischen entlang des rechten Ganges sind einige Eier sichtbar.

Sich entwickelnde Brutbilder in einem liegenden Stamm: Von den – am stehenden Baum senkrecht verlaufenden – Muttergängen zweigen seitlich die Larvengänge ab. Entsprechend der Reihenfolge der Eiablage sind die Larven unterschiedlich alt und die Gänge unterschiedlich lang.

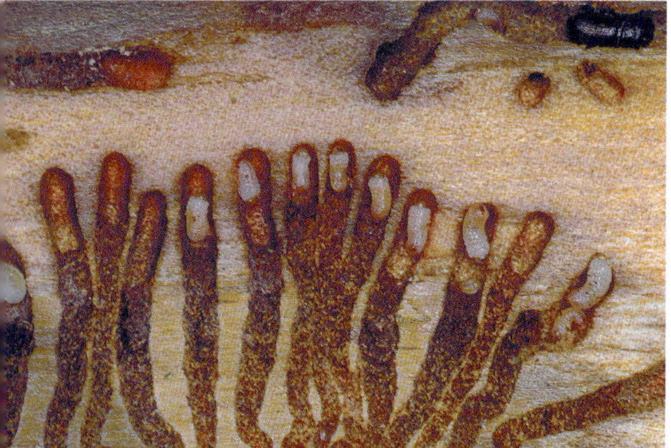

des Männchen eine «Rammelkammer» an. Mit Aggregationspheromonen lockt es weitere Männchen zum Baum und zwei bis drei Weibchen in seine Rammelkammer, wo dann die Paarung stattfindet. Jedes begattete Weibchen frisst einen senkrechten Muttergang, in dem es abwechselnd links und rechts Eier in kleinen Nischen deponiert. Das beim Fressen anfallende Bohrmehl wird mit dem Flügeldeckenabsturz (Hinterende der Käfer) rückwärts zum Einbohrloch hinaus befördert. Die geschlüpften Larven fressen vom Muttergang seitlich wegführende Larvengänge und verpuppen sich an deren Enden in einer Puppenwiege. Nach dem Schlüpfen machen die Jungkäfer zuerst einen Reifungsfrass im Brutsystem, bevor sie ausfliegen, oder sie blei-

Sind die Larven ausgewachsen (oben), verpuppen sie sich in einer Puppenwiege. Die frisch geschlüpften Buchdrucker (unten) sind noch hell und weich. Sie härten während des Reifungsfrasses in der Rinde aus und nehmen dabei eine dunkelbraune Farbe an.

^
Der Buchdrucker bringt auch einen Bläuepilz ins Holz, der im Splint die wasserführenden Gefässe verstopft und zum Absterben des Baumes führt. Obwohl die mechanischen Eigenschaften des Holzes unverändert bleiben, liegt der Erlös für verblautes Holz tiefer.

ben zur Überwinterung unter der Rinde. Ein Teil der weiblichen Elterntiere fliegt nach der ersten Brut wieder aus und legt eine zweite, sogenannte Geschwisterbrut an. In den tieferen Lagen entstehen üblicherweise zwei Generationen pro Jahr.

Die Schäden am Baum entstehen dadurch, dass die quer zu den Phloemgefässen liegenden Larvengänge den vertikalen Saftstrom von der Krone zu den Wurzeln unterbrechen. Zudem schleppen die Käfer einen Bläuepilz ein, der im wasserführenden Splintholz die Leitgefässe verstopft und so den Wassertransport von den Wurzeln in die Krone unterbindet, was zur Rotfärbung der Krone führt. Der Unterbruch dieser Saftströme bedeutet das Absterben des befallenen Baumes.

Der Buchdrucker verfolgt zwei verschiedene Strategien: Bei tiefen Populationsdichten ist er auf frisch abgestorbene oder stark geschwächte Bäume mit geringer Abwehrkraft angewiesen, die ihm das Einbohren und Anlegen einer Brut ermöglichen. Gesunde Fichten bleiben ihm in dieser Phase verwehrt, da sie mit ihrer intakten Harzproduktion einzeln angreifende Käfer im Harz zu ertränken vermögen. Wenn die Käfer jedoch ihre Populationen zum Beispiel nach einem Sturm in den liegenden Stämmen aufbauen können, sind sie in der Lage, mit vereinten Kräften auch vitale Bäume mit intakter Harzabwehr zu besiedeln und vom qualitativ hochwertigen Bast zu profitieren. Bleibt ihre Dichte hoch, kommt es zu grossflächigem Befall von lebenden, gesunden Fichten. Je vitaler eine Fichte ist, desto mehr Käfer müssen gleichzeitig den Baum angreifen, um erfolgreich zu sein. Man schätzt den Schwellenwert für die Besiedlung einer gesunden Fichte auf etwa 200 Käfer (Fahse und Heurich 2011).

Ironischerweise «missbraucht» der Buchdrucker genau diejenigen Stoffe (Monoterpene) im Harz, die der Baum zur Abwehr gegen Befall produziert, zu seinen Gunsten: Er lässt sich einerseits von diesen Duftstoffen zu einem Wirtsbaum hinlocken, und anderseits produziert er sehr ähnliche Substanzen, um weitere Artgenossen anzulocken (Blomquist *et al.* 2010).

Massenvermehrungen

Eine Massenvermehrung läuft üblicherweise wie folgt ab: Ein grösserer Sturm sorgt für ein grosses Angebot an liegendem Fichtenholz, das den in geringen Dichten immer vorhandenen Buchdruckern erlaubt, sich im noch frischen Bast der Rinde – mit bereits reduzierter Harzabwehr – zu entwickeln und zu vermehren. Je nach Höhenlage und Exposition ist die Rinde nach ein bis zwei Jahren für die Bruten zu trocken, und die angewachsene Käferpopulation befällt jetzt die vom Sturm und der ungewohnten Sonneneinstrahlung auf die Stämme geschwächten Randbäume des Bestandes. Aber auch im Bestandesinnern entwickeln sich lokale Populationen, die sich in Streu- oder Einzelwürfen aufgebaut haben. Je nach Witterung können die einzelnen «Käfernester» (Befallsherde) zu einer grossen Befallsfläche zusammenwachsen. Nach einigen Jahren hören die Gradationen aus verschiedenen Gründen wieder auf: kühlere Witterungsbedingungen während der Käferentwicklung, genügend Niederschläge für die Fichten, Zunahme der Eigenkonkurrenz und der natürlichen Feinde (siehe Kapitel 9) und in Wirtschaftswäldern die Bekämpfungsmassnahmen – vor allem das grossräumige Entfernen der befallenen Stämme aus dem Wald vor dem Ausflug der Käfer.

In der jüngeren Vergangenheit gab es in Mitteleuropa grossflächige Befallsereignisse nach den Orkanen «Vivian» (1990), «Lothar» (1999), «Gudrun» (2005) und «Kyrill» (2007). Das üppige Angebot an liegendem Fichtenholz führte zu hohen Käferpopulationen, die in der Folge lebende Bäume befielen und Dutzende von Millionen Kubikmeter «Käferholz» zur Folge hatten (Wermelinger und Jakoby 2019). Allein in der Schweiz fielen nach «Lothar» – begünstigt durch das kurz darauf folgende Hitzejahr 2003 – acht Millionen Kubikmeter Käferholz an. Dies entspricht mehr als der anderthalbfachen jährlichen Holznutzung in der Schweiz. Nach solchen Grossereignis-

‹ Ein Stück losgelöster Rinde einer dicht besiedelten Fichte. Die horizontalen Larvengänge und der anschliessende Reifungsfrass durch die Jungkäfer unterbrechen den Saftstrom im Bast und lösen die Rinde vom Baum. Die buchzeilenartig angeordneten Larvengänge gaben dem Buchdrucker seinen Namen.

^ Ist ein Baum vital, bleiben einzeln einbohrende Borkenfäfer im Harz stecken (rechts oberhalb des flüssigen Tropfens).

Sind die Bestände geschwächt und die Witterung für die Käfervermehrung gut, können die einzelnen Käfernester zu grossen Befallsflächen zusammenwachsen.

sen fällt grossräumig so viel Sturmholz an, dass der Preis für Holz fällt und die Ernte von Sturm- und Käferholz vor allem in Gebirgswäldern zu einem Verlustgeschäft wird.

Neben dem Holzverlust ist in Gebirgswäldern auch der Verlust der Schutzwirkung von Bedeutung. Die abgestorbenen Bäume bleiben zwar noch eine Zeit lang stehen, brechen danach aber um, womit der Schutz von darunterliegenden Siedlungen und Verkehrswegen vor Steinschlag, Murgängen und Lawinen gefährdet ist. Dies stellt die Waldbesitzer vor die schwierige Frage, ob es sinnvoller ist, die toten Bäume meist unrentabel zu ernten und künstliche Verbauungen zu errichten, oder den noch einige Zeit Schutz gewährenden Totholzbestand stehen zu lassen und auf eine rechtzeitige Übernahme der Schutzfunktion

Massenvermehrungen des Buchdruckers gehen fast immer Störungen wie zum Beispiel Windwurf (oben), Trockenheit oder auch ein Kahlschlag (unten) voraus. Die Bestandesränder werden zuerst befallen.

^
Buchdruckerbefall gefährdet auch die Wirkung von Schutzwäldern. Im Idealfall bieten die toten, stehenden oder umgebrochenen Bäume noch so lange Schutz vor Lawinen und Steinschlag, bis die aufwachsende Naturverjüngung die Schutzfunktion wieder gewährleisten kann.

durch die nachwachsende Naturverjüngung zu setzen.

Auch der Wasserabfluss und die Wasserzusammensetzung können sich bei einer Buchdruckergradation verändern. Untersuchungen in einem grossen Befallsgebiet haben gezeigt, dass nach dem Absterben eines Grossteils der Fichten der Abfluss in Grundwasser und Bäche stark zunahm und der Nitratgehalt im Grundwasser sieben Jahre lang erhöht war (Kennel 2002, Huber 2005).

Neben den wirtschaftlichen und ökologischen (Kapitel 13.4) Auswirkungen einer Massenvermehrung bedeutet ein grossflächiges Absterben von Fichten für den Menschen auch einen ideellen Verlust. Eine gigantische Buchdruckervermehrung im Nationalpark Bayerischer Wald mit einer Befallsfläche von rund 60 Quadratkilometer Fichtenwald machte aus den schattenspendenden, beruhigenden Bergfichtenwäldern eine offene Landschaft mit Abertausenden von toten Baumskeletten. Dass in diesem toten Holz neues Leben entsteht und sich die Flächen als Ganzes langsam wieder in lauschige Waldungen entwickeln, ist für viele ein schwacher Trost. Die grösste zusammenhängende Totholzfläche in der Schweiz entstand durch Buchdruckerbefall nach dem Sturm «Vivian» bei Schwanden im Kanton Glarus. Hier starben innerhalb von zwei Jahren die Fichten auf rund hundert Hektar ab. Nach einem Jahrzehnt hatte sich jedoch bereits wieder ein junger Pionierwald etabliert.

Zwischen 1995 und 2013 hat der Fichtenvorrat im Schweizer Mittelland um fast ein Drittel abgenommen, bedingt durch die beiden Grossstürme Ende des letzten Jahrhunderts, durch Borkenkäferbefall und durch Trockenheit (Camin *et al.* 2015). Die nachfol-

Flächiger Befall verändert auch die emotionale Wahrnehmung eines Waldes durch den Menschen. Wo vorher ein dichter, schattenspendender Wald stand, ist nach der lang dauernden Massenvermehrung des Buchdruckers im Nationalpark Bayerischer Wald in den höheren Lagen vorübergehend eine Graslandschaft mit Baumskeletten entstanden.

gende Naturverjüngung führt zu einem deutlich höheren Laubholzanteil. Allerdings werden die klimawandelbedingt zunehmenden Temperaturen dazu führen, dass sich gegen Ende dieses Jahrhunderts in Europa vielerorts eine Generation Buchdrucker pro Jahr mehr entwickeln wird als heute (Jakoby *et al.* 2019). Zusätzlich begünstigt durch vermehrte Trockenheit werden die Fichten dem Buchdrucker häufiger zum Opfer fallen.

Als Folge der künftig wärmeren Temperaturen wird der Buchdrucker im Frühling zwei bis drei Wochen früher ausfliegen. Zusammen mit einer kürzeren Generationsdauer dürfte es gegen Ende dieses Jahrhunderts pro Jahr durchschnittlich eine Käfergeneration mehr geben.

Weitere Borkenkäfer

Was der Buchdrucker für die Fichte, ist der Krummzähnige Tannenborkenkäfer *(Pityokteines curvidens)* für die Weisstanne sowie der Sechszähnige Kiefernborkenkäfer *(Ips acuminatus)* und die beiden Waldgärtner (*Tomicus* spp.) für die Kiefer, allerdings mit deutlich geringerer Aggressivität und in kleinerem Ausmass. Weitere Borkenkäfer, die zu Mortalität in geschwächten Beständen führen, sind der Kupferstecher *(Pityogenes chalcographus)* in Fichtenjungwuchs, der Riesenbastkäfer *(Dendroctonus micans)* an älteren Fichten oder der Grosse Lärchenborkenkäfer *(Ips cembrae)* an der Lärche. Einige Arten übertragen auch Krankheiten (siehe Kapitel 14.4).

Borkenkäfer können nicht nur zum Absterben lebender Bäumen führen. Einige Arten entwerten durch ihre Frassgänge im Splintholz auch gelagertes Nutzholz. Die Muttertiere bringen bei der Eiablage einen «Ambrosiapilz» ins Holz, von dem sich die Larven ernähren. Wichtige Arten sind der Linierte Nutzholzborkenkäfer *(Trypodendron lineatum)* und der eingeschleppte Schwarze Nutzholzborkenkäfer *(Xylosandrus germanus)*. Auch der Buchen-Werftkäfer *(Hylecoetus dermestoides)*, zwar kein Borkenkäfer, hat eine ähnliche Lebensweise und Wirkung. Vielfach werden die Holzlager deswegen entweder mit Wasser beregnet, mit Folien abgedeckt oder mit Insektiziden behandelt.

Der Kupferstecher (*Pityogenes chalcographus*, untere Brutbilder) ist gelegentlich mit dem Buchdrucker (Brutbild oben rechts) vergesellschaftet. Er brütet aber vor allem im Kronenraum in dünneren Ästen oder in Jungpflanzen.

Der rund fünf Millimeter grosse «Mountain Pine Beetle» *(Dendroctonus ponderosae)* ist für die grösste je überlieferte Massenvermehrung eines Waldinsekts verantwortlich. In Nordamerika starben zu Beginn dieses Jahrhunderts Kiefern auf Millionen von Hektaren ab.

Der «Mountain Pine Beetle» in Nordamerika

Es lohnt sich, den mitteleuropäischen Fokus dieses Buches kurz zu verlassen, um den weltweit grössten je bekannt gewordenen Befall durch ein Waldinsekt zu erwähnen: Der «Mountain Pine Beetle» *(Dendroctonus ponderosae)*, ebenfalls ein Borkenkäfer, macht seit Anfang dieses Jahrhunderts eine gigantische Massenvermehrung in den Kiefernwäldern des westlichen Nordamerika durch. Das Befallsgebiet erstreckt sich mittlerweile von den Provinzen Kanadas (British Columbia, Alberta) entlang der Rocky Mountains bis nach Arizona im Süden der USA. Bis 2010 betrug die gesamte Befallsfläche über 250 000 Quadratkilometer (Bentz *et al.* 2010). In Alberta ist

Eine Front des sich ausbreitenden Befalls durch den «Mountain Pine Beetle» mit frisch befallenen, verröteten Kiefern (British Columbia, Kanada; 2009). In der Höhe wird der Befall durch frühere Brandflächen begrenzt, deren Bäume für einen Befall noch zu jung sind.

der Käfer von der Kiefernart *Pinus contorta* auf eine weitere *(Pinus banksiana)* übergegangen. Die Gründe für diesen historisch einzigartigen Befall sind durch Trockenheit geschwächte Wälder, infolge langjähriger Brandverhütung und -bekämpfung überalterte und gleichförmige Kiefernbestände sowie die klimawandelbedingt erhöhten Temperaturen, die gerade in höheren Lagen die Generationsdauer der Borkenkäfer verkürzen und die Überlebensrate der überwinternden Larven erhöhen (Logan und Powell 2001).

Das Absterben von Beständen in diesem Ausmass hat auch Konsequenzen für die Kohlenstoffbilanz der Wälder. Die toten Bäume entwickelten sich von einer Kohlenstoffsenke zu einer Kohlenstoffquelle, die bis 2020 etwa 270 Megatonnen Kohlenstoff emittierte (Kurz *et al.* 2008). Mit der Zeit werden die Bodenvegetation, der Unterwuchs und die neu entstehende Verjüngung die Kohlenstoffemission der verrottenden Bäume jedoch kompensieren, und der wachsende Wald wird wieder zu einer Kohlenstoffsenke werden.

Weitere Rinden- und Holzbrüter

Innerhalb der Familie der Rüsselkäfer (Curculionidae) gibt es neben den erwähnten Borkenkäfern noch weitere Gruppen, die (allerdings in deutlich geringerem Mass) zum Absterben von Bäumen führen können. Neben einigen *Pissodes*-Arten an Kiefern hat im Norden und Osten Europas vor allem der Grosse Braune Rüsselkäfer *(Hylobius abietis)* eine gewisse

Infolge der höheren Temperaturen der letzten Jahrzehnte kann der «Mountain Pine Beetle» nun auch in den bis 3000 Meter über Meer liegenden Kiefernwäldern des Yellowstone National Parks eine vollständige Generation pro Jahr ausbilden. Dies ermöglichte erstmals einen grossflächigen Befall der nordamerikanischen Arve *Pinus albicaulis.*

^

In den Ländern Skandinaviens und Osteuropas verursacht der Reifungsfrass des Grossen Braunen Rüsselkäfers *(Hylobius abietis)* an den jungen Nadelbäumen grossflächiger Pflanzungen bedeutende wirtschaftliche Schäden.

Der Blaue Kiefernprachtkäfer *(Phaenops cyanea)* besiedelt fast ausschliesslich geschwächte Kiefern, die er schnell zum Absterben bringen kann.

v

Bedeutung an Nadelholz. Seine Larven entwickeln sich – wirtschaftlich ohne Bedeutung – in alten Strünken von Nadelbäumen. Der adulte Käfer hingegen macht seinen Reifungsfrass an der Rinde von Nadelbäumen, mit Vorliebe am Stammfuss von Jungpflanzen. Dies führt zum Absterben der jungen Bäumchen und verursacht Probleme in grossflächig angepflanzten Kulturen oder aufgeforsteten Kahlschlägen. Von den Prachtkäfern (Buprestidae) verursacht der Blaue Kiefernprachtkäfer *(Phaenops cyanea)* bei Kiefern oder der Zweigefleckte Eichenprachtkäfer *(Agrilus biguttatus)* an Eichen eine gewisse Mortalität. Betroffen sind jeweils geschwächte, zum Beispiel unter starkem Trockenstress stehende Bestände. Bockkäfer (Cerambycidae) spielen als Schädlinge kaum eine Rolle.

14.4 Übertragung von Pflanzenkrankheiten

Schon in früheren Kapiteln wurde erwähnt, dass Insekten – vor allem Käfer – bei der Eiablage das Holz mit einem symbiotischen Pilz beimpfen, der den ausgeschlüpften Larven direkt als Nahrung dient oder ihnen beim Abbau des Holzes hilft. Dies ist zum Beispiel der Fall bei den «Ambrosiakäfern» oder bei den Holzwespen (Kapitel 4.2, 11.2).

Andere Insekten übertragen pflanzenpathogene Pilze, Viren oder Nematoden, ohne dass die übertragenden Insekten (Vektoren) einen direkten Nutzen davon haben. Allenfalls prädisponieren sie mit der Infektion einen Baum für spätere Generationen, die für die Entwicklung ihrer Brut auf geschwächte Bäume angewiesen sind. Das bekannteste Beispiel dafür ist die Übertragung des eingeschleppten Schlauchpilzes *Ophiostoma novo-ulmi* – des Erregers der Ulmenwelke – durch die Ulmensplintkäfer (*Scolytus* spp.). Wenn sich die Käferlarven in durch die Ulmenwelke geschwächten Ulmen entwickeln, transportieren die ausfliegenden Jungkäfer die klebrigen Pilzsporen auf gesunde Bäume. Dort bohren sich die Käfer für den Reifungsfrass in die Rinde von Zweiggabelungen ein und übertragen dabei das Pathogen. Der Reifungsfrass der Käfer ist für die Ulmen an und für sich kaum von Bedeutung. Die Einschleppung der *Ophiostoma*-Pilze ist jedoch für die Bäume fatal, da die Infektion mit der Zeit zum Tod führt. Die Ulmensplintkäfer profitieren im Gegenzug von den kränkelnden Bäumen, indem sie diese als Brutbäume benützen. Gleichzeitig infizieren sich deren Nachkommen dort wieder mit Sporen. Die Ulme ist in Europa und Nordamerika deshalb an den Rand des Aussterbens gedrängt worden. In der Schweiz machte sich eine ausgeprägte Welle der Ulmenwelke ab etwa 1975 bemerkbar (Nierhaus-Wunderwald und Engesser 2003), und in der Folge sank die Anzahl Ulmen zwischen 1985 und 2013 um 25 Prozent (Abegg *et al.* 2014). Die Baumart als solche ist allerdings kaum gefährdet, da die Käfer für den Reifungsfrass grössere Bäume bevorzugen und

Brutbild des Grossen Ulmensplintkäfers *(Scolytus scolytus)*, ein Überträger der Ulmenwelken-Krankheit. >

die jungen Ulmen sich rechtzeitig fortpflanzen können, bevor sie von der Ulmenwelke betroffen sind. Ebenso könnten sich wie bei früheren Infektionen resistente Genotypen von Ulmen etablieren. Der Rückgang der Ulmen dürfte zudem auch die Ulmensplintkäfer dezimiert haben.

Ein weiteres Beispiel für einen Käfer als Vektor eines Pflanzenpathogens ist der Bäckerbock *(Monochamus galloprovincialis)*. Er ist Überträger eines eingeschleppten Fadenwurms, des Kiefernholznematoden *(Bursaphelenchus xylophilus)*. Nach dem Brutfrass der Käferlarven in infizierten, absterbenden Kiefern setzen sich die Nematoden in den Atemöffnungen der Käfer fest und gelangen so bei deren Reifungsfrass und Eiablage auf gesunde Kiefern. Der Kiefernholznematode wurde in Europa erstmals 1999 in Portugal entdeckt und hat dort seither zum Tod Hunderttausender von Bäumen geführt. Bislang konnte seine Ausbreitung im übrigen Europa verhindert werden.

^
Von der Ulmenwelke betroffene Ulmen sterben innerhalb weniger Jahre ab.

Schlüpft der Bäckerbock *(Monochamus galloprovincialis)* aus Brutholz, das mit Kiefernholznematoden befallen ist, überträgt er diese beim Reifungsfrass auf gesunde Kiefern.
v

15 Medizinische Bedeutung

Weltweit spielen Insekten und Milben in der Humanmedizin eine wichtige Rolle, vor allem als Überträger bedeutender Krankheiten wie Malaria, Dengue-, West-Nil- und Gelbfieber, Schlafkrankheit, Flussblindheit, Pest und Borreliose. In den meisten Fällen geben stechende Insekten beim Saugen von Blut die Krankheitserreger – Viren, Bakterien, Einzeller oder Fadenwürmer – an gesunde Menschen weiter. Die Erreger machen dabei im Insekt obligatorisch einen Teil ihres Entwicklungszyklus durch. Dabei sind sie häufig auf eine bestimmte Insektenart angewiesen, um den Zyklus erfolgreich abschliessen zu können. Als Überträger (Vektoren) dienen Zecken, Läuse, Wanzen, Flöhe, Fliegen und vor allem die berüchtigten Stechmücken (Aspöck 2002). Unter den Waldinsekten gibt es nur wenige Arten, die eine humanmedizinische Bedeutung haben. Aber auch in den stehenden Kleingewässern europäischer Auenwälder könnten sich eingeschleppte Stechmücken und ihre Krankheitserreger entwickeln.

Ein in der Haut steckender Holzbock *(Ixodes ricinus)* bei seiner Blutmahlzeit. Diese Zecken können dabei verschiedene Krankheiten übertragen. ›

Andere Insekten können Menschen durch Giftinjektion schädigen und speziell bei empfindlichen und allergisch reagierenden Personen zu akuter Lebensgefahr führen. Neben gesundheitsschädigenden Arten finden sich umgekehrt einige Insekten, deren Produkte in der Heilmedizin verwendet werden.

15.1 Zecken als Krankheitsüberträger

Neben der um die Jahrhundertwende eingeschleppten Asiatischen Tigermücke *(Aedes albopictus)* haben in Mitteleuropa als Krankheits-Überträger vor allem Schildzecken eine humanmedizinische Bedeutung. Der sogenannte Holzbock *(Ixodes ricinus)* ist bei uns der wichtigste Krankheitsüberträger. Diese zu den Milben gehörende Zecke lebt im Wald und an Wald- oder Wegrändern und ist bei genügend warmen Bedingungen grundsätzlich zu jeder Jahreszeit aktiv. Im Winter fällt die Zecke unterhalb von etwa sechs Grad aber in eine Winterstarre. Alle Stadien saugen Blut und können Krankheitserreger übertragen. Allerdings ist die Larve (das erste, sechsbeinige Stadium) kaum in der Lage, die menschliche Haut zu durchdringen. Von medizinischer Bedeutung sind deshalb nur das achtbeinige Nymphen- und Adultstadium. Die Tiere warten an Gräsern oder niederem Blattwerk von Sträuchern auf Säugetiere. Die Zecken halten sich dabei kaum höher als einen Meter über dem Boden auf. Da sie empfindlich auf Trockenheit reagieren, ziehen sie sich bei trockenen Bedingungen auf den Boden zurück. Die lauernde Zecke reagiert auf Schweiss, Kohlendioxid und Körperwärme eines vorbeiziehenden Wirtstieres und heftet sich bei Kontakt an sein Fell oder an seine Haut. Erweist sich der Wirt als geeignet, sucht die Zecke eine passende Körperstelle mit dünner, feuchter Haut und beginnt zu saugen. Dazu schneidet sie mit ihren Cheliceren (Kieferklauen) eine kleine Öffnung in die Haut und sticht ihren

Ein adulte weibliche Zecke lauert mit erhobenen Vorderbeinen auf ein vorbeistreifendes Tier. Unter den beiden nach vorne gerichteten Tastern am Kopf befindet sich der Stechrüssel.

Saugrüssel ins Gewebe. Bei diesem Vorgang sondert sie ein Sekret ab, das gerinnungs- und entzündungshemmend wirkt und zudem die Stelle betäubt, sodass der Wirt vom ganzen Vorgang nichts merkt. Der Rüssel wird mit Widerhaken in der Haut verankert, weshalb Zecken nur unter beachtlichem Zug entfernt werden können. Der Saugakt dauert bei den Larven zwei bis drei Tage, bei den älteren Stadien rund eine Woche. Larven und Nymphen lassen sich nach ihrer Blutmahlzeit zu Boden fallen, wo sie das Blut verdauen und sich zum nächsten Stadium häuten. Danach warten sie auf einen neuen Wirt. Ein adultes Weibchen vervielfacht während seiner Blutmahlzeit sein Gewicht bis um das Zweihundertfache. Es paart sich noch während der Blutmahlzeit mit einem Männchen, falls ein solches gleichzeitig auf demselben Wirt vorhanden ist, und lässt sich dann fallen, um anschliessend bis zu einigen Tausend Eier in der Laubstreu abzulegen. Jedes Stadium der Zecke bevorzugt unterschiedliche Wirte: die Larven vor allem Kleinsäuger wie Maus und Igel, die Nymphen und Adulttiere Hase, Fuchs, Reh, Hirsch oder eben auch den Menschen. Die ganze Entwicklung dauert je nach Verfügbarkeit von Wirten mehrere Jahre, die einzelnen Stadien können Monate bis Jahre ohne Nahrung überdauern.

Die beiden wichtigsten übertragenen Krankheiten sind die Zeckenenzephalitis oder Frühsommer-Meningoenzephalitis (FSME, Hirnhautentzündung) und die Lyme-Borreliose. Die Zeckenenzephalitis wird von einem Virus hervorgerufen, das in Höhen von unterhalb 1000 Metern über Meer in 0,5 bis 3,0 Prozent der Zecken vorhanden ist (BAG 2015). Man kann sich gegen diese Viren impfen lassen, die Krankheit aber nicht mit Antibiotika behandeln.

Der Erreger der Borreliose ist das Bakterium *Borrelia burgdorferi*. Dieses kann mit Antibiotika bekämpft werden, hingegen gibt es keine Impfung dagegen. Unabhängig von der geografischen Lage sind gegen die Hälfte aller Zecken Träger dieser Borrelien. Die beiden

Nach der Blutmahlzeit wiegt eine vollgesogene Zecke bis zu 200-mal mehr als vorher. Der Schild, der vor dem Saugen den halben Körper bedeckte, ist als kleiner dunkler Fleck rechts hinter dem Kopf des Tieres zu erkennen.

Krankheiten äussern sich in grippeähnlichen Symptomen und neurologischen Beschwerden, die lebensgefährlich werden können.

Interessant sind die unterschiedlichen Übertragungswege der beiden Krankheiten. Die Viren der Zeckenenzephalitis werden teilweise von der mütterlichen Zecke direkt an die Eier und damit an die Nachkommen weitergegeben. Nicht infizierte Zecken müssen auf der Haut des Wirts in unmittelbarer Nachbarschaft einer bereits infizierten Zecke saugen, um dort das Virus aufzunehmen. Da das Virus sich im Speichel der Zecke befindet, wird es beim Stich sofort auf den neuen Wirt übertragen.

Das *Borrelia*-Bakterium hingegen wird bei der Eiablage kaum an die Nachkommen weitergegeben. Die Zecken können nur beim Saugen an einem infizierten Wirt Borrelien aufnehmen und bei ihrer nächsten Blutmahlzeit an den neuen Wirt weitergeben. Da die Bakterien zuerst vom Darm via Körperhöhle in die Speicheldrüse der Zecke wandern müssen, dauert es nach einem Stich rund einen Tag, bis die Borrelien auf den neuen Wirt übertragen werden.

15.2 Raupen mit Brennhaaren

In Europa gibt es einige wenige Raupen mit giftigen Brennhaaren. Sie leben vom Laub von Gehölzen und sind oft an Einzelbäumen, Hecken und sonnenexponierten Waldrändern anzutreffen. Der Dunkle Goldafter *(Euproctis chrysorrhoea)* ist fast in der ganzen Schweiz verbreitet, mit Schwerpunkten in wärmebegünstigten Gebieten wie Wallis, Alpensüd-

Weibchen des Dunklen Goldafters *(Euproctis chrysorrhoea)*. Mit den goldfarbenen Haaren am Hinterleibsende hüllt es seine Eier bei der Ablage ein. Es sind aber nicht die Haare des Falters, sondern diejenigen der Raupen, die giftig sind.

Die Räupchen des Goldafters überwintern gemeinsam in einem Gespinstnest und setzen ihre Frasstätigkeit beim Blattaustrieb im Frühling fort.

Im letzten Raupenstadium leben die Goldafter-Raupen einzeln. Gut sichtbar die beiden typischen, orangerot leuchtenden Warzen auf dem Hinterleib.

seite und westlichem Mittelland. Seine Raupen haben ein breites Nahrungsspektrum, fressen aber bevorzugt am Laub von Eiche, Obstbäumen, Weiss- und Schwarzdorn sowie Hundsrose. Die gesellig lebenden Raupen überwintern in bis zu hundert Tiere umfassenden Gespinstnestern aus Seidenfäden und setzen im Frühling gemeinsam ihren Frass fort. Erst im letzten Stadium leben sie solitär. Ende Juni verpuppen sie sich in den Zweigen ihrer Wirtspflanze, und im Hochsommer schlüpfen die Falter. Der Name Goldafter rührt daher, dass die Falter am Hinterleibsende einen goldbraun glänzenden Busch von Haaren besitzen, mit denen die Weibchen ihre Eier umhüllen.

Die Raupen des Goldafters und auch der nachfolgend beschriebenen Arten besitzen winzige Brennhaare, die auch an alten Häutungsresten und in Gespinstnestern noch aktiv sind und ihre nesselnde Wirkung monate- oder gar jahrelang behalten. Die Symptome beim Kontakt mit Haaren dieser Arten sind immer ähnlich: Entzündung der betroffenen Körperstellen, Juckreiz sowie Reizung der Augenschleimhäute und Atemwege. Bei Allergikern sind auch Schockreaktionen möglich. Bei Hunden, die mit der Schnauze in Kontakt mit solchen Raupen kommen, kann die Zunge sogar nekrotisch werden und absterben (Grundmann *et al.* 2000). Um störende Nester im Siedlungsraum zu entfernen, müssen Schutzausrüstungen getragen werden.

Der Eichenprozessionsspinner *(Thaumetopoea processionea)* kommt in der Schweiz auf der Alpensüdseite, im Wallis und in den wärmebegünstigten Regionen um Genf und im Jura vor. Die weiblichen Falter legen ihre Eier im Herbst an Zweigen von Eichen ab. Mit dem Blattaustrieb im nächsten Frühling schlüpfen die kleinen Räupchen und beginnen, im Kronenraum an den Blättern zu fressen. Sie sind nachtaktiv und ruhen tagsüber zuerst in Knäueln, gegen Ende der Entwicklung in bis zu einem Meter langen Nestern am Stamm oder an Ästen. Nachts bewegen sie sich in mehrreihigen, bis zu zehn Meter langen Prozessionen zu ihren Frassplätzen, was ihnen zu ihrem Namen verhalf. Brennhaare entwickeln die Raupen erst ab dem dritten Larvenstadium. Die Raupen verpuppen sich im Juli in den Gespinstnestern, und die Falter fliegen im August aus. Mit dem Klimawandel scheint sich diese Art auszubreiten.

Der zweite Prozessionsspinner in Mitteleuropa, der Pinienprozessionsspinner *(Thaumetopoea pityocampa)*, befällt Nadelbäume, insbesondere Kiefern. Er ist in der Schweiz im Tessin und Wallis, in den Bündner Südtälern und am Genfersee zu finden. Die Falter fliegen im Juli und legen ihre Eier ringförmig um Kiefernnadeln ab. Nach dem Schlüpfen fressen auch diese Raupen nachts gesellig an den

‹ Raupen des Eichenprozessionsspinners *(Thaumetopoea processionea)*. Nicht die langen, weissen Haare sind giftig, sondern mikroskopisch kleine.

Die nachtaktiven Raupen des Pinienprozessionsspinners *(Thaumetopoea pityocampa)* ruhen tagsüber und im Winter in ihrem Gespinstnest.

Nadeln, bilden aber noch keine Prozessionen. Tagsüber und bei kühler Witterung bleiben sie in ihren Gespinstnestern. Im Gegensatz zur vorher beschriebenen Art überwintern die Tiere als halbwüchsige Raupen in ihren weissen, von Weitem sichtbaren Winternestern. Im Frühjahr fressen sie nochmals an den Nadeln und wandern bereits ab März – nun in Einerkolonne – den Stamm hinunter zum Boden, um dort in der Streu einen geeigneten Ort für die Verpuppung zu suchen. Die Raupen besitzen ebenfalls erst ab dem dritten Raupenstadium Brennhaare, die bei dieser Art am besten untersucht sind. Es sind nicht die langen, auffälligen Haare, sondern winzig kleine Härchen von wenigen Zehntelmillimetern Länge. Sie sind in sogenannten Spiegeln angeordnet, mit Dichten von 60 000 Härchen pro Quadratmillimeter (Petrucco 2014). Diese können bei Bedrohung abgeworfen werden und setzen wie Kanülen in der Haut des An-

Falter des Pinienprozessionsspinners.

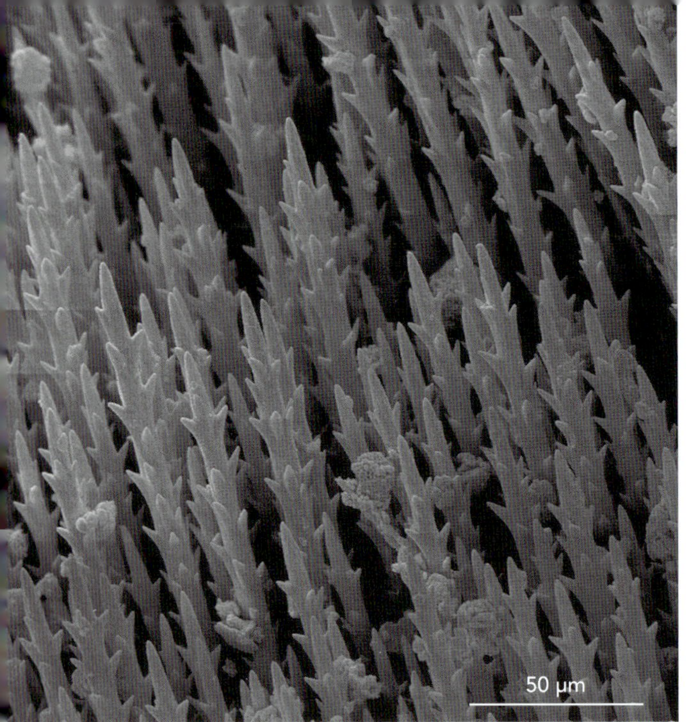

Rasterelektronenmikroskop-Aufnahme der rund 0,1 Millimeter grossen, Gift enthaltenden Brennhaare.

Im Frühjahr wandern die Raupen in Einerkolonne zu Boden, um sich in der Streu zu verpuppen.

Kiefer mit Winternestern des Pinienprozessionsspinners. Deutlich sichtbar sind auch die Spuren des Raupenfrasses in der Umgebung der Nester.

greifers ihr Toxin frei. Die Brennhaare können bis 12 Jahre aktiv bleiben (Hase 1939).

Es gibt auch einige Schmetterlingsarten, deren Raupen zwar Gespinstnester produzieren, jedoch harmlos sind. Beispiele sind der Gewöhnliche Wollafter *(Eriogaster lanestris)*, der an Birke und anderen Baum- und Straucharten lebt, oder der Baumweissling *(Aporia crataegi)* an Weissdorn und Obstbäumen.

15.3 Stechinsekten

Im Gegensatz zu Insekten, die beim Stechen Krankheitserreger übertragen, gibt es Stechinsekten, die dem Menschen durch den Stich selber Schmerzen bereiten. Dies können ebenfalls saugende Insekten sein, wie Stechmücken oder Bremsen. Oder es sind sogenannte Stechimmen wie Wespen und Bienen, die mit einem Wehrstachel und Giftblase ausgestattet sind. In den gemässigten Breiten Mitteleuropas gibt es nur wenige Arten, die genügend häufig oder aufdringlich sind, um von medizinischer Bedeutung zu sein. Ihre Stiche dienen der Abwehr von Feinden und teilweise auch dem Beuteerwerb (siehe Kapitel 8.1). Das injizierte Gift enthält Enzyme, Säuren und Amine, wie beispielsweise Histamin, die ein Jucken, Röten und Anschwellen des Gewebes auslösen und zu Blutschädigungen und Kreislaufstörungen führen können. Für die meisten Personen bedeutet ein Stich lediglich eine vorübergehende schmerzhafte Belästigung. Erfolgt ein Stich aber zum Beispiel in den Hals- oder Mundbereich oder reagiert eine Personen allergisch, sind lebensbedrohende Situationen möglich.

Eine Regenbremse *(Haematopota pluvialis)* beim Saugen auf menschlicher Haut. Bei schwülem Wetter und auf schweissnasser Haut sind diese in der Schweiz «Bräme» genannten Fliegen aufdringliche Quälgeister.

15.4 Medizinische Nutzinsekten

Insekten und Milben haben in der Medizin nicht nur als Schadorganismen eine Bedeutung, sie produzieren auch heilende Substanzen. Insektenextrakte wurden vor allem früher verwendet, einige sind aber noch heute in Gebrauch. In Zukunft könnten solche Produkte wieder an Bedeutung gewinnen. Die meisten diesbezüglich relevanten Insektenarten sind nicht typische Waldtiere, einige kommen aber durchaus auch in lichten Wäldern oder an Waldrändern vor. Spanische Fliegen *(Lytta vesicatoria)*, eine bestimmte Art von Ölkäfern (Meloidae), fressen Laub von Eschen und anderen Bäumen und Sträuchern. Sie produzieren ein Gift namens Cantharidin, das sie zur Abwehr von Feinden aus den Kniegelenken pressen können. Auch bei der Paarung spielt das Gift eine Rolle. Es wird vom Männchen an das Weibchen übertragen und an die Eier weitergegeben, die dadurch ebenfalls gegen Fressfeinde geschützt sind. Gewisse Insekten und Frösche sind allerdings gegen das Gift immun, fressen diese Käfer und setzen das aufgenommene Gift für ihre eigene Verteidigung ein. Beim Menschen führt das Cantharidin bei Hautkontakt zu starker Blasenbildung. Wenn man es zu sich nimmt, hat es schon in geringster Dosis eine tödliche Wirkung. Dieses Gift wird seit Langem nicht nur für Morde, sondern stark verdünnt auch medizinisch genutzt. Es fördert die Durchblutung und wird gegen Rheuma, Nierenbeschwerden oder zur Entfernung von Warzen eingesetzt. Zudem diente es Männern als potenzsteigerndes Mittel, oft mit tödlichem Ausgang (Ghoneim 2013).

Auch von Bienen, Wespen oder Schildläusen werden Inhaltstoffe für verschiedene

Substanzen der Spanischen Fliege (*Lytta vesicatoria*; ein Ölkäfer) wurden früher bei Nierenproblemen oder gegen Warzen, aber auch als potenzsteigerndes Mittel verwendet.

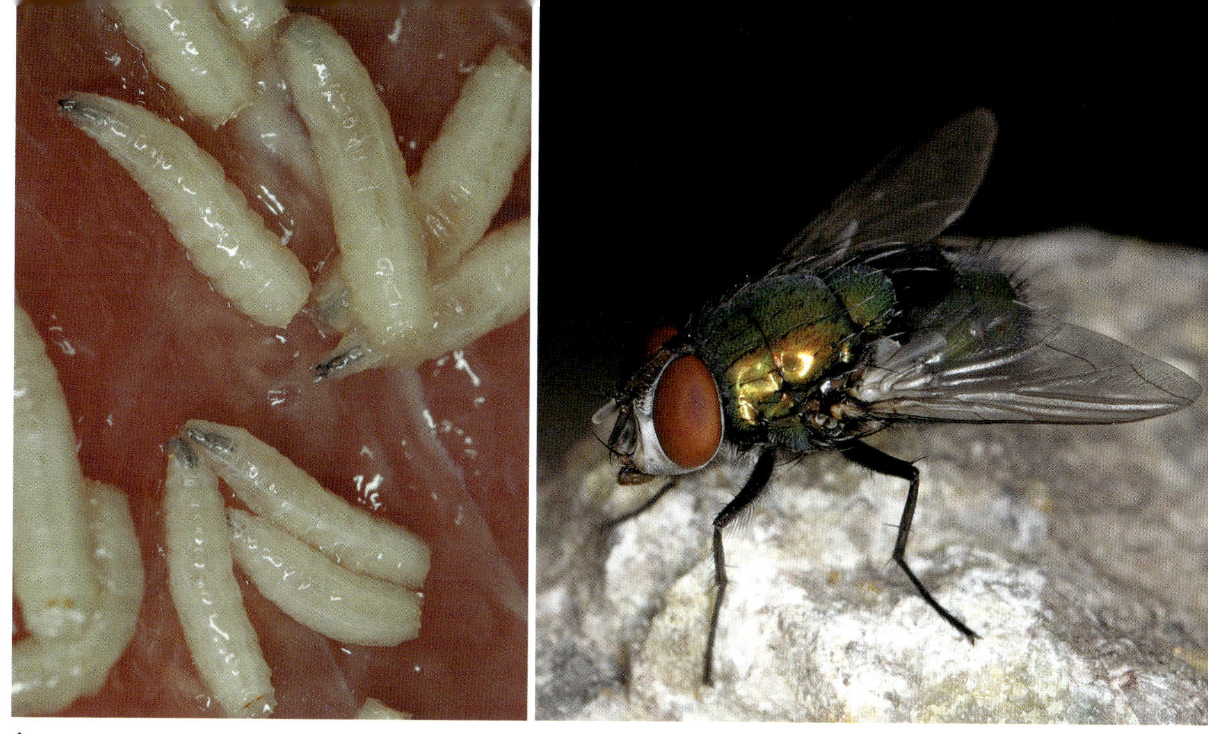

^
Die Maden der Goldfliege *(Lucilia sericata)* werden heute wieder zur Wundsäuberung und Desinfektion verwendet.

Zwecke in der Homöopathie und der traditionellen Medizin verwendet. So wird beispielsweise das Propolis, eine harzartige Masse, die von Honigbienen hergestellt wird und zum Auskleiden der Nisträume dient, als Mittel mit antibiotischer Wirkung verwendet.

Nicht nur Insektenextrakte werden medizinisch genutzt. Einige Arten werden – ähnlich wie die Blutegel zum Schröpfen – als lebende Organismen medizinisch eingesetzt. Schon bei den südamerikanischen Mayas, den australischen Aborigines und auch im Zweiten Weltkrieg wurden Schmeissfliegenmaden (Calliphoridae) zur Wundbehandlung eingesetzt. In eiternde Wunden eingesetzt, fressen sie das faulende und nekrotische Gewebe und fördern mit ihrem antiseptischen Speichel die Heilung (Schowalter 2013). Infolge der zunehmenden Resistenzbildung von Krankheitserregern gegen synthetische Antibiotika gewinnt diese Behandlung wieder an Bedeutung. So werden die Larven der Goldfliege *(Lucilia sericata)* heute steril in Labors gezüchtet und können im Internet bestellt werden. Im Freiland kommt diese häufige Fliegenart in allen Lebensräumen vor und entwickelt sich in Aas.

Nutzbare Insektenprodukte

16

Einige Insekten stellen wertvolle Naturprodukte her, die vom Menschen genutzt werden. Andere Insekten können direkt als Nahrungsmittel verwendet werden. Viele dieser «Nutzinsekten» leben in Wäldern oder zumindest an Gehölzen, allerdings finden sich darunter nur wenige einheimische Arten. Deshalb wird hier der Fokus geografisch etwas erweitert.

16.1 Essbare Produkte

Honig

Das bekannteste Insektenprodukt ist der als Nahrungsmittel genutzte Honig der Honigbiene *(Apis mellifera)*. Seit Jahrtausenden wird er als Süssstoff und Nahrung sowie wegen seiner antimikrobiellen Wirkung auch als Medizin und zur Stärkung verwendet. Honig

Wenn sich die Raupen des Maulbeer-Seidenspinners *(Bombyx mori)* zur Verpuppung einspinnen, produzieren sie einen wertvollen Seidenfaden, der nach dem Abtöten der Puppe vom Kokon abgewickelt und kommerziell verwendet werden kann. In Asien dienen die Puppen auch als Nahrungsmittel. ›

^ Honigbienen *(Apis mellifera)* haben für den Menschen seit Jahrtausenden eine grosse Bedeutung. Sie sammeln Pollen und Nektar von Blütenpflanzen und stellen den bekannten Bienenhonig her.

ist ein hochwertiges Substrat, das verschiedene Zucker (z.B. Glucose, Fructose), Fettsäuren, Proteine, Vitamine und Mineralstoffe enthält. Die ursprüngliche Honigbiene lebte im Wald und besiedelte Baumhöhlen. Anfänglich raubten die Menschen die Bienennester auf wenig nachhaltige Weise einfach aus. Später bewirtschafteten sogenannte Zeidler die Waldbienen aktiv und gezielt. Diese angesehenen Berufsleute hoben in lebenden Bäumen künstliche Baumhöhlen aus und nutzten über Jahre Honig und Wachs der sich ansiedelnden Bienenvölker. In Russland und Osteuropa hat sich diese traditionelle Haltung von Honigbienen erhalten und wird heute sogar wieder vermehrt gepflegt. In Mitteleuropa leben heute kaum noch wilde Bienenvölker im Wald – nicht zu verwechseln mit Wildbienen: Diese Arten leben einzeln und legen keine Waben an.

Die domestizierten Bienenvölker werden in eigens gebauten Bienenstöcken gezielt gezüchtet und bewirtschaftet, um einen möglichst konstanten und hohen Honigertrag zu erzielen. Die Menge des in der Schweiz gewonnenen Waldhonigs beträgt jährlich 2200 Tonnen im Wert von 52 Millionen Franken, rund zwei Drittel der gesamten Schweizer Honigproduktion (Flury *et al.* 2004, Schmid 2015). In ganz Europa belief sich die Honigproduktion 2013 auf über 372 000 Tonnen, gut ein Fünftel der Weltproduktion (FAO 2015).

Honigbienen leben in einem organisierten Staat, der aus einer Königin, einigen Zehntausend Arbeiterinnen – den beiden weiblichen Kasten – und einigen Hundert Drohnen – der männlichen Kaste – besteht. In den aus

Wenn das Volk für den Brutraum zu gross wird, schwärmt ein Teil des Volkes mit der Königin aus. Die etwa zehntausend Bienen hängen sich in einer Traube an einen passenden Gegenstand in der Nähe und warten dort, bis ihre Kundschafterinnen eine geeignete neue Nisthöhle gefunden haben. >

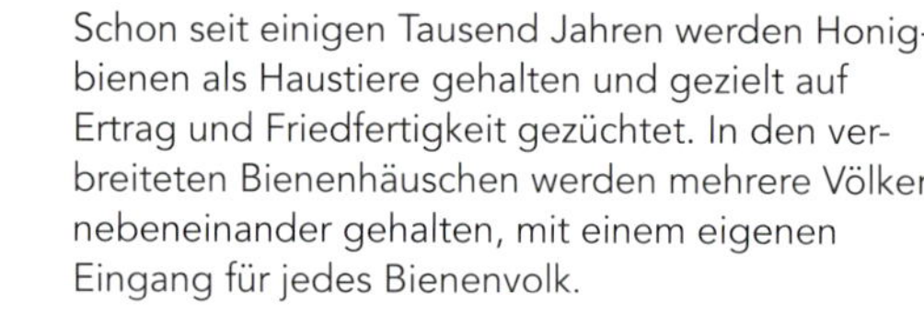

^ Schon seit einigen Tausend Jahren werden Honigbienen als Haustiere gehalten und gezielt auf Ertrag und Friedfertigkeit gezüchtet. In den verbreiteten Bienenhäuschen werden mehrere Völker nebeneinander gehalten, mit einem eigenen Eingang für jedes Bienenvolk.

^ Der Honig wird von den Bienen in verdeckelten Wabenzellen aufbewahrt. Die Waben liefern dem Menschen die beiden wertvollen Produkte Honig und Wachs.

Wachs gefertigten Waben legen die Arbeiterinnen ihren Honig- und Pollenvorrat an und ziehen damit die Brut auf, die aus den Eiern der Königin schlüpft. Die Arbeiterinnen im Aussendienst teilen ihren Kolleginnen auf der Wabe mit einem ausgeklügelten «Schwänzeltanz» Richtung, Entfernung und Ergiebigkeit von nektar- und pollenspendenden Blüten oder honigtauproduzierenden Blattläusen mit (Seeley 2014). Im Frühsommer hat das Volk seine grösste Stärke erreicht, und die Königin zieht mit einem Teil des Volkes aus, um eine neue Nistgelegenheit zu suchen. Im alten Nest übernimmt eine von den Arbeiterinnen neu aufgezogene und beim Hochzeitsflug begattete Königin die Aufgabe der Nachkommenproduktion. Bei der heutigen Bienenhaltung wird mit verschiedenen Massnahmen versucht, das Schwärmen zu verhindern oder die ausfliegenden Bienen abzufangen, da ein schwärmendes Volk weniger Honig liefert.

Andere essbare Produkte

Ein weiteres in gewissen Ländern verwendetes Produkt von Insekten ist das ebenfalls von Honigbienen hergestellte sogenannte Gelée Royal. Dies ist eine sehr nährstoffreiche Substanz, die von den Arbeiterinnen produziert und ausschliesslich an die heranwachsenden Königinnen verfüttert wird.

Das aus der Bibel bekannte Manna bestand höchstwahrscheinlich aus den zuckerhaltigen

Die Zeidlerei ist ein altes Handwerk der gewerbsmässigen Haltung und Nutzung von Bienenvölkern in künstlich geschaffenen Baumhöhlen. An einigen Orten Mitteleuropas wird dieses fast ausgestorbene Handwerk heute wieder gepflegt. Dazu wird in einem dicken, lebenden Baum auf einigen Metern Höhe eine künstliche Höhle angelegt. Der Bearbeitungs- und Unterhaltsschlitz wird wieder verschlossenen, die Bienen finden den Zugang über das separate Einflugloch links vom Schlitz.

und in der trockenen Luft des Sinai schnell kristallisierenden Ausscheidungen (Honigtau) von an Tamarisken lebenden Schildläusen (Schimitschek 1980).

16.2 Roh- und Werkstoffe

Seide

Seit mehr als fünftausend Jahren wird in China der Seidenfaden der Raupen des Maulbeer- oder Seidenspinners *(Bombyx mori)* zur Herstellung von wertvollen Geweben und als chirurgischer Nähfaden verwendet (Anelli und Prischmann-Voldseth 2009). Die Seide war lange ein wichtiges Handelsgut, das vom Monopolisten China entlang der Seidenstrasse nach Europa exportiert wurde. Im sechsten Jahrhundert nach Christus wurden der Seidenspinner und sein Wirtsbaum, der Maulbeerbaum, aus China ins Byzantinische Reich geschmuggelt, und in der Folge entwickelte sich auch in Europa eine Seidenproduktion. In der Schweiz existierte ab dem 16. Jahrhundert vor allem im Tessin eine mehr oder weniger dauerhafte Seidenspinnerzucht, wovon die zahlreichen Maulbeerbäume noch heute zeugen. Die Seidenfäden wurden von der insbesondere im 18. und 19. Jahrhundert prosperierenden Zürcher Seidenindustrie verarbeitet, die am Ende des 19. Jahrhunderts der weltweit zweitgrösste Seidenstoffproduzent war (Schmid 2000). Die widerstandsfä-

310

^ Ein Kokon des Seidenspinners besteht aus rund drei Kilometer Seidenfaden. Davon können bis zu tausend Meter für die Seidenproduktion verwendet werden.

hige und leichte Seide wurde für luxuriöse Kleidungsstücke, Damenstrümpfe und später auch für Anglerschnüre und Fallschirme verwendet. Obwohl die Seide mittlerweile grösstenteils durch billigere Kunstfasern ersetzt wurde, ist die Naturseide wieder zunehmend ein begehrter Rohstoff für wertvolle Gewebe.

Der Seidenspinner ist zusammen mit der Honigbiene zu einem echten Haustier des Menschen geworden. Die Zucht der Raupen erfolgt auf Blättern des Maulbeerbaums. Zur Verpuppung spinnt jede Raupe einen Kokon aus einem 10- bis 30-tausendstel Millimeter dünnen, aber über drei Kilometer langen Seidenfaden (Schmid 2000), von dem nach dem Abtöten der Puppe und einer Behandlung in heissem Wasser bis tausend Meter wieder abgewickelt und versponnen werden können. Während die flugunfähige Zuchtform der Maulbeerspinner im Freiland nicht mehr überleben kann, etablierte sich der ebenfalls für die Seidenproduktion eingeführte Ailanthusspinner *(Samia cynthia)* im Tessin als fester Bestandteil der Nachtfalterfauna. Seine Futterpflanze, der Götterbaum *(Ailanthus altissima)*, hat sich ebenfalls ausgebreitet und ist vielerorts zu einer problematischen, invasiven Pflanze geworden.

Lacke, Farb- und Gerbstoffe

Schildläuse wurden schon seit Langem – und werden zum Teil noch heute – als Lieferanten von Farbstoffen, Lacken und Wachsen verwendet. Ein wichtiges Produkt ist der Lack der Lackschildlaus *(Kerria lacca)*, die in In-

‹ Der Maulbeerspinner oder Seidenspinner ist die am häufigsten für die Seidenproduktion verwendete Schmetterlingsart. Durch die Zucht über Jahrtausende ist der Falter fluguntauglich geworden. Seine Raupen werden auf Zweigen des Maulbeerbaums gezüchtet.

^
Nach dem Abtöten der Seidenraupen-Puppen mit heissem Wasser werden die Kokons für die Gewinnung des Seidenfadens in warmes Wasser gelegt. Dies löst den Leim, der die Fäden miteinander verklebt. Anschliessend können die Fäden jeweils einiger Kokons miteinander abgehaspelt und versponnen werden. Zum Schluss wird der Rohseidenfaden mit heissem Seifenwasser vom klebrigen Leim befreit.

dien, China und Südostasien an verschiedenen Baumarten lebt, und deren lackhaltige Schilder die Äste völlig bedecken können. Der Lack wurde nicht nur für die Herstellung der frühen Schellack-Schallplatten, sondern auch für Schuhsohlen und -creme, künstliche Früchte und Blumen, Tinte, elektrische Isolationen, Zahnprothesen, pyrotechnische Produkte, als Leder- und Holzpflegemittel, Siegelwachs, Klebstoff, Lackfarbe und Lebensmittelfarbstoff verwendet (Clausen 1954).

Schon in prähistorischer Zeit wurden Schildläuse zur Herstellung von Farbstoffen verwendet. Im Mittelmeergebiet lieferten die Weibchen und Larven der auf immergrünen Eichen gedeihenden Kermes-Schildläuse *(Kermes vermilio, K. ilicis)* den Farbstoff Karmin (auch Cochenille genannt), eines der ältesten organischen Pigmente. Im Mittelalter diente dieser wertvolle Farbstoff sogar als Zahlungsmittel. Die Schildlaus *K. vermilio* wurde kürzlich mit Steineichen auch in die Schweiz und nach England eingeschleppt (Wermelinger und Forster 2015). Auch auf anderen Kontinenten wurden Schildläuse zur Herstellung von wertvollen, dauerhaften Farbstoffen benutzt und nach Europa exportiert. So waren bestimmte auf Feigenkakteen lebende Schildläuse neben Silber lange der wichtigste Exportartikel Lateinamerikas (Anelli und Prischmann-Voldseth 2009). Die Farbstoffe werden heute noch zum Färben von Geweben, als Malerfarben, in der Kosmetik und als Lebensmittelfarbstoffe verwendet. So stammte zum Beispiel die rote

Sogenannte Brutblasen der Kermes-Schildlaus *(Kermes vermilio)*. In diesen Gebilden der abgestorbenen weiblichen Schildläuse entwickeln sich die Eier. Nach dem Schlüpfen verteilen sich die Larven auf den Zweigen (hier sichtbar als winzige rote Punkte auf den Zweigen und Blättern).

Aufgeschnittene Brutblase einer Kermes-Schildlaus. Aus den weiblichen Adulttieren und Larven wird schon seit Urzeiten der wertvolle Farbstoff Karmin gewonnen.

Farbe des bekannten Campari-Aperitifs bis 2006 von diesen Schildläusen.

Gallen sind pflanzliche Gewebewucherungen, die von fremden Organismen – meist Insekten – ausgelöst werden. Pflanzenhormonähnliche Stoffe des Erzeugers veranlassen die Wirtpflanze, eine genetisch festgelegte Umbildung des Gewebes vorzunehmen, die für jeden Erzeuger spezifisch ist und meist eine sichere und einfache Artbestimmung zulässt.

Speziell in Ost- und Südosteuropa wurden früher verschiedene Eichengallen kommerziell genutzt. Diese von Gallwespen (Cynipidae) erzeugten Gallen dienten bis in die Neuzeit als wertvoller Rohstoff für die Herstellung von Tinte, Farbstoffen, pharmazeutischen Produkten und wegen ihres hohen Tanningehalts als Gerbmittel. Auch in Mitteleuropa brachte das Sammeln und Verkaufen von Eichengallen dem Forstpersonal zeitweise eine willkommene Zusatzeinnahme.

In der Türkei und angrenzenden Gebieten lieferten die Gallen von *Andricus gallaetinctoriae* – Aleppo- oder Levantegallen genannt – die lichtbeständige Eisengallustinte. Seit dem Altertum und noch bis ins 20. Jahrhundert hinein mussten gewisse behördliche Dokumente mit aus diesen Gallen hergestellter, dauerhafter Tinte geschrieben sein. Die Gallen wurden auch zum Färben von Leder benutzt sowie zum Gerben, da ihr Gerbstoffgehalt bis zu 60 Prozent beträgt (Gauss 1982). Noch im 19. Jahrhundert wurden jährlich Zehntausende Tonnen Gallen aus dem Nahen Osten nach Mitteleuropa importiert (Hellrigl 2010). Heute hat dieser Handel jedoch aufgehört.

Auch die Gallen der Knopperngallwespe *(Andricus quercuscalicis)* haben einen hohen Gerbstoffgehalt und wurden in Osteuropa und im Balkan zu Gerbereizwecken sogar speziell in Eichenkulturen kultiviert. Für einen vollständigen Generationszyklus mit ase-

Die Gallen der Knopperngallwespe *(Andricus quercuscalicis)* entwickeln sich vorwiegend an Stieleichen (siehe auch Bilder Seite 47). Diese Gallen weisen einen hohen Gerbstoffgehalt auf und wurden früher in der Gerberei verwendet.

Gegen den Herbst bildet sich an der Spitze der reifenden Knopperngallen eine Öffnung. Die Gallwespen-Puppen überwintern in den zu Boden gefallenen Knoppern. Im Frühling schlüpfen die adulten Wespen dann aus der vorbereiteten Öffnung.

xueller und bisexueller Generation braucht die Knopperngallwespe zwei Wirte: die Stiel- und die Zerreiche. In Mitteleuropa ausserhalb des Zerreichen-Verbreitungsgebiets kann sich auch ein unvollständiger, parthenogenetischer Zyklus ausbilden (Anholozyklus).

Wachs

Neben dem Honig liefern die Honigbienen auch Wachs, der früher mindestens so wertvoll war wie der Honig. Bis heute wird der begehrte Rohstoff vor allem in der Kosmetik und Pharmazeutik sowie für die Herstellung von Kerzen, Polituren, Figuren, Giessformen und Siegeln verwendet. Ausserdem werden Oberflächen von Holz, Stein, Töpfereien und Leder mit Wachs versiegelt und veredelt sowie Früchte damit glänzender und länger haltbar gemacht. Die Köpfe in Madame Tussauds Wachsfigurenkabinetten bestehen ebenfalls aus einer Mischung von Bienenwachs und pflanzlichem Japanwachs. In der Europäischen Union wurden 2005 über 4000 Tonnen Bienenwachs als Handelsware produziert (CBI 2009).

16.3 Insekten als Nahrungsmittel

Anders als in Asien, Afrika, Australien und Amerika haben Insekten in Europa als Nahrungsmittel keine Tradition. Weltweit werden über 2000 Insektenarten gegessen, hauptsächlich Waldinsekten (Ramos-Elorduy 2009). Dazu gehören vor allem Käfer (insbesondere Larven von Blatthorn-, Rüssel- und Bockkäfern [Scarabaeidae, Curculionidae, Cerambycidae]), Hautflügler (Larven und Puppen von

Während in anderen Kontinenten Insekten als Nahrungsmittel schon lange bekannt sind, hat diese wertvolle Nahrungsquelle in Europa keine Tradition.

Wespen und Bienen; Ameisen), Heuschrecken, Schmetterlingsraupen, Wanzen und Zikaden (Johnson 2010). Insektengewebe hat einen hohen Fett- und Proteinanteil und ist damit nicht nur sehr reich an Energie, sondern auch an essenziellen Aminosäuren, Mineralstoffen und Vitaminen. Eine der wichtigsten als Nahrung verwendeten Arten ist der in Ostasien, Lateinamerika und Afrika bekannte Palmrüssler (*Rhynchophorus* spp.), dessen dicke Larven als «Sagowürmer» roh, geräuchert, geröstet oder gedämpft als Nahrungs- und Genussmittel begehrt sind. Die Sago-Palmen (*Metroxylon*-Arten) werden sogar extra gefällt, damit die Rüsselkäfer ihre Eier auf den Stamm ablegen können. Bereits einen Monat nach dem Fällen können die ersten engerlingsartigen Larven aus dem Holz ausgegraben und verwertet werden (Johnson 2010). Mittlerweile ist der Palmrüssler auch ins Mittelmeergebiet eingeschleppt worden und wird dort an Palmen aller Art schädlich (siehe Kapitel 17.2).

Ebenfalls in Asien werden die Puppen der bereits erwähnten Seidenspinner gegessen. In Nordamerika gelten die Raupen des Pandorafalters *(Coloradia pandora)* als traditionelles Nahrungsmittel. Diese sich von Kiefernnadeln ernährenden Raupen werden noch heute von den Paiute-Indianern im Südwesten der USA als Delikatesse geschätzt (Weaver und Basgall 1986).

Da Insekten in Europa als Nahrungsmittel nie Bedeutung erlangt haben, war ihr Verkauf für den menschlichen Verzehr in der Europäischen Union lange verboten. Es sind jedoch Bestrebungen im Gang, diese hochwertigen Proteinlieferanten als Nahrungsmittel freizugeben. So sind in der Schweiz seit 2017 drei Insektenarten zum Verzehr zugelassen, allerdings keine Waldinsekten (Wanderheuschrecken, Heimchen und Mehlwürmer). Weltweit sind solche Bestrebungen auch in einem ökologischen Zusammenhang zu sehen. So wandeln Insekten die pflanzliche Biomasse etwa zehnmal effizienter in tierische Biomasse um als Warmblüter. Ausserdem verursachen Insektenzuchten eine deutlich geringere Emission von Treibhausgasen, benötigen viel weniger Platz, und es entstehen weniger Abfallstoffe (Durst und Shono 2010). Insgesamt belastet somit die Produktion von Insekten die Umwelt viel weniger als die traditionelle Tierproduktion. Allerdings müssen auch für Insektenzuchten Regeln für eine nachhaltige, hygienisch einwandfreie und umweltschonende Produktion festgelegt werden.

Insekten dienen auch als Futter im Heimtierbereich. Neben den oben erwähnten Heuschrecken und Mehlwürmern wurden zum Beispiel bis vor einigen Jahren Puppen von Waldameisen («Ameiseneier») als Vogel- und Fischfutter verkauft.

17

Eingeschleppte Arten

Seit Beginn der grossräumigen Handels- und Reiseaktivitäten des Menschen werden auch Organismen zwischen den Kontinenten ausgetauscht. Tierarten, die nach der Entdeckung Amerikas 1492 in neue Kontinente gelangten, werden Neozoen genannt. Meist werden sie zufällig als blinde Passagiere beim Transport von Handelsgütern, mit Verpackungen, Reisegepäck, Souvenirs oder in Transportmitteln verschleppt. Bis 2008 gelangten so 1590 Arten von Wirbellosen – vor allem Insekten – nach Europa und konnten sich hier etablieren (Roques 2010). Vor allem nach dem Zweiten Weltkrieg nahmen die Einschleppungsraten stark zu. Sie liegen heute in Europa bei etwa zwanzig neuen Insektenarten pro Jahr, rund ein Drittel davon sind Gehölzinsekten. Die Zunahme verläuft in der Schweiz ziemlich parallel zum Handelsvolumen von Gütern (Wermelinger 2014).

Das Auftreten gebietsfremder Arten kann aber auch andere Gründe haben. So wurden

Der Asiatische Laubholzbockkäfer *(Anoplophora glabripennis)* wurde schon in verschiedene Kontinente verschleppt. Der Käfer befällt fast alle Laubbaumarten und hinterlässt beim Ausschlüpfen ein grosses, rundes Loch. ›

verschiedene Insektenarten bewusst für die biologische Bekämpfung von Schadinsekten eingeführt. Andere, mediterrane Arten nutzen die höheren Temperaturen und milderen Winter als Folge der Klimaerwärmung und dehnen ihre Verbreitungsgrenzen nach Norden aus. Der Hauptgrund für das Auftreten von neuen Insektenarten auf einheimischen Baum- und Straucharten ist jedoch der Import von Zierpflanzen und Holzprodukten. Fremde Gehölzinsekten etablieren sich meistens zuerst in Siedlungsgebieten, da dort exotische Bäume als mögliche Wirte zur Verfügung stehen, die Strassenbäume unter einem latenten Dauerstress stehen und das städtische Klima milder ist. Hat sich eine fremde Insektenart dort etabliert, besteht die Gefahr, dass sie sich auch in Waldgebiete ausbreitet.

Die meisten gebietsfremden Arten treten in ihren Herkunftsgebieten nicht als Schädlinge auf, da sich im Verlaufe der Evolution ein dynamisches Gleichgewicht zwischen der Abwehr der Wirtspflanze, der Vermehrungsrate des pflanzenfressenden Insekts und seinen natürlichen Gegenspielern entwickelt hat. Gelangen Arten in neue, unangepasste Ökosysteme, fehlen diese regulatorischen Wechselwirkungen oft. Vermehrungsstarke Arten können diese ökologische Nische ausnützen und werden teilweise zu Schädlingen.

17.1 Invasive Arten im Wald

Nicht alle Neozoen werden invasiv, sind also von wirtschaftlicher oder ökologischer Bedeutung. Die meisten bleiben völlig unauffällig. Einige Arten sind jedoch im Wald invasiv geworden – oder könnten es noch werden. Dazu gehören neben dem schon lange etablierten

Ein Befall durch die nur etwa drei Millimeter grosse Edelkastanien-Gallwespe *(Dryocosmus kuriphilus)* kann zu einem völligen Zusammenbruch der Kastanienproduktion führen.

Schwarzen Nutzholzborkenkäfer *(Xylosandrus germanus)*, der Weisstannentrieblaus *(Dreyfusia nordmannianae)* oder der Douglasienwolllaus *(Gilletteella cooleyi)* auch einige erst dieses Jahrhundert eingeschleppte Arten.

Edelkastanien-Gallwespe

Die winzige, aus Südchina stammende Edelkastanien-Gallwespe *(Dryocosmus kuriphilus)* hat seit ihrer Einschleppung nach Europa 2002 in den Kastanienproduktionsgebieten grosse Ertragseinbussen bei den Kastanienfrüchten (Marroni) verursacht. Im Sommer legen die Weibchen – von der Art sind keine Männchen bekannt – ihre Eier in die für das nächste Jahr angelegten Triebknospen. Zeitgleich mit dem Blattaustrieb beginnen die Larven im Frühling zu fressen und lösen dadurch die Bildung unregelmässiger Gallen an Blättern und Trieben aus. Ab Juni fliegen die Wespen aus den mehrkammerigen Gallen aus. Durch die Gallbildung verkrüppeln die Blätter, was die Blattfläche drastisch reduzieren und sich entsprechend auf die Kastanienernte auswirken kann. Bei sechs Gallen pro Zweig beträgt die Einbusse bis zu 80 Prozent (Battisti *et al.* 2014). Die Wespe wird meist durch Pflanzenmaterial mit befallenen Knospen verschleppt. In Italien wurde zur Bekämpfung eine chinesische Schlupfwespe *(Torymus sinensis)* eingeführt, die sich mittlerweile auch in die Schweiz ausgebreitet hat und im Moment die Gallwespen sehr effektiv kontrolliert. Die Marroniproduktion hat deshalb an den meisten Orten wieder ein normales Niveau erreicht. Ob das so bleibt, wird die Zukunft zeigen.

^
In einer Galle der Edelkastanien-Gallwespe entwickeln sich meist fünf bis zehn Larven, jede in einer eigenen Kammer. Die Gallen führen zur Verkrüppelung der Blätter und zum Absterben von Trieben.
v

Asiatischer Laubholzbockkäfer

Der Asiatische Laubholzbockkäfer (*Anoplophora glabripennis;* «ALB») wurde aus China nach Nordamerika und Anfang dieses Jahrhunderts auch nach Europa verschleppt. Der bis über drei Zentimeter grosse, markant gefärbte Bockkäfer gelangte auch in die Schweiz, wo er zwischen 2011 und 2015 weit über hundert Laubbäume in verschiedenen Siedlungsgebieten befiel (Wermelinger *et al.* 2015). Sein Wirtsspektrum umfasst praktisch alle Laubbäume, jedoch mit klarer Präferenz für Ahorn, Rosskastanie, Weide, Birke und Pappel. Der Käfer legt seine Eier einzeln in selbst genagte Rindentrichter. Die jungen Larven fressen zuerst im Bast unter der Rinde und bohren sich danach ins Holz. Nach einer zweijährigen Entwicklungsdauer verpuppen sich die Larven, und nach wenigen Wochen schlüpfen die Käfer.

Bisher beschränkt sich in Europa der Befall auf Park-, Allee- und Gartenbäume im Siedlungsraum oder auf kleine Feldgehölze. Die Art hat jedoch das Potenzial, auch im Wald Bäume zu befallen und in grösserem Stil zum Absterben zu bringen. Um ihre Ausbreitung zu verhindern und die Gefahr abbrechender Äste zu vermeiden, müssen sowohl die befallenen Bäume als auch prophylaktisch die potenziellen Wirtsbäume in der Umgebung gefällt und vernichtet werden. Dies kann für die betroffenen Körperschaften sehr teuer werden. So wurden in den USA in den ersten zehn Jahren nach der Einschleppung des «ALB» für Bekämpfung, Überwachung und Neuanpflanzungen 373 Millionen Dollar ausgegeben (Haack *et al.* 2010).

Die Käfer werden mit Verpackungsholz beispielsweise von Granitsteinen oder anderen Gütern vor allem aus China eingeschleppt oder durch den Binnentransport von befallenem Holz innerhalb einer Region verschleppt. Mittlerweile gibt es in fast ganz Europa Befallsherde.

Ein sehr ähnlich aussehender Verwandter des Asiatischen Laubholzbockkäfers, der Citrusbockkäfer (*A. chinensis;* «CLB»), hat sich in Norditalien auf über 400 Quadratkilometern etablieren können (Schröder *et al.* 2012). Seine Larven werden vorwiegend mit Zierbäumen und Bonsais verschleppt. Der Käfer dürfte sich mit der Zeit durch Neueinschleppungen oder Binnentransport von befallenem Pflanzenmaterial auch im übrigen Europa ausbreiten.

< Der Asiatische Laubholzbockkäfer gilt in ganz Europa als Quarantäne-Organismus und muss von Gesetzes wegen bekämpft werden.

Die Larven des Asiatischen Laubholzbockkäfers fressen sich tief ins Holz. Nach zweijähriger Entwicklungszeit bohren sich die Käfer mit grossen, kreisrunden Löchern aus.
∨

Buchsbaumzünsler

Die Raupen des ebenfalls aus Ostasien stammenden Buchsbaumzünslers *(Cydalima perspectalis)* fressen ausschliesslich an Buchs. Zwar sind sie vor allem in Gärten und Parkanlagen ein Problem, haben aber im Grossraum Basel und im Jura auch schon natürliche Buchsbestände im Wald befallen und zu hohen Ausfällen dieser Sträucher geführt (Kenis *et al.* 2013). Allerdings hat der Buchs die Fähigkeit, auch nach einem starken Befall wieder neu auszutreiben, solange nicht die grüne Rinde der Zweige abgefressen wird. Zudem setzt dem Buchs der ebenfalls eingeschleppte Pilz *Cylindrocladium buxicola* stark zu.

Der Buchsbaumzünsler *(Cydalima perspectalis)* ist vor allem bei Gartenbesitzern berüchtigt. Er hat aber auch schon natürliche Buchsbestände im Wald befallen.

Der Eschenprachtkäfer auf dem Weg nach Europa

Der Eschenprachtkäfer *(Agrilus planipennis)* ist in Ostasien heimisch. Seine Larven fressen im Rindenbast von Eschen, was zum schnellen Absterben der Bäume führt. Der Käfer wurde zuerst nach Nordamerika verschleppt und hat dort bereits zum Tod von Millionen von Eschen im urbanen Grünbereich und im Wald geführt. Die Folgekosten gehen in die Milliarden. Seit 2003 ist der Käfer auch in der Region Moskau vorhanden und breitet sich langsam gegen Westen aus. Er dürfte über kurz oder lang – eingeschleppt oder durch natürliche Ausbreitung – in Europa eintreffen und die schon vom Eschentriebsterben *(Hymenoscyphus fraxineus)* geschwächten Eschenbestände weiter dezimieren.

17.2 Weitere Neozoen an Gehölzen

Neben den erwähnten Arten gibt es eine Vielzahl weiterer gebietsfremder Gehölzinsekten, die bisher kaum als Schädlinge in Erscheinung traten oder eher auf Gehölzen im Zier- und Agrarbereich eine gewisse Bedeutung erreichten. In der Landwirtschaft sind zum Beispiel die Walnussfruchtfliege *(Rhagoletis completa)* und vor allem die Kirschessigfliege *(Drosophila suzukii)* bekannt. Erstere verursacht schleimige Nuss-Fruchtschalen, während Letztere Beeren, Weintrauben und andere weiche Früchte ungeniessbar macht. Die aus Ostasien stammende Marmorierte Baumwanze *(Halyomorpha halys)* ist in den USA bereits zu einem grossen Problem geworden und hat auch in der Schweiz schon vereinzelte Schäden an Feldfrüchten angerichtet. An Stadtbäumen fällt in gewissen Jahren die massenhafte Vermehrung der Platanennetzwanze *(Corythucha ciliata)*, der Wolligen Napfschildlaus *(Pulvinaria regalis)* oder vor allem der Rosskastanien-Miniermotte *(Cameraria ohridella)* auf. Ein solcher Befall schwächt die Bäume und mindert ihren Zierwert. Ohne weitere Bedeutung ist die im Herbst auf der Suche nach Überwinterungsorten oft an Fensterscheiben anzutreffende Amerikanische Kiefernwanze *(Leptoglossus occidentalis)*. Die Tiere saugen im Sommer an den Samen von Koniferenzapfen.

Als wahrhaft invasive Art in Gärten, städtischem Grün, Feldern, Wiesen und an Waldrändern tauchte Anfang dieses Jahrhunderts der Asiatische Marienkäfer *(Harmonia axyridis)* in Mitteleuropa auf. Diese Art entwich aus Gewächshäusern, in denen sie bewusst zur Bekämpfung von Blattläusen ausgesetzt worden war, und breitete sich extrem schnell aus. Dies hatte erhebliche ökologische Konsequenzen, weil die Larven des Asiatischen Marienkäfers nicht nur Blattläuse, sondern auch andere blattlausbesuchende Marienkäferlarven fressen. Heute ist diese eingeführte Art in vielen Ländern Europas eine der häufigsten

Vier Beispiele von Insekten an Ziergehölzen, die in den letzten zwei Jahrzehnten in die Schweiz eingeschleppt wurden: Rosskastanien-Miniermotte (*Cameraria ohridella;* a), Eichennetzwanze (*Corythucha arcuata;* b), Marmorierte Baumwanze (*Halyomorpha halys;* c), Amerikanische Kiefernwanze (*Leptoglossus occidentalis;* d).

Marienkäferarten und hat verschiedene einheimische Marienkäfer stark zurückgedrängt (Roy *et al.* 2012).

Der Palmrüssler *(Rhynchophorus ferrugineus)* wurde von Asien ins Mittelmeergebiet verschleppt und befällt hier sämtliche Palmenarten. Seine Larven fressen sich im Pflanzengewebe zum Vegetationspunkt durch, und die Pflanze stirbt in der Folge ab. Der Palmrüssler breitet sich gegenwärtig Richtung Norden aus und dürfte bei den vielerorts zu Zierzwecken angepflanzten Palmen schon bald zu Problemen führen.

Der Palmrüssler *(Rhynchophorus ferrugineus)* wurde nach Spanien eingeschleppt und breitet sich gegenwärtig im Mittelmeergebiet und – wie auch die Palmen – nach Norden aus.

18 Gefährdete Waldinsekten

Das Aussterben von Arten ist zwar ein natürlicher evolutiver Vorgang, doch sind in jüngster Vergangenheit deutlich mehr Arten ausgestorben als früher (Smith *et al.* 1993). Vielfach kann das Aussterben einer Art direkt oder indirekt auf menschliche Einflüsse zurückgeführt werden. Ob der Mensch ein «normaler» Bestandteil der Natur ist und seine Einflüsse somit auch zu den natürlichen Prozessen der Evolution gehören, bleibt eine philosophische Frage.

In der Schweiz und wohl auch im übrigen Mitteleuropa fällt der Artenschwund in den verschiedenen Lebensräumen unterschiedlich stark aus. Am meisten macht er sich in den landwirtschaftlichen, meist intensiv bewirtschafteten Gebieten bemerkbar, der Lebensraum Wald ist weniger stark betroffen (Seibold *et al.* 2010). Aber auch im Wald haben sich viele Faktoren zuungunsten der Insektenvielfalt verändert. So ist die Waldfläche im historischen Vergleich heute deutlich klei-

Viele gefährdete Insektenarten leben in totem Holz. Der Bunte Kirschbaum-Prachtkäfer *(Anthaxia candens)* entwickelt sich unter der Rinde absterbender Äste und Stämme verschiedener Kirschen und zählt in den meisten Ländern Mitteleuropas zu den bedrohten Arten. >

^
Der Gelbringfalter *(Lopinga achine)* ist in ganz Europa geschützt. Er bevorzugt buschreiche, offene Wälder mit bestimmten Grasarten als Nahrung für seine Raupen. Dichter und dunkler werdende Wälder stellen deshalb eine Bedrohung für diese Art dar.

ner (siehe Kapitel 1.2), bestimmte Waldtypen wie die Auenwälder sind seltener geworden, die Waldbewirtschaftung hat die Zusammensetzung und Strukturen der Wälder verändert, und der Strukturreichtum von Waldrändern ist ärmer geworden. Die Bewirtschaftung von Wäldern hat allerdings nicht immer nur negative Folgen für die Biodiversität. So enthalten beispielsweise die sogenannten Mittelwälder – ein durch selektive und multifunktionale Holznutzung entstandener Waldtyp – wertvolle Habitatbäume für alt- und totholznutzende Tierarten. Zudem bieten sie einen offenen Lebensraum für licht- und wärmeliebende Waldarten.

Seit etwa 1850 nimmt die Waldfläche in der Schweiz stetig zu, heute beträgt sie rund ein Drittel der Landesfläche (Scheidegger *et al.* 2010). Von den künstlichen, in Mitteleuropa im letzten Jahrhundert zur Holzproduktion begründeten Monokulturen vor allem von Fichten und Kiefern kommt man immer mehr weg, und es entstehen durch die vermehrt geförderte Naturverjüngung standortgerechtere Wälder. Kritische Faktoren bei der Erhaltung der Artenvielfalt sind heute vor allem die Verdunkelung der Wälder, das Fehlen alter Habitatbäume, der Mangel an Totholz mit grossen Durchmessern und in fortgeschrittenen Abbaustadien sowie die Eintönigkeit vieler Waldränder. Diese ökologisch wichtige Schnittstelle (Ökoton) zwischen Wald und Offenland wird für die Schweiz auf über 110 000 Kilometer Länge (fast dreifacher Erdumfang!) geschätzt (Abegg *et al.* 2014), besteht aber häufig aus einem sehr schmalen Strauchgürtel oder gar einem übergangslosen Wechsel vom Baumbestand zu Feldern, Wiesen oder Wegen.

Um die Gefährdung einer Art zu beurteilen, müssen mindestens ihre Häufigkeit und Verbreitung und möglichst auch ihre Populationstrends bekannt sein. Bei den Waldinsekten sind diese Angaben vor allem für Käfer und Schmetterlinge vorhanden. Deshalb gibt es zumindest für einen Teil dieser Gruppen sogenannte Rote Listen der gefährdeten Arten, während zum Beispiel für Fliegen, Mücken oder Hautflügler (ausser den Stechimmen) der Gefährdungsstatus kaum bekannt ist. Die heutigen Roten Listen richten sich nach den Kriterien der IUCN (International Union for Conservation of Nature). Die vier nationalen Kategorien mit Gefährdungsstatus sind RE (Regionally Extinct; national ausgestorben), CR (Critically Endangered; vom Aussterben bedroht), EN (Endangered; stark gefährdet) und VU (Vulnerable; verletzlich). Diese Einstufungen bilden vermehrt die Grundlage für einen gesetzlichen Artenschutz.

Die Fundorte vieler Insektengruppen und damit auch der meisten der im Folgenden erwähnten Schmetterlinge und Käfer können für die Schweiz auf dem InfoFauna-Portal (http://lepus.unine.ch/carto) abgerufen werden.

18.1 Gefährdung lichtliebender Schmetterlinge

Einerseits hat die intensive Bewirtschaftung der Wälder im letzten Jahrhundert dazu geführt, dass die für viele Insekten wertvollen Sträucher und Weichhölzer wie Weiden und Pappeln eliminiert wurden. Anderseits führt der Zusammenschluss aufgelöster Bestände zu einer zunehmenden Verdunkelung vieler Wälder. Dies zeigt sich daran, dass zwischen 1985 und 2013 der durchschnittliche Holzvorrat in der Schweiz von 335 Kubikmeter auf 374 Kubikmeter pro Hektar zugenommen hat (Abegg *et al.* 2014). Das führte am Waldboden zu einer Verarmung der Krautvegetation und einem veränderten Mikroklima, was sich zum Beispiel auf die Entwicklung von im Wald lebenden Tagfaltern auswirkt.

Massnahmen zur Erhaltung oder Förderung bestimmter Habitattypen lassen sich am besten mithilfe sogenannter Flaggschiffarten («flagship species») durchführen. Dies sind Tier- oder Pflanzenarten, mit deren Bekanntheit und ästhetischem Wert sich in der Öffentlichkeit Schutzmassnahmen besser erklären und rechtfertigen lassen. Von den Massnahmen zugunsten dieser prominenten Arten können in der Folge viele weitere Arten mit ähnlichen Habitatansprüchen profitieren. Bei der Förderung lichtliebender Waldarten zählen neben gewissen Orchideen vor allem einige im Wald lebende Tagfalter zu den Flaggschiffarten. Sie benötigen lichte Wälder, Waldränder und Lichtungen, da ihre Raupen sich entweder von Gräsern und Kräutern oder vom Laub freistehender oder an Waldrändern wachsender Sträucher und Laubbäume ernähren. Ein typisches Beispiel ist der Gelbringfalter *(Lopinga achine)*, dessen Raupen sich von verschiedenen Gräsern ernähren. Er kommt in

Der Grosse Eisvogel *(Limenitis populi)* fliegt in warmen, lichten Laub- und Buschwäldern, wo Zitterpappeln als Nahrung für seine Raupen vorkommen.

Der seltene Augsburger Bär *(Pericallia matronula)* ist der grösste und auch einer der schönsten einheimischen Bärenspinner. Die Raupen fressen sowohl an Blättern von Laubgehölzen als auch an der Krautvegetation. Durch seine zweijährige Entwicklungsdauer tritt der Falter fast ausschliesslich jedes zweite Jahr auf, in der Schweiz in ungeraden Jahren.

warmen, lichten Laub- und Mischwäldern mit Bodenvegetation vor und gilt in der Schweiz als stark gefährdet (Kategorie EN). Der Falter braucht sonnenbeschienene Sitzwarten auf niederliegenden Zweigen von Büschen. In den letzten Jahren wurden deshalb in der Schweiz an verschiedenen Orten erfolgreich gezielte Auflichtungsmassnahmen zur Förderung dieses Falters durchgeführt. Von solchen Massnahmen profitieren nicht nur andere an der Bodenvegetation fressende Raupen wie diejenigen des Veilchen-Perlmutterfalters *(Boloria euphrosyne)* und einiger Mohrenfalter *(Erebia ligea, E. aethiops)*, sondern auch seltene Arten mit Raupen, die sich von den Blättern verschiedener lichtbedürftiger

Die Raupen des Trauermantels *(Nymphalis antiopa)* leben gesellig an Birke, Ulme oder wie hier an Weide. Die adulten Falter fliegen während fast der ganzen Vegetationszeit. Die Art ist vor allem in den Niederungen sehr selten geworden.

^
Die Grosse Pappelglucke *(Gastropacha populifolia)* war schon früher selten und wurde in der Schweiz seit 1976 nicht mehr nachgewiesen. Sie steht in ganz Europa auf der Roten Liste.

Weichhölzer oder Sträucher ernähren. Dazu gehören die Schillerfalter (*Apatura* spp.), die Eisvögel (*Limenitis* spp.), der Trauermantel *(Nymphalis antiopa)*, der Grosse Fuchs *(Nymphalis polychloros)* und gewisse Zipfelfalter (*Satyrium* spp.).

Für die Nachtfalter gibt es in der Schweiz noch keine offizielle Rote Liste. Seltene und bedrohte Arten sind aber zum Beispiel der Gewöhnliche Wollafter *(Eriogaster lanestris)*, die Grosse Pappelglucke *(Gastropacha populifolia)* oder einige Bärenspinner (Arctiinae).

18.2 Gefährdete Totholzbewohner

Schon vor mehreren Tausend Jahren begann die Fläche der Urwälder in Europa durch die aufkommende Landwirtschaft abzunehmen. Damit starben regional auch die ersten totholzbewohnenden Insekten aus (Siitonen 2012). Bis Mitte des 20. Jahrhunderts wurde Holz intensiv als Bau- und Brennstoff genutzt. Speziell im letzten Jahrhundert verschwanden viele alte Bestände von Eichen, einer Baumart, die im Alter viele mulmgefüllte Höhlen entwickelt und deshalb für Totholzinsekten äusserst wertvoll ist. Bäume, die eine grosse Vielfalt an Strukturen (Mikrohabitaten) aufweisen, werden als Habitatbäume bezeichnet.

Seit dem Zweiten Weltkrieg nimmt das Totholzvolumen durch die nachlassende Nutzungsintensität der Wälder und den Rückgang des Brennholzbedarfs wieder deutlich zu, insbesondere in den letzten dreissig Jahren: Einerseits als Folge der Grossstürme um die Jahrhundertwende und anderseits wegen des zunehmenden ökologischen Bewusstseins der Öffentlichkeit und der Waldbewirtschafter. Je nach Waldtyp werden heute zwischen 20 und

80 Kubikmeter Totholz pro Hektar als Schwellenwert für die Erhaltung der meisten holzbewohnenden (xylobionten) Käfer erachtet (Wermelinger *et al.* 2013a). Der Bestand zahlreicher Totholz-Insekten geht jedoch weiter zurück.

Alte Obstanlagen können für gewisse Arten ein Ersatz für lichte Wälder mit alten Habitatbäumen sein. Eine Mulmhöhle in diesem Apfelbaum diente einer Population des hochgradig gefährdeten Eremiten *(Osmoderma eremita)* über Generationen als Lebensraum. Nachdem die Stammhöhle bis zum Erdreich hinunter vermodert war, erlosch die Population. Der Baum hingegen lebt immer noch und trägt Früchte!
⌄

Gründe dafür sind:

- die Nutzung der Bäume vor Erreichen ihrer Altersphase und damit das Fehlen von alten Habitbäumen,
- das Verschwinden von Uraltbäumen in halboffenen Waldweiden und Selven (zum Wald zählende Gebiete mit Weideland, Einzelbäumen und kleinen Waldstücken),
- das häufig immer noch konsequente Räumen von «Schadholz» nach Stürmen oder Waldbränden,
- die zunehmende Nutzung von Holz von geringer Qualität und kleinem Durchmesser als Energieholz,
- zum Teil das Pflanzen exotischer Baumarten.

Europaweit werden fast 11 Prozent aller xylobionten Käfer als gefährdet eingestuft (Nieto und Alexander 2010). Die besten Grundlagen für die Zuordnung von Gefährdungsgraden gibt es für Käferfamilien mit grossen und schönen Arten wie bei den Bockkäfern (Cerambycidae), Prachtkäfern (Buprestidae), Rosenkäfern (Cetoniidae) und Schrötern (Lucanidae). Von diesen Gruppen gibt es auch für die Schweiz eine Rote Liste (Monnerat *et al.* 2016).

Bei den Rosenkäfern sind 10 der 18 in der Schweiz vorkommenden Arten als gefährdet eingestuft. Eine der am stärksten bedrohten Arten (Kategorie CR) ist der Eremit *(Osmoderma eremita)*. Die engerlingsartigen Larven dieses stattlichen Rosenkäfers entwickeln sich während drei Jahren in grossen Mulmhöhlen alter Bäume, zum Beispiel in höhlenreichen Eichen. Die Baumart spielt allerdings eine kleinere Rolle als die Menge des in den Höhlen

Sehr ähnliche Habitate wie der Eremit benötigt auch der Marmorierte Rosenkäfer *(Protaetia lugubris)*. Seine Larven leben aber nicht nur in Mulmhöhlen, sondern auch in anderem zerfallendem Totholz. ›

332

^

Der Kleine Ulmenprachtkäfer *(Anthaxia manca)* lebt in dünnen, absterbenden Ästen von Ulmen entlang von Waldrändern. Er gilt als stark gefährdet.

Der Neunfleckige Prachtkäfer *(Buprestis novemmaculata)* besiedelt abgestorbene Lärchen, Fichten und Kiefern und ist auf warme Gebiete beschränkt.

v

vorhandenen Mulmsubstrats. Geeignete Höhlen können über Generationen und während Jahrzehnten von Eremiten besiedelt sein. Der in der Schweiz vom Aussterben bedrohte Käfer ist sehr standorttreu und verbreitet sich höchstens innerhalb von etwa 200 Metern von seinem Brutbaum (Ranius 2006). Deshalb ist eine gute Vernetzung geeigneter Habitatbäume unabdingbar für das Fortbestehen einer Population.

Ein sehr seltener Prachtkäfer ist der Marienprachtkäfer *(Chalcophora mariana)*. Er kommt in der Schweiz nur im südlichen Churer Rheintal vor. Neben seit jeher nur lokal vorkommenden Arten wie dem Ungarischen Prachtkäfer *(Anthaxia hungarica)* gibt es auch Prachtkäfer, die früher häufiger waren und heute stark zurückgegangen sind, beispielsweise der Grosse Linden-Prachtkäfer *(Ovalisia rutilans)*. Etliche Arten sind im Mittelland verschwunden, können sich aber in den warmen Alpentälern und auf der Alpensüdseite halten. Von den 89 in der Schweiz vorkommenden Prachtkäfern stehen heute 40 Prozent auf der Roten Liste.

Ähnlich sieht es bei den Bockkäfern aus, von denen 38 Prozent gefährdet sind; zwei Arten gelten in der Schweiz sogar als ausgestorben (Monnerat *et al.* 2016). Als gefährdet eingestuft werden viele grosse Arten wie der Mulmbock *(Ergates faber)*, der Grosse Eichenbock *(Cerambyx cerdo)* oder der prächtig gefärbte Alpenbock *(Rosalia alpina)*. Sie alle entwickeln sich in dickem, abgestorbenem Holz von für die Käfer spezifischen Baumarten. Der Alpenbock wurde zu einer Flaggschiffart und

Das Flaggschiff unter den gefährdeten Bockkäfern wie auch vielen anderen Totholzbewohnern ist der Alpenbock *(Rosalia alpina)*. Er benötigt für seine Entwicklung altes, besonntes Buchenholz.

334

Der bedrohte Purpurbock *(Purpuricenus kaehleri)* ist in der Schweiz gesetzlich geschützt. Seine Verbreitung ist auf warme Gebiete beschränkt.

Einer der gefährdetsten Bockkäfer der Schweiz ist der Trauerbock *(Morimus asper)*. Er kommt nur auf der Alpensüdseite vor und hat einen abnehmenden Populationstrend. Die flugunfähige Art kann sich nur beschränkt ausbreiten.

Eine gefährdete Art mit positivem Populationstrend ist der elegante Bogenförmige Halsbock *(Leptura annularis)*. Er kommt am Rande feuchter Erlenwälder vor.

zierte 2002 sogar eine Schweizer Briefmarke. Seine Larven entwickeln sich während durchschnittlich drei Jahren in leicht verpilztem Buchenholz. Die Bestände des Alpenbocks konnten sich seit Mitte des 20. Jahrhunderts infolge der allgemeinen Zunahme von Totholz und auch durch gezielte Förderungsmassnahmen etwas erholen. Er wird – wie der Grosse Eichenbock – als eine der 115 Käfer-Urwaldreliktarten betrachtet (Müller *et al.* 2005). Ebenfalls vom Aussterben bedroht (Kategorie CR) ist der sich in Wurzelstöcken und liegenden Stämmen entwickelnde Trauerbock *(Morimus asper)*. Eine auffallend schön gezeichnete Art ist der in wärmebegünstigten Wäldern lebende, als verletzlich (VU) eingestufte Pur-

Überall im Rückgang begriffen ist der Grünlichgelbe Widderbock *(Chlorophorus herbstii)*. Seine Larven entwickeln sich in trockenen, dünnen Ästen von Laubholz. Die Adulttiere sind an Blüten zu finden.

336

Der Rotrandige Schild-Jagdkäfer *(Ostoma ferruginea)* gilt als typische Urwaldreliktart. Der abgeflachte Käfer lebt unter der Rinde von verpilztem Holz.

Der urtümlich anmutende Hirschkäfer *(Lucanus cervus)* gehört zu den bekanntesten Käfern überhaupt, obwohl er vielerorts bedroht und in den meisten Ländern geschützt ist.

Der in Mitteleuropa stark gefährdete Grosse Puppenräuber *(Calosoma sycophanta)* ist ein grosser Laufkäfer. Er versteckt sich gern in morschem Totholz und lebt räuberisch von grossen Schmetterlingsraupen. Man kann ihn am ehesten bei einer Massenvermehrung seiner Beutetiere beobachten.

338

^
Nicht nur Käfer, sondern auch andere Holzbewohner sind gefährdet. Die Grosse Holzbiene *(Xylocopa violacea)* nagt als Wohnraum für ihren Nachwuchs Brutgänge in altes Holz.

purbock *(Purpuricenus kaehleri)*. Seine Larven entwickeln sich in dünneren Ästen verschiedenster Laubbäume.

Die Familie der Schröter umfasst nur sieben mitteleuropäische Arten, zwei davon sind auf der Roten Liste: Neben dem weniger bekannten Rindenschröter *(Ceruchus chrysomelinus)* ist dies der aus vielen Zeichnungen und Gemälden bekannte und in den meisten Ländern geschützte Hirschkäfer *(Lucanus cervus)*. In den südlichen Gebieten ist er aber noch ziemlich verbreitet. Seine Larven leben im Boden an den dicken Wurzeln abgestorbener Bäume, vorzugsweise Eichen. Die Larvenentwicklung dauert bis zu acht Jahren. Adulte Käfer suchen gerne alte Eichen auf, um dort vom austretenden Saft zu lecken.

Neben einigen weiteren Käferfamilien wie zum Beispiel den Schnellkäfern (Elateridae) gibt es noch viele andere Insektengruppen mit seltenen Arten im Totholz, speziell bei den Fliegen, Mücken und Hautflüglern. Für die meisten Gruppen ist aber die Datengrundlage für das Erstellen von Roten Listen zu dürftig. Nur für die Bienen bestehen genügend Angaben zur Beurteilung ihrer Gefährdung. Eine gefährdete Art ist zum Beispiel die Grosse Holzbiene *(Xylocopa violacea)*, eine auffällige Bienenart, die sich in altem Holz entwickelt.

Literaturverzeichnis

Abegg M., Brändli U.-B., Cioldi F., Fischer C., Herold-Bonardi A., Huber M., Keller M., Meile R., Rösler E., Speich S., Traub B., Vidondo B., 2014. Viertes Schweizerisches Landesforstinventar – Ergebnistabellen und Karten im Internet zum LFI 2009–2013 (LFI4b). Eidg. Forschungsanstalt WSL, Birmensdorf (www.lfi.ch/resultate; online publiziert am 06.11.2014).

Alfaro R.I., Shepherd R.F., 1991. Tree-ring growth of interior Douglas-fir after one year's defoliation by Douglas-fir tussock moth. For. Sci. 37: 959–964.

Allan J.D., Wipfli M.S., Caouette J.P., Prussian A., Rodgers J., 2003. Influence of streamside vegetation on inputs of terrestrial invertebrates to salmonid food webs. Can. J. Fish Aquat. Sci. 60: 309–320.

Amiet F., Krebs A., 2012. Bienen Mitteleuropas – Gattungen, Lebensweise, Beobachtung. Haupt, Bern. 423 S.

Anelli C.M., Prischmann-Voldseth D.A., 2009. Using beeswax and cochineal dye: An interdisciplinary approach to teaching entomology. Amer. Entomol. 55: 95–105.

Askew R.R., 1971. Parasitic insects. Heinemann Educ. Books, London. 316 S.

Aspöck H., 2002. Zecken, Insekten und andere Gliederfüsser als Erreger und Überträger von Krankheiten. Denisia 184: 397–445.

Asshoff R., Köhler G., Schweingruber F.H., 1999. Dendroökologische Untersuchungen an Linden (*Tilia* sp.) in einem Gradationsgebiet der Tessiner Gebirgsheuschrecke *Miramella formosanta* (Fruhstorfer, 1921) (Acrididae, Catantopinae). Mitt. Schweiz. Entomol. Ges. 72: 329–339.

Auer C., 1974. Ein Feldversuch zur gezielten Veränderung zyklischer Insektenpopulationsbewegungen – Quantitative Ergebnisse von Grossversuchen mit DDT und Phosphamidon gegen den grauen Lärchenwickler (*Zeiraphera diniana* Gn.) im Goms, Kanton Wallis, 1963–1972. Schweiz. Z. Forstwes. 125: 333–358.

Auer C., 1975. Ziel und Stand der Forschungen über den grauen Lärchenwickler (LW) 1949–1974. Bündner Wald 1/1975: 7–32.

Bachmaier F., 1966. Übersicht und Bestimmungstabelle der europäischen nadelholzbewohnenden Siriciden (Hymenoptera, Symphyta). Anz. Schädl.kde. 39: 129–132.

BAFU, 2011. Liste der National Prioritären Arten. Arten mit nationaler Priorität für die Erhaltung und Förderung, Stand 2010. Bundesamt für Umwelt, Bern. 132 S.

BAG, 2015. Frühsommer-Meningoenzephalitis (FSME)/Zeckenenzephalitis. Bundesamt für Gesundheit BAG, Bern (www.bag.admin.ch/themen/ medizin/00682/00684/01069).

Baldwin P.H., 1968. Predator-prey relationships of birds and spruce beetles. Proc. North Central Branch E.S.A. 23: 90–99.

Baltensweiler W., 1968. Ein Modellobjekt tierökologischer Forschung: der Graue Lärchenwickler, *Zeiraphera griseana* (= *Semasia diniana*). Biol. Rundschau 6: 160–167.

Baltensweiler W., 1975. Zur Bedeutung des Grauen Lärchenwicklers (*Zeiraphera diniana* Gn.) für die Lebensgemeinschaft des Lärchen-Arvenwaldes. Mitt. Schweiz. Entomol. Ges. 48: 5–12.

Baltensweiler W., 1993a. A contribution to the explanation of the larch bud moth cycle, the polymorphic fitness hypothesis. Oecologia 93: 251–255.

Baltensweiler W., 1993b. Why the larch bud-moth cycle collapsed in the subalpine larch-cembran pine forests in the year 1990 for the first time since 1850. Oecologia 94: 62–66.

Baltensweiler W., Giese R.L., Auer C., 1971: The grey larch bud moth: its population fluctuation in optimum and suboptimum areas. In: Patil G.P., Pielou E.C., Waters W.E. (Eds), Statistical Ecology. Penn. State Univ. Press, University Park. 401–420.

Baltensweiler W., Fischlin A., 1988. The larch bud moth in the Alps. In: Berryman A.A. (Ed.), Dynamics of forest insect populations. Plenum Press, New York. 331–351.

Baltensweiler W., Rubli D., 1984. Forstliche Aspekte der Lärchenwickler-Massenvermehrungen im Oberengadin. Mitt. Schweiz. Anst. Forstl. Vers.wes. 60: 5–148.

Baltensweiler W., Rubli D., 1999. Dispersal: an important driving force of the cyclic population dynamics of the larch bud moth, *Zeiraphera diniana* Gn. For. Snow Landsc. Res. 74: 3–153.

Barber J.R., Conner W.E., 2007. Acoustic mimicry in a predator–prey interaction. PNAS 104: 9331–9334.

Battisti A., Benvegnu I., Colombari F., Haack R.A., 2014. Invasion by the chestnut gall wasp in Italy causes significant yield loss in *Castanea sativa* nut production. Agric. For. Entomol. 16: 75–79.

Bentz B.J., Régnière J., Fettig C.J., Hansen E.M., Hayes J.L., Hicke J.A., Kelsey R.G., Negrón J.F., Seybold S.J., 2010. Climate change and bark beetles of the western United States and Canada: direct and indirect effects. BioScience 60: 602–613.

Benz G., 1974. Negative Rückkoppelungen durch Raum- und Nahrungskonkurrenz sowie zyklische Veränderung der Nahrungsgrundlage als Regelprinzip in der Populationsdynamik des Grauen Lärchenwicklers, *Zeiraphera diniana* (Guenée) (Lep., Tortricidae). Z. Ang. Entomol. 76: 196–228.

Blomquist G.J., Figueroa-Teran R., Aw M., Song M., Gorzalski A., Abbott N.L., Chang E., Tittiger C., 2010. Pheromone production in bark beetles. Insect Biochem. Molec. Biol. 40: 699–712.

Bogenschütz H., Kammerer M., 1995. Untersuchungen zum Massenwechsel des Schwammspinners, *Lymantria dispar* L. (Lepidoptera, Lymantriidae), in Baden-Württemberg. Mitt. Dtsch. Ges. Allg. Angew. Entomol. 10: 113–118.

Bollmann K., Bergamini A., Senn-Irlet B., Nobis M., Duelli P., Scheidegger C., 2009. Konzepte, Instrumente und Herausforderungen bei der Förderung der Biodiversität im Wald. Schweiz. Z. Forstwes. 160: 53–67.

Boxall R.A., 2001. Post-harvest losses to insects – a world overview. Int. Biodeterior. Biodegrad. 48: 137–152.

Brändli U.B., Bollmann K., 2015. Artenvielfalt. In: Rigling A., Schaffer H.P. (Eds), Waldbericht 2015. Zustand und Nutzung des Schweizer Waldes. Bundesamt für Umwelt, Bern; Eidg. Forschungsanstalt WSL, Birmensdorf. 70–73.

Bridges J.R., Moser J.C., 1986. Relationships of phoretic mites (Acari: Tarsonemidae) to the bluestaining fungus, *Ceratocystis minor*, in trees infested by southern pine beetle (Coleoptera: Scolytidae). Environ. Entomol. 15: 951–953.

Brockhaus, 1811. Brockhaus Conversations-Lexikon, Leipzig. S. 237 (online unter www.zeno.org/nid/20000801550).

Burgess A.F., 1911. *Calosoma sycophanta:* Its life history, behavior, and successful colonization in New England. USDA Bureau of Entomology Bull. 101: 94 S.

BUWAL, WSL, 2005. Waldbericht 2005 – Zahlen und Fakten zum Zustand des Schweizer Waldes, Bern. 151 S.

Cambefort Y., 1984. Étude écologique des coléoptères Scarabaeidae de Côte d'Ivoire. Université d'Abidjan, Station d'écologie tropicale de Lamto, N'douci, Côte d'Ivoire. 294 S.

Cambefort Y., Hanski I., 1991. Dung beetle population biology. In: Hanski I., Cambefort Y. (Eds), Dung beetle ecology. Princeton University Press, Princeton, New Jersey. 36–50.

Camin P., Cioldi F., Röösli B., 2015. Holzvorrat. In: Rigling A., Schaffer H.P. (Eds), Waldbericht 2015. Zustand und Nutzung des Schweizer Waldes. Bundesamt für Umwelt, Bern; Eidg. Forschungsanstalt WSL, Birmensdorf. 32–33.

CBI, 2009. The honey and other bee products market in the EU. CBI Market Information Database. 32 S.

Chapman A.D., 2009. Numbers of living species in Australia and the world (2nd edition). Australian Biological Resources Study, Canberra. 80 S.

Cherix D., Bourne J.D., 1980. A field study on a super-colony of the red wood ant *Formica lugubris* Zett. in relation to other predatory arthropodes (spiders, harvestmen and ants). Rev. Suisse Zool. 87: 955–973.

Christe P., Oppliger A., Bancalà F., Castella G., Chapuisat M., 2003. Evidence for collective medication in ants. Ecol. Lett. 6: 19–22.

Ciesla W.M., 2011. Forest entomology – a global perspective. Wiley-Blackwell, Chichester. 400 S.

Clausen C.P., 1976. Phoresy among entomophagous insects. Annu. Rev. Entomol. 21: 343–368.

Clausen L.W., 1954. Insect fact and folklore. Collier Books/Macmillan Co. 222 S.

Coaz J., 1894. Über das Auftreten des grauen Lärchenwicklers (*Steganoptycha pinicolana* Zell.) als Schädling in der Schweiz und den angrenzenden Staaten. Stämpfli, Bern. 21 S.

Coleman D.C., Crossley D.A. Jr., Hendrix P.F., 2004. Fundamentals of Soil Ecology. Academic Press, Burlington. 386 S.

Cooke B.J., Nealis V.G., Régnière J., 2007. Insect defoliators as periodic disturbances in northern forest ecosystems. In: Johnson E.A., Miyanishi K. (Eds), Plant disturbance ecology. The process and the response. Elsevier, Amsterdam. 487–525.

Cordillot F., Klaus G., 2011. Gefährdete Arten in der Schweiz. Synthese Rote Listen, Stand 2010. Umwelt-Zustand Nr. 1120, Bundesamt für Umwelt, Bern. 111 S.

Dajoz R., 1998. Les insectes et la forêt. Lavoisier Tec Doc, Paris. 594 S.

Davall A., 1857. *Tortrix pinicolana* Zeller – Eine neue Phaläne (Blattwikler) auf der Lärche. Schweiz. Forst-Journal 8: 197–210.

Davidson D.W., 1993. The effects of herbivory and granivory on terrestrial plant succession. Oikos 68: 23–35.

Day K.R., Baltensweiler W., 1972. Change in proportion of larval colourtypes of the larchform *Zeiraphera diniana* when reared on two media. Entomol. Exp. Appl. 15: 287–298.

De Jong Y., Verbeek M., Michelsen V., de Place Bjørn P., Los W., Steeman F., Bailly N., Basire C., Chylarecki P., Stloukal E., Hagedorn G., Wetzel F.T. *et al.*, 2014. Fauna Europaea – all European animal species on the web. Biodiv. Data J. 2: e4034 (online-Datenbank www.fauna-eu.org).

Delucchi V., 1982. Parasitoids and hyperparasitoids of *Zeiraphera diniana* [Lep., Tortricidae] and their role in population control in outbreak areas. Entomophaga 27: 77–92.

Dickson J.G., Conner R.N., Fleet R.R., Kroll J.C., Jackson J.A. (Eds), 1979. The role of insectivorous birds in forest ecosystems. Academic Press, New York. 381 S.

Dippel C., 1996. Investigations on the life history of *Nemosoma elongatum* L. (Col., Ostomidae), a bark beetle predator. J. Appl. Entomol. 120: 391–395.

Doane C.C., McManus M.L. (Eds), 1981. The gypsy moth: Research toward integrated pest management. U.S. Dept. Agric., Washington D.C. 757 S.

Dormont L., Baltensweiler W., Choquet R., Roques A., 2006. Larch- and pine-feeding host races of the larch bud moth *(Zeiraphera diniana)* have cyclic and synchronous population fluctuations. Oikos 115: 299–307.

Durst P.B., Shono K., 2010. Edible forest insects: exploring new horizons and traditional practices. In: Durst P.B., Johnson D.V., Leslie R.N., Shono K. (Eds), Forest insects as food: humans bite back. FAO regional office for Asia and the Pacific, Bangkok. 1–4.

Duvigneaud P., 1974. La synthèse écologique. Doin, Paris. 296 S.

Eckelt A., Müller J., Bense U., Brustel H., Bussler H., Chittaro Y., Cizek L., Frei A., Holzer E., Kadej M., Kahlen M., Köhler F., Möller G., Mühle H., Sanchez A., Schaffrath U., Schmidl J., Smolis A., Szallies A., Németh T., Wurst C., Thorn S., Christensen R.H.B., Seibold S., 2018. «Primeval forest relict beetles» of Central Europe: a set of 168 umbrella species for the protection of primeval forest remnants. J. Ins. Conserv. 22: 15–28.

Esper J., Büntgen U., Frank D.C., Nievergelt D., Liebhold A., 2007. 1200 years of regular outbreaks in alpine insects. Proc. R. Soc. B 274: 671–679.

Fahse L., Heurich M., 2011. Simulation and analysis of outbreaks of bark beetle infestations and their management at the stand level. Ecol. Model. 222: 1833–1846.

FAO, 2015. Food and Agriculture Organization of the United Nations – Statistics Division. (faostat3.fao.org/download/q/ql/e).

Fayt P., Machmer M.M., Steeger C., 2005. Regulation of spruce bark beetles by woodpeckers – a literature review. For. Ecol. Manage. 206: 1–14.

Flury P., Schenk P., Frick R., 2004. Bienenhaltung in der Schweiz. ALP forum 2004 Nr. 8 D: 48 S.

Gäbler H., 1947. Milbe als Eiparasit des Buchdruckers. Nachrichtenbl. Deut. Pflanzenschutzd. 1: 113–115.

Gauss R., 1954. Der Ameisenbuntkäfer *Thanasimus (Clerus) formicarius* Latr. als Borkenkäferfeind. In: Wellenstein G. (Ed.), Die grosse Borkenkäferkalamität in Südwestdeutschland 1944–1951. Forstschutzstelle Südwest, Ringingen. 417–429.

Gauss R., 1982. Familienreihe Cynipoidea. In: Schwenke W. (Ed.), Die Forstschädlinge Europas, 4. Band: Hautflügler und Zweiflügler. Paul Parey, Hamburg. 234–254.

Ghoneim K., 2013. Cantharidin toxicosis to animal and human in the world: a review. Stand. Res. J. Toxicol. Environ. Health Sci. 1: 1–16.

Glutz von Blotzheim U.N., Bauer K.M., 1993. Handbuch der Vögel Mitteleuropas. Band 13/I und 13/II, Passeriformes. Aula Verlag, Wiesbaden.

Gösswald K., 1984. Schutz vor Insektenfrass durch Waldameisen (Teil I). Waldhygiene 15: 129–204.

Gösswald K., 2012. Die Waldameise – Biologie, Ökologie und forstliche Nutzung. AULA-Verlag, Wiebelsheim. 630 S.

Grégoire J.C., Evans H.F., 2004. Damage and control of BAWBILT organisms – an overview. In: Lieutier F., Day K.R., Battisti A., Grégoire J.C., Evans H.F. (Eds), Bark and wood boring insects in living trees in Europe – a synthesis. Kluwer Academic Publishers, Dordrecht. 19–37.

Grundmann S., Arnold P., Montavon P., Schraner E.M., Wermelinger B., Hauser B., 2000. Toxische Zungennekrose nach Kontakt mit Raupen des Pinienprozessionsspinners (*Thaumetopoea pityocampa* Schiff.). Kleintierpraxis 45: 45–50.

Haack R.A., Hérard F., Sun J.H., Turgeon J.J., 2010. Managing invasive populations of Asian Longhorned Beetle and Citrus Longhorned Beetle: a worldwide perspective. Annu. Rev. Entomol. 55: 521–546.

Hanski I., 1987. Nutritional ecology of dung- and carrion-feeding insects. In: Slansky F.J., Rodriguez J.G. (Eds), Nutritional ecology of insects, mites, and spiders. John Wiley & Sons, New York. 837–884.

Hase A., 1939. Über den Pinienprozessionsspinner und über die Gefährlichkeit seiner Raupenhaare. (*Thaumetopoea pityocampa* Schiff.). Anz. Schädl.kd. 15: 133–142.

Hawkins B.A., Cornell H.V., Hochberg M.E., 1997. Predators, parasitoids, and pathogens as mortality agents in phytophagous insect populations. Ecology 78: 2145–2152.

Hebert P.D.N., Ratnasingham S., Zakharov E.V., Telfer A.C., Levesque-Beaudin V., Milton M.A., Pedersen S., Jannetta P., deWaard J.R., 2016. Counting animal species with DNA barcodes: Canadian insects. Phil. Trans. R. Soc. Lond. B 371: 20150333.

Hellrigl K., 2010. Pflanzengallen und Gallenkunde – Plant galls and cecidology. For. Observ. 5: 207–328.

Hérard F., Mercadier G., 1996. Natural enemies of *Tomicus piniperda* and *Ips acuminatus* (Col., Scolytidae) on *Pinus sylvestris* near Orléans, France: temporal occurrence and relative abundance, and notes on eight predatory species. Entomophaga 41: 183–210.

Hoch G., Zubrik M., Novotny J., Schopf A., 2001. The natural enemy complex of the gypsy moth, *Lymantria dispar* (Lep., Lymantriidae) in different phases of its population dynamics in eastern Austria and Slovakia – a comparative study. J. Appl. Entomol. 125: 217–227.

Hodkinson I.D., Hughes M.K., 1982. Outline in ecological studies: Insect herbivory. Chapman and Hall, London. 77 S.

Hollinger D.Y., 1986. Herbivory and the cycling of nitrogen and phosphorus in isolated California oak trees. Oecologia 70: 291–297.

Hopping G.R., 1947. Notes on the seasonal development of *Medetera aldrichii* Wheeler (Diptera, Dolichopodidae) as a predator of the Douglas fir bark-beetle, *Dendroctonus pseudotsugae* Hopkins. Can. Entomol. 79: 150–153.

Horstmann K., 1974. Untersuchungen über den Nahrungserwerb der Waldameisen (*Formica polyctena* Foerster) im Eichwald III. Jahresbilanz. Oecologia 15: 187–204.

Horstmann K., 1976/77. Waldameisen (*Formica polyctena* Foerster) als Abundanzfaktoren für den Massenwechsel des Eichenwicklers *Tortrix viridana* L. Z. Ang. Entomol. 82: 421–435.

Huber C., 2005. Long lasting nitrate leaching after bark beetle attack in the highlands of the Bavarian Forest National Park. J. Environ. Qual. 34: 1772–1779.

Jäger J.H., 1784. Beyträge zur Kanntniß und Tilgung des Borkenkäfers der Fichte oder der sogenannten Wurmtrockniß fichtener Waldungen. Mauke, Jena. 52 S.

Jakoby O., Lischke H., Wermelinger B., 2019: Climate change alters elevational phenology patterns of the European spruce bark beetle *(Ips typographus)*. Glob. Change Biol. 25: 4048–4063.

Jansson C., von Brömssen A., 1981. Winter decline of spiders and insects in spruce *Picea abies* and its relation to predation by birds. Holarct. Ecol. 4: 82–93.

Jiao Z.B., Wan T., Wen J.B., Hu J.F., Luo Y.Q., Zhang L.S., Fu L.J., 2008. Functional response and numerical response of great spotted woodpecker *Picoides major* on Asian longhorned beetle *Anoplophora glabripennis* larvae. Acta Zool. Sin. 54: 1106–1111.

Johnson D.M., Bjørnstad O.N., Liebhold A.M., 2004. Landscape geometry and travelling waves in the larch budmoth. Ecol. Letters 7: 967–974.

Johnson D.V., 2010. The contribution of edible forest insects to human nutrition and to forest management. In: Durst P.B., Johnson D.V., Leslie R.N., Shono K. (Eds), Forest insects as food: humans bite back. FAO regional office for Asia and the Pacific, Bangkok, Thailand. 5–22.

Karhu K.J., 1998. Effects of ant exclusion during outbreaks of a defoliator and a sap-sucker on birch. Ecol. Entomol. 23: 185–194.

Karhu K.J., Neuvonen S., 1998. Wood ants and a geometrid defoliator of birch: predation outweighs beneficial effects through the host plant. Oecologia 113: 509–516.

Karpachevski L.O., Perel T.S., Bartsevich V.V., 1968. The role of Bibionidae larvae in decomposition of forest litter. Pedobiologia 8: 146–149.

Keller S., Epper C., Wermelinger B., 2004. *Metarhizium anisopliae* as a new pathogen of the spruce bark beetle *Ips typographus*. Mitt. Schweiz. Entomol. Ges. 77: 121–123.

Kenis M., Wermelinger B., Grégoire J.C., 2004. Research on parasitoids and predators of Scolytidae – a review. In: Lieutier F., Day K.R., Battisti A., Grégoire J.C., Evans H.F. (Eds), Bark and wood boring insects in living trees in Europe – a synthesis. Kluwer Academic Publishers, Dordrecht. 237–290.

Kenis M., Nacambo S., Leuthardt F.L.G., Di Domenico F., Haye T., 2013. The box tree moth, *Cydalima perspectalis,* in Europe: horticultural pest or environmental disaster? Aliens 33: 38–41.

Kennedy C.E.J., Southwood T.R.E., 1984. The number of species of insects associated with British trees: a re-analysis. J. Anim. Ecol. 53: 455–478.

Kennel M., 2002. Wie wirkt sich grossflächiger Borkenkäferbefall auf Abfluss und Wasserqualität aus? LWF-aktuell 34/2002: 26–29.

Klasing K.C., 1998. Comparative avian nutrition. CAB International, Oxon. 350 S.

Kloft W., 1959. Zur Nestbautätigkeit der Roten Waldameise. Waldhygiene 3: 94–98.

Knaus, P.S., Antoniazza S., Wechsler S., Guélat J., Kéry M., Strebel N., Sattler T., 2018. Schweizer Brutvogelatlas 2013–2016. Verbreitung und Bestandesentwicklung der Vögel in der Schweiz und im Fürstentum Liechtenstein. Schweizerische Vogelwarte, Sempach. 648 S.

Kofler A., Schmölzer K., 2000. Zur Kenntnis phoretischer Milben und ihrer Tragwirte in Österreich. Ber. nat.-med. Verein Innsbruck 87: 133–157.

Koplin J.R., 1969. The numerical response of woodpeckers to insect prey in a subalpine forest in Colorado. Condor 71: 436–438.

Kurz W.A., Dymond C.C., Stinson G., Rampley G.J., Neilson E.T., Carroll A.L., Ebata T., Safranyik L., 2008. Mountain pine beetle and forest carbon feedback to climate change. Nature 452: 987–990.

Laine K.J., Niemelä P., 1980. The influence of ants on the survival of mountain birches during an *Oporinia autumnata* (Lep., Geometridae) outbreak. Oecologia 47: 39–42.

Liebhold A., Elkinton J., Williams D., Muzika R.M., 2000. What causes outbreaks of the gypsy moth in North America? Popul. Ecol. 42: 257–266.

Llewellyn M., 1972. The effects of the lime aphid, *Eucallipterus tiliae* L. (Aphididae) on the growth of the lime *Tilia x vulgaris* Hayne. J. Appl. Ecol. 9: 261–282.

Logan J.A., Powell J.A., 2001. Ghost forests, global warming, and the mountain pine beetle (Coleoptera: Scolytidae). Amer. Entomol. 47: 160–172.

Lovis C., 1975. Contribution à l'étude des tenthrèdes du mélèze (Hymenoptera: Symphyta) en relations avec l'evolution dynamique des populations de *Zeiraphera diniana* Guinée (Lepidoptera: Tortricidae) en Haute-Engadine. Mitt. Schweiz. Entomol. Ges. 48: 181–192.

MacGowan I., 2001. A new species of *Lonchaea* Fallén (Diptera, Lonchaeidae) from Switzerland. Studia Dipterol. 8: 525–528.

Maksymov J.K., 1959. Beitrag zur Biologie und Ökologie des Grauen Lärchenwicklers *Zeiraphera griseana* (Hb.) (Lepidoptera, Tortricidae) im Engadin. Mitt. Schweiz. Anst. Forstl. Versuchswes. 35: 277–315.

Mantel K., 1990. Wald und Forst in der Geschichte – Ein Lehr- und Handbuch. M.&H. Schaper, Alfeld-Hannover. 518 S.

Matsuura K., Yashiro T., 2006. Aphid egg protection by ants: a novel aspect of the mutualism between the tree-feeding aphid *Stomaphis hirukawai* and its attendant ant *Lasius productus*. Naturwiss. 93: 506–510.

Mattson W.J., Addy N.D., 1975. Phytophagous insects as regulators of forest primary production. Science 190: 515–522.

Mattson W.J. Jr., 1980. Herbivory in relation to plant nitrogen content. Ann. Rev. Ecol. Syst. 11: 119–161.

Mattson W.J., Addy N.D., 1975. Phytophagous insects as regulators of forest primary production. Science 190: 515–522.

May R.M., 1988. How many species are there on earth? Science 241: 1441–1449.

Mayo J.H., Straka T.J., Leonard D.S., 2003. The cost of slowing the spread of the gypsy moth (Lepidoptera: Lymantriidae). J. Econ. Entomol. 96: 1448–1454.

McCambridge W.F., Knight F.B., 1972. Factors affecting spruce beetles during a small outbreak. Ecology 53: 830–839.

Mills N.J., 1985. Some observations on the role of predation in the natural regulation of *Ips typographus* populations. Z. Ang. Entomol. 99: 209–215.

Mills N.J., 1991. Searching strategies and attack rates of parasitoids of the ash bark beetle *(Leperisinus varius)* and its relevance to biological control. Ecol. Entomol. 16: 461–470.

Misof B., Liu S., Meusemann K., Peters R.S., Donath A., Mayer C., Frandsen P.B., Ware J., Flouri T., Beutel R.G., Niehuis O., Petersen M., Izquierdo-Carrasco F. et al., 2014. Phylogenomics resolves the timing and pattern of insect evolution. Science 346: 763–767.

Mitchell B., Rowe J.J., Ratcliffe P., Hinge M., 1985. Defecation frequency in roe deer *(Capreolus capreolus)* in relation to the accumulation rates of faecal deposits. J. Zool. 207: 1–7.

Möller G., 2009. Struktur- und Substratbindung holzbewohnender Insekten, Schwerpunkt Coleoptera – Käfer. Dissertation Fachbereich Biologie, Chemie, Pharmazie, Freie Universität Berlin. 293 S.

Monnerat C., Barbalat S., Lachat T., Gonseth Y., 2016. Rote Liste der Prachtkäfer, Bockkäfer, Rosenkäfer und Schröter. Gefährdete Arten der Schweiz. Umwelt-Vollzug, Nr. 1622, Bundesamt für Umwelt, Bern; Info Fauna – CSCF, Neuenburg; Eidg. Forschungsanstalt WSL, Birmensdorf. 118 S.

Morge G., 1961. Die Bedeutung der Dipteren im Kampf gegen die Borkenkäfer. Arch. Forstwes. 10: 505–511.

Moser J.C., Bogenschütz H., 1984. A key to the mites associated with flying *Ips typographus* in South Germany. Z. Ang. Entomol. 97: 437–450.

Moser J.C., Roton L.M., 1971. Mites associated with southern pine bark beetles in Allen Parish, Louisiana. Can. Entomol. 103: 1775–1798.

Moser J.C., Eidmann H.H., Regnander J.R., 1989. The mites associated with *Ips typographus* in Sweden. Ann. Entomol. Fenn. 55: 23–27.

Müller J., Bussler H., Gossner M., Rettelbach T., Duelli P., 2008. The European spruce bark beetle *Ips typographus* in a national park: from pest to keystone species. Biodivers. Conserv. 17: 2979–3001.

Müller O., 1957. Biologische Studien über den frühen Kastanienwickler *Pammene juliana* (Stephens) (Lep. Tortricidae) und seine wirtschaftliche Bedeutung für den Kanton Tessin. Z. Ang. Entomol. 41: 73–111.

Nentwig W., 1985. Prey analysis of four species of tropical orb-weaving spiders (Araneae: Araneidae) and a comparison with araneids of the temperate zone. Oecologia 66: 580–594.

Nierhaus-Wunderwald D., Engesser R., 2003. Ulmenwelke – Biologie, Vorbeugung und Gegenmassnahmen. Merkbl. Prax. WSL 20: 6 S.

Nieto A., Alexander K.N.A., 2010. European red list of saproxylic beetles. Publications office of the European Union, Luxembourg. 56 S.

Oerke E.C., 2006. Crop losses to pests. J. Agric. Sci. 144: 31–43.

Ollerton J.O., Coulthard E., 2009. Evolution of animal pollination. Science 326: 808–809.

Otvos I.S., 1979. The effects of insectivorous bird activities in forest ecosystems: an evaluation. In: Dickson J.G., Connor R.N., Fleet R.R., Kroll J.C., Jackson J.A. (Eds), The role of insectivorous birds in forest ecosystems. Academic Press, London. 341–374.

Owen F.D., 1980. How plants may benefit from the animals that eat them. Oikos 35: 230–235.

Payne J.A., 1965. A summer carrion study of the baby pig *Sus scrofa* Linnaeus. Ecology 46: 592–602.

Perrins C.M., 1991. Tits and their caterpillar food supply. Ibis 133 suppl. 1: 49–54.

Petrucco Toffolo E., Zovi D., Perin C., Paolucci P., Roques A., Battisti A., Horvath H., 2014. Size and dispersion of urticating setae in three species of processionary moths. Integr. Zool. 9: 320–327.

Pimentel D., 1975. Introduction. In: Pimentel D. (Ed.), Insects, science and society. Academic Press, New York. 1–10.

Piñol J., Espadaler X., Canellas N., 2012. Eight years of ant-exclusion from citrus canopies: effects on the arthropod assemblage and on fruit yield. Agric. For. Entomol. 14: 49–57.

Polet D., 2011. The biggest bugs: An investigation into the factors controlling the maximum size of insects. Eureka 2: 43–46.

Pschorn-Walcher, 1982. Unterordnung Symphyta, Pflanzenwespen. In: Schwenke W. (Ed.), Die Forstschädlinge Europas, 4. Band: Hautflügler und Zweiflügler. Paul Parey, Hamburg. 4–234.

Rader R., Bartomeus I., Garibaldi L.A., Garratt M.P.D., Howlett B.G., Winfree R., Cunningham S.A., Mayfield M.M., Arthur A.D., Andersson G.K.S., Bommarco R., Brittain C. et al., 2016. Non-bee insects are important contributors to global crop pollination. PNAS 113: 146–151.

Ramos-Elorduy J., 2009. Anthropo-entomophagy: Cultures, evolution and sustainability. Entomol. Res. 39: 271–288.

Ranius R., 2006. Measuring the dispersal of saproxylic insects: a key characteristic for their conservation. Popul. Ecol. 48: 177–188.

Ratzeburg J.T.C., 1844. Die Ichneumonen der Forstinsecten in forstlicher und entomologischer Beziehung. Nicolaische Buchhandlung, Berlin. 224 S.

Rogers L.L., 1987. Seasonal changes in defecation rates of free-ranging white-tailed deer. J. Wildl. Manage. 51: 330–333.

Roques A., 2010. Taxonomy, time and geographic patterns – Chapter 2. BioRisk 4: 11–26.

Roques A., Raimbault J.P., Delplanque A., 1984. Les Diptères Anthomyiidae du genre Lasiomma Stein. ravageurs des cônes et graines de Mélèze d'Europe (*Larix decidua* Mill.) en France. II. Cycles biologiques et dégâts. Z. Ang. Entomol. 98: 350–367.

Rörig G., 1903. Studien über die wirtschaftliche Bedeutung der insektenfressenden Vögel. Untersuchungen über die Nahrung unserer Vögel, mit besonderer Berücksichtigung der Tag- und Nachtraubvögel. Verlagsbuchhandlung Paul Parey, Berlin. 122 S.

Roy H.E., Adriaens T., Isaac N.J.B., Kenis M., Onkelinx T., San Martin G., Brown P.M.J., Hautier L., Poland R., Roy D.B., Comont R., Eschen R. et al., 2012. Invasive alien predator causes rapid declines of native European ladybirds. Diversity Distrib. 18: 717–725.

Sachtleben H., 1952. Die parasitischen Hymenopteren des Fichtenborkenkäfers *Ips typographus* L. Beitr. Entomol. 2: 137–189.

Scheidegger C., Bergamini A., Bürgi M., Holderegger R., Lachat T., Schnyder N., Senn-Irlet B., Wermelinger B., Bollmann K., 2010. Waldwirtschaft. In: Lachat T., Pauli D., Gonseth Y., Klaus G., Scheidegger C., Vittoz P., Walter T. (Eds), Wandel der Biodiversität in der Schweiz seit 1900. Ist die Talsohle erreicht? Bristol Stiftung, Zürich; Haupt, Bern 124–160.

Scherney F., 1959. Unsere Laufkäfer. Neue Brehm-Bücherei, Ziemsen Verlag, Wittenberg. 79 S.

Schimitschek E., 1980. Manna. Anz. Schädl.kd. Pflanzenschutz Umweltschutz 53: 113–121.

Schmid J., 2000. Seide. In: Pro Natura – Schweizerischer Bund für Naturschutz (Ed.), Schmetterlinge und ihre Lebensräume – Arten, Gefährdung, Schutz. Fotorotar, Egg. 42–44.

Schmid S., 2015. Nichtholzprodukte. In: Rigling A., Schaffer H.P. (Eds), Waldbericht 2015. Zustand und Nutzung des Schweizer Waldes. Bundesamt für Umwelt, Bern; Eidg. Forschungsanstalt WSL, Birmensdorf. 64–65.

Schmid U., 1996. Auf gläsernen Schwingen: Schwebfliegen. Staatl. Museum für Naturkunde, Stuttgart. 81 S.

Schmidt M., Kriebitzsch W.U., Ewald J., 2011. Waldartenlisten der Farn- und Blütenpflanzen, Moose und Flechten Deutschlands. BfN-Skripten 299, Bundesamt für Naturschutz, Bonn. 111 S.

Schmitz H., Bleckmann H., 1998. The photomechanic infrared receptor for the detection of forest fires in the beetle *Melanophila acuminata* (Coleoptera: Buprestidae). J. Comp. Physiol. A 182: 647–657.

Schowalter T.D., 1992. Heterogeneity of decomposition and nutrient dynamics of oak *(Quercus)* logs during the first 2 years of decomposition. Can. J. For. Res. 22: 161–166.

Schowalter T.D., 2012. Outbreaks and ecosystem services. In: Barbosa P., Letourneau D.K., Agrawal A.A. (Eds), Insect outbreaks revisited. Wiley-Blackwell, West Sussex. 246–265.

Schowalter T.D., 2013. Insects and sustainability of ecosystem services. CRC Press, Boca Raton. 346 S.

Schröder T., Pfellstetter E., Kaminski K., 2012. Zum Sachstand des Citrus-Bockkäfers, *Anoplophora chinensis,* in der EU und den in der Kommissionsentscheidung 2008/840/EG festgelegten Bekämpfungsstrategien unter besonderer Berücksichtigung des Monitorings. J. Kulturpflanzen 64: 86–90.

Schwenke W., 1978. *Panolis* Hbn. In: Schwenke W. (Ed.), Die Forstschädlinge Europas, 3. Band: Schmetterlinge. Paul Parey, Hamburg. 305–313.

Scutareanu P., Roques A., 1993. L›entomofaune nuisible aux structures reproductrices mâles et femelle des chênes en Roumanie. J. Appl. Entomol. 115: 321–328.

Seeley T.D., 2014. Bienendemokratie. Wie Bienen kollektiv entscheiden und was wir davon lernen können. S. Fischer Verlag, Frankfurt am Main. 318 S.

Seibold S., Gossner M.M., Simons N.K., Blüthgen N., Müller J., Ambarlı D., Ammer C., Bauhus J., Fischer M., Habel J.C., Linsenmair K.E., Nauss T., Penone C., Prati D., Schall P., Schulze E.D., Vogt J., Wöllauer S., Weisser W.W., 2019. Arthropod decline in grasslands and forests is associated with landscape-level drivers. Nature 574: 671–674.

Setälä H., Huhta V., 1991. Soil fauna increase *Betula pendula* growth: Laboratory experiments with coniferous forest floor. Ecology 72: 665–671.

Siitonen J., 2012. Threatened saproxylic species. In: Stokland J.N., Siitonen J., Jonsson B.G. (Eds), Biodiversity in dead wood. Cambridge University Press, Cambridge. 356–379.

Skinner G.J., Whittaker J.B., 1981. An experimental investigation of inter-relationships between the wood-ant *(Formica rufa)* and some tree-canopy herbivores. J. Anim. Ecol. 50: 313–326.

Smith F.D.M., May R.M., Pellew R., Johnson T.H., Walter K.R., 1993. How much do we know about the current extinction rate? TREE 8: 375–378.

Stork N.E., 2018. How many species of insects and other terrestrial arthropods are there on earth? Annu. Rev. Entomol. 63: 31–45.

Speight M.C.D., 1989. Saproxylic invertebrates and their conservation. Council of Europe, Strasbourg. 82 S.

Spradbery J.P., 1977. The oviposition biology of siricid woodwasps in Europe. Ecol. Entomol. 2: 225–230.

Spradbery J.P., 1990. Predation of larval siricid woodwasps (Hymenoptera: Siricidae) by woodpeckers in Europe. Entomol. 109: 67–71.

Stokland J.N., Siitonen J., Jonsson B.G., 2012. Biodiversity in dead wood. Cambridge University Press, Cambridge. 509 S.

Strong D.R., Lawton J.H., Southwood R., 1984. Insects on plants. Community patterns and mechanisms. Blackwell, Oxford. 313 S.

Surlykke A., Miller L.A., 1985. The influence of arctiid moth clicks on bat echolocation; jamming or warning? J. Comp. Physiol. 156: 831–843.

Swift M.J., Heal O.W., Anderson J.M., 1979. Decomposition in terrestrial ecosystems. Blackwell Scient. Publications, Oxford. 372 S.

Szujecki A., 1987. Ecology of Forest Insects. Polish Scientific Publishers, Warszawa. 601 S.

Turchin P., Wood S.N., Ellner S.P., Kendall B.E., Murdoch W.W., Fischlin A., Casas J., McCauley E., Briggs C.J., 2003. Dynamical effects of plant quality and parasitism on population cycles of larch budmoth. Ecology 84: 1207–1214.

Ulyshen M.D., 2015. Insect-mediated nitrogen dynamics in decomposing wood. Ecol. Entomol. 40: 97–112.

van Emden H.F., Rothschild M. (Eds), 2004. Insect and bird interactions. Intercept Limited, Andover. 301 S.

van Noordwijk A.J., McCleery R.H., Perrins C.M., 1995. Selection for the timing of great tit breeding in relation to caterpillar growth and temperature. J. Anim. Ecol. 64: 451–458.

Vinson S.B., 1990. How parasitoids deal with the immune system of their host: an overview. Arch. Insect Biochem. Physiol. 13: 3–27.

Wachmann E., Saure C., 1997. Netzflügler, Schlamm- und Kamelhalsfliegen – Beobachtung, Lebensweise. Weltbild Verlag, Augsburg. 159 S.

Watson E.B., 1922. The food habits of wasps. Bull. Chambers Hortic. Soc. London 1: 26–31.

Watson E.J., Carlton C.E., 2003. Spring succession of necrophilous insects on wildlife carcasses in Louisiana. J. Med. Entomol. 40: 338–347.

Weaver R.A., Basgall M.E., 1986. Aboriginal exploitation of *Pandora* moth larvae in East-Central California. J. Calif. Great Basin Anthropol. 8: 161–179.

Weber U.M., 1997. Dendroecological reconstruction and interpretation of larch budmoth *(Zeiraphera diniana)* outbreaks in two central alpine valleys of Switzerland from 1470–1990. Trees 11: 277–290.

Wegensteiner R., Wermelinger B., Herrmann M., 2015. Natural enemies of bark beetles: Predators, parasitoids, pathogens and nematodes. In: Vega F.E., Hofstetter R.W. (Eds), Bark beetles: Biology and ecology of native and invasive species. Academic Press, London. 247–304.

Wellenstein G., 1954. Die Insektenjagd der Roten Waldameise (*Formica rufa* L.). Z. Ang. Entomol. 36: 185–217.

Wellenstein G., 1978. *Dendrolimus* Germar. In: Schwenke W. (Ed.), Die Forstschädlinge Europas, 3. Band: Schmetterlinge. Paul Parey, Hamburg. 435–445.

Wermelinger B., 2014. Invasive Gehölzinsekten: Bedrohung für den Schweizer Wald? Schweiz. Z. Forstwes. 165: 166–172.

Wermelinger B., Forster B., 2015. First record of the scale insect *Kermes vermilio* (Planchon, 1864) (Hemiptera, Coccoidea) in Switzerland. Mitt. Schweiz. Entomol. Ges. 88: 361–365.

Wermelinger B., Forster B., Nievergelt D., 2018. Zyklen und Bedeutung des Lärchenwicklers. Merkbl. Prax. 61: 12 S.

Wermelinger B., Jakoby O., 2019. Borkenkäfer. In: Wohlgemuth T., Jentsch A., Seidl R. (Eds), Störungsökologie. Haupt, Bern. 236–255.

Wermelinger B., Lachat T., Müller J., 2013a. Waldinsekten und ihre Habitatansprüche. In: Kraus D., Krumm F. (Eds), Integrative Ansätze als Chance für die Erhaltung der Artenvielfalt in Wäldern. European Forest Institute. 152–157.

Wermelinger B., Obrist M.K., Baur H., Jakoby O., Duelli P., 2013b. Synchronous rise and fall of bark beetle and parasitoid populations in windthrow areas. Agric. For. Entomol. 15: 301–309.

Wermelinger B., Forster B., Hölling D., Plüss T., Raemy O., Klay A., 2015. Invasive Laubholz-Bockkäfer aus Asien – Ökologie und Management. WSL Merkbl. Prax. 50: 16 S. (2., überarbeitete Auflage).

Werner M.R., Dindal D.L., 1987. Nutritional ecology of soil arthropods. In: Slansky F.J., Rodriguez J.G. (Eds), Nutritional ecology of insects, mites, spiders, and related invertebrates. John Wiley & Sons, New York. 815–836.

Weseloh R.M., 1985. Changes in population size, dispersal behavior, and reproduction of *Calosoma sycophanta* (Coleoptera: Carabidae), associated with changes in gypsy moth, *Lymantria dispar* (Lepidoptera: Lymantriidae), abundance. Environ. Entomol. 14: 370–377.

Williams I.H., 1994. The dependence of crop production within the European Union on pollination by honey bees. Agric. Zool. Rev. 6: 229–257.

Wimmer N., Zahner V., 2010. Spechte – Leben in der Vertikalen. G. Braun Buchverlag, Leinfelden-Echterdingen. 112 S.

Wise D.H., Schaefer M., 1994. Decomposition of leaf litter in a mull beech forest: comparison between canopy and herbaceous species. Pedobiologia 38: 269–288.

Zettel J., Zettel U., 2008. Manche mögen's kalt: die Biologie des «Schneeflohs» *Ceratophysella sigillata* (Uzel, 1891), einer winteraktiven Springschwanzart (Collembola: Hypogastruridae). Mitt. Nat.forsch. Ges. Bern 65: 79–110.

Zhong H., Schowalter T.D., 1989. Conifer bole utilization by wood-boring beetles in western Oregon. Can. J. For. Res. 19: 943–947.

Zürn E.S., 1901. Maikäfer und Engerlinge, ihre Lebens- und Schädigungsweise, sowie ihre erfolgreiche Vertilgung. H. Seemann Nachfolger, Leipzig. 36 S.

Verdankungen

Als Erstes danke ich meiner Frau Ursi für die (fast) unendliche Geduld beim «Intervallwandern» (Wandern × Fotografieren), für ihr Verständnis und die moralische Unterstützung beim Verfassen dieses Buches an unzähligen Abenden und Wochenenden sowie für das Teilen meiner Freude an der faszinierenden Welt der Insekten.

Beim Bestimmen gewisser Insekten oder Spinnen durfte ich in den vergangenen Jahrzehnten auf eine grosse Zahl von Spezialisten zurückgreifen. Für die Bestimmung von im vorliegenden Buch abgebildeten Arten danke ich Matthias Albrecht, Roman Asshoff, Ruth Bärfuss, Hannes Baur, David Bogyo, Dieter Bretz, Yannick Chittaro, Peter Duelli, Christophe Dufour, Beat Forster, Anne Freitag, Christoph Germann, Jean-Paul Haenni, Ralf Heckmann, Xaver Heer, Doris Hölling, Klaus Horstmann, Marc Kenis, Seraina Klopfstein, Iain MacGowan, Bernhard Merz, Andreas Müller, Rainer Neumeyer, Giuseppina Pellizzari, Bruno Peter, Sigitas Podenas, Matthias Riedel, Ulrich Schmid, Ute Schönfeld, Daniel Steiner, Alex Szallies, Hans-Peter Tschorsnig, Kees van Achterberg, Jakob Walter und Denise Wyniger. Für allfällige Fehlbestimmungen in diesem Buch übernehme jedoch ich die Verantwortung und bin froh um entsprechende Hinweise (b.wer@hispeed.ch).

Ein besonderer Dank geht an meine Mitarbeiterin Doris Schneider Mathis für die vielen Bestimmungsarbeiten und zahlreiche andere entomologische Hilfeleistungen sowie an den ehemaligen Mitarbeiter Beat Fecker für Bestimmungen und zusätzliche Fotos.

Für das inhaltliche Lektorat durfte ich auf Peter Duelli und Doris Hölling zählen. Sie kontrollierten in verdankenswerter Weise sämtliche Kapitel der ersten Auflage auf ihre Verständlichkeit und Korrektheit. Peter Duelli brachte mir zudem hie und da eine Tessiner Spezialität (Insekten!) zum Fotografieren.

Bei Beat Forster bedanke ich mich für das Gegenlesen von zwei Kapiteln sowie für manche Gelegenheit, Insekten und Probematerial aus seiner Beratungstätigkeit fotografieren zu können. Weitere Kapitel oder Textteile kommentierten Daniel Cherix, Thibault Lachat, Martin Obrist und Tom Wohlgemuth.

Ein spezieller Dank geht an das Publikationsteam der WSL, mit dem sich während der vierjährigen Entstehungszeit dieses Buches eine äusserst angenehme und fruchtbare Zusammenarbeit entwickelte. Martin Moritzi war für ein sorgfältiges Lektorat besorgt und trug nicht nur viel zur sprachlichen Klarheit und strukturellen Einheit bei, sondern sorgte mit seinen träfen Bemerkungen mitunter auch für einen amüsanten sprachlichen Schlagabtausch. Sandra Gurzeler hatte die schwierige Aufgabe, die vielen Bilder möglichst sinnvoll im Text unterzubringen (oder eher umgekehrt) und dem Ganzen ein ansprechendes Layout zu verpassen. Sie nahm geduldig meine immer wieder neuen Fotos und Änderungswünsche auf. Ausserdem gestaltete sie den Buchumschlag. Jacqueline Annen schliesslich nahm sich der Bilder an und gab ihnen den letzten Schliff.

Matthias Haupt vom Haupt Verlag danke ich für die Bereitschaft, dieses Buch zu verlegen, und für die geduldige, wohlwollende Begleitung während des lang dauernden Entstehungsprozesses. Das Bundesamt für Umwelt BAFU unterstützte den Druck dieses Buches mit einem grosszügigen Beitrag.

Bildnachweis

Alle Bilder vom Autor (549), ausser

Anton Bürgi, WSL: S. 284u

Elisabeth Schraner, Universität Zürich: S. 300ol

Ottmar Holdenrieder, ETH Zürich: S. 292o

Doris Hölling, WSL: S. 136

Adam Gottlob Schirachs (aus Wald-Bienenzucht, 1774): S. 309l

Sammlung Waldentomologie, WSL (26): S. 57m, 57u, 69u, 73or, 88ol, 88u, 124u, 139ur, 181u, 192ul, 202, 205m, 205u, 206u, 240u, 246l, 257, 259, 275, 279u, 280u, 290o, 299u

Sammlung Waldschutz Schweiz, WSL: S. 277ol

Glossar

Abdomen	Hinterleib
Aggregationspheromon	Duftstoff, der Artgenossen anlockt
Ambrosiapilz	mit einem Insekt vergesellschafteter Pilz, der dem Insekt als Nahrung dient
Anemophilie	Bestäubung von Blüten durch den Wind
Anholozyklus	unvollständiger Zyklus mit sich nur → parthenogenetisch fortpflanzenden Generationen
Antagonist	natürlicher Gegenspieler
Arthropoden	→ Gliederfüsser
Arve	schweizerisch für Zirbelkiefer *(Pinus cembra)*
Assimilate	bei der Photosynthese entstehende Produkte (v.a. Kohlehydrate)
Bast	lebender, weicher Teil der Rinde, in dem → Assimilate transportiert werden
Braunfäule	durch Pilze verursachte Fäule, die vor allem die Zellulose abbaut; das Holz wird braun und würfelig
Brutfürsorge	vorausschauende Massnahmen zugunsten der Brut, jedoch ohne → Brutpflege
Brutpflege	Pflege der Nachkommen durch die Eltern
Cellulase	Enzym, das Cellulose zu Glucose abbaut
Cheliceren	Kieferklauen, zum Beispiel von Spinnentieren
Chitin	weicher und elastischer Bestandteil des Insektenpanzers
Dendrotelme	wassergefüllte Baumhöhle
Destruent	Organismus, der totes organisches Material abbaut und in anorganische Nährstoffe umwandelt (= Mineralisierer)
detritivor	sich von toter organischer Substanz ernährend
Detritus	tote organische Substanz
Diapause	durch externe Faktoren ausgelöster, obligatorischer und vorübergehender Entwicklungsstopp
diploid	Zellen (Organismus) mit doppeltem Chromosomensatz
Dispersion	Ausbreitung von Teilen einer Population in neue Lebensräume
Ektoparasit	Aussenparasit, lebt an der Körperoberfläche des Wirts
Elaiosom	nahrhaftes, von Ameisen begehrtes Anhängsel von Pflanzensamen
endemisch	in begrenztem Gebiet auftretend
Endoparasit	Innenparasit, lebt im Körperinnern des Wirts
epidemisch	mit gehäuftem und verbreitetem Auftreten
extraintestinale Verdauung	Vorverdauung ausserhalb des Körpers

Exuvie	bei der Häutung abgestreifte Haut
Flaggschiffart	attraktive Tier- oder Pflanzenart, mit der Schutzmassnahmen einfacher umgesetzt werden können
Flügeldeckenabsturz	hinten abfallendes Ende der Flügeldecken von Borkenkäfern
fungivor	pilzfressend
Gliederfüsser	Stamm des Tierreichs; wirbellose Tiere mit segmentiertem Körper, gegliederten Gliedmassen und Aussenskelett; hier vor allem Insekten und Spinnentiere
Gradation	starke Populationsschwankung vom Anstieg über die Kulmination bis zum Rückgang auf ein normales Niveau (≈ Massenvermehrung)
Habitat	Lebensraum einer Tier- oder Pflanzenart
Habitatbaum	(= Biotopbaum), meist alter Baum mit vielen Strukturen (Mikrohabitaten)
Hämolymphe	Blutflüssigkeit vieler Gliedertiere, ohne Fähigkeit zum Sauerstofftransport
haploid	Zellen (Organismus) mit einfachem Chromosomensatz
herbivor	→ phytophag
Hyperparasitismus	Parasitierung einer parasitischen Larve durch einen weiteren → Parasitoiden
Hyphen	Pilzfäden, die zusammen das Myzel bilden
Idiobiont	→ Parasitoid, der sein Wirtstier beim Stich zur Eiablage dauerhaft immobilisiert (Gegensatz zu → Koinobiont)
Inquilinen	Nutzer von Nestern, Gallen, Höhlen o.ä. anderer Arten, ohne diese zu schädigen
Kairomon	Duftstoff, der für den Sender einen Nachteil und für den Empfänger einen Vorteil darstellt
Kiefer	Nadelbaum (*Pinus* spp.), in der Schweiz und Österreich als Föhre bezeichnet
Koevolution	wechselseitige Anpassung zweier Arten während der Evolution
Koinobiont	→ Parasitoid, der sein Wirtstier beim Stich zur Eiablage nicht immobilisiert, der Wirt entwickelt sich weiter (Gegensatz zu → Idiobiont)
Koinzidenz	zeitliches oder räumliches Zusammentreffen von zwei Ereignissen bzw. Organismen; hier: zeitliche Übereinstimmung des Blattaustriebs einer Wirtspflanze und des Schlüpfens von Jungraupen
Konsument	Organismus, der sich von einer tieferen → trophischen Ebene ernährt
Kutikula	feste Körperdecke (Exoskelett)
Makrofauna	Bodenorganismen von 10 bis 20 mm (nach Swift *et al.* 1979)
Mandibeln	Oberkiefer bei Gliederfüssern

Mesofauna	Bodenorganismen von 0,2 bis 10 mm (nach Swift *et al.* 1979)
Migration	gerichtete Wanderung einer Population in neuen Lebensraum
Mikrofauna	Bodenorganismen kleiner als 0,2 mm (nach Swift *et al.* 1979)
Mine	Insektenfrassgang im Innern von Blättern
Mineralisierung	Umwandlung eines Elements von organischer in anorganische Form
monogyn	Ameisenkolonie mit einer einzigen (begatteten) Königin
Mortalität	Sterblichkeit, Absterberate
Multiparasitismus	mehrmalige Parasitierung eines Wirts durch verschiedene → Parasitoide
Mutualismus	Beziehung zwischen zwei Arten mit Vorteil für beide Arten
Mycetangium	taschenförmige Einstülpung bei Insekten, in der symbiontische Pilze transportiert werden
Mykorrhizapilz	an Pflanzenwurzeln lebender, symbiotischer Pilz
Myrmekochorie	Verbreitung von Samen durch Ameisen
Myrmekophilie	vorteilhafte ökologische Bindung einer Pflanze an Ameisen
Myzel	aus → Hyphen bestehendes Pilzgeflecht
Nekrophage	Aasfresser
Nektarium	Nektar absondernde Drüse bei Blütenpflanzen
Nematoden	Fadenwürmer, Älchen
Ökoton	Übergangsbereich zwischen zwei verschiedenen Ökosystemen
Ökotyp	genetisch verschiedene Rasse innerhalb einer Art
oligolektisch	Eigenschaft von Wildbienen, die nur Pollen einer einzigen oder sehr nahe verwandter Pflanzenart/en sammeln
oligophag	sich nur von wenigen (Pflanzen- oder Tier-) Wirten ernährend
Ovipositor	für die Eiablage ausgebildetes Organ (Legestachel, Legeröhre, Legebohrer)
Parasit	in allen Entwicklungsstadien parasitisch lebender Schmarotzer
Parasitoid	Schmarotzer, der nur als Larve parasitisch lebt und dabei seinen Wirt abtötet
Parthenogenese	Jungfernzeugung; Nachkommen entstehen aus unbefruchteten Eizellen
Pathogen	Krankheitserreger
Pflanzenmetabolit	Stoffwechselprodukt der Pflanzen
Pheromon	zwischen den Individuen einer Art verwendeter Signalstoff für den Austausch von Informationen
Phloem	pflanzliche Leitbündel (Siebröhren), die den produzierten Zucker zu den Verbraucher- und Speicherorten führen
Phoresie	vorübergehendes Benützen einer fremden Art als Transportmittel (→ Vektor)

phyllophag	sich von Blättern oder Nadeln ernährend
phytophag	sich von pflanzlichem Gewebe ernährend
polygyn	Ameisenvolk mit mehreren (begatteten) Königinnen
polylektisch	Eigenschaft von Wildbienen, die den Pollen je nach Angebot bei verschiedensten Pflanzen sammeln
polyphag	sich von vielen verschiedenen (Pflanzen- oder Tier-)Wirten ernährend
Population	gleichzeitig in einem Gebiet vorkommende, sich untereinander fortpflanzende Individuen derselben Art
Prädator	räuberisch lebende Art
Primärkonsument	Konsument erster Ordnung = Pflanzenfresser
Produzent	Art, die ihre Biomasse aus anorganischen Verbindungen herstellt; hier grüne Pflanze
Reifungsfrass	Ernährung adulter Insekten zum Erreichen der Geschlechtsreife
Rezeptor	Zelle für die Sinneswahrnehmung
s.l.	sensu lato (lat.): im weiten Sinne
saprobiont	von toter organischer Materie lebend (v.a. bei Pilzen und Pflanzen)
saprophag	→ detritivor
sekundärer Pflanzenmetabolit	von Pflanzen produzierter, nicht für ihr Wachstum benötigter Stoff
Selve	kultivierter, lockerer Bestand von gepfropften Edelkastanien zur Fruchtproduktion
Splintholz	junger, aktiver (wasserführender) Teil des Holzkörpers
Stigma	Mündung einer → Trachee an der Körperoberfläche
Stilett	zu einem schmalen Stechapparat umgebildete Mundwerkzeuge
Superparasitismus	mehrmalige Parasitierung eines Wirts durch dieselbe Art von → Parasitoiden
Symbiose	enge Vergesellschaftung zweier Arten mit Vorteil für beide Arten
Täfer	Täfelung, hölzerne Wandverkleidung
Territorialität	Verteidigung eines Reviers
Tracheen	im Körper liegende Gefässe für den Gasaustausch bei Gliederfüssern
Trophallaxis	Weitergabe von erbrochener Nahrung an andere Individuen
Trophische Stufe	auch trophische Ebene; ökologische Stellung im Nahrungsnetz
Trophobiose	→ Symbiose auf Nahrungsbasis
Ubiquist	in verschiedenen Lebensräumen vorkommende Art
Vektor	Organismus, der eine andere Art transportiert
verproviantieren	vorsorgliches Bereitstellen von Nahrung für die Brut (v.a. bei Bienen und Wespen)
Virose	durch ein Virus hervorgerufene Krankheit

Waldweide	Weidewälder, mit Bäumen bestockte Weiden
Weissfäule	durch Pilze verursachte Fäule, die vor allem das Lignin abbaut; das Holz wird weiss und faserig
Wirbellose	Tiere ohne Wirbelsäule
xylobiont	holzbewohnend; in mindestens einer Phase des Lebenszyklus auf totes Holz angewiesen
xylophag	holz- (und rinden-)fressend
Zeidlerei	gewerbsmässiges Halten und Ausbeuten von Bienenvölkern in künstlichen Baumhöhlen
zoophag	sich von lebenden Tieren ernährend
Zoophilie	Bestäubung von Blüten durch Tiere
Zwiesel	Stammgabelung eines Baumes

Arten- und Stichwortverzeichnis

(Fette Zahlen bezeichnen Bilder)